家禽养殖
与防疫技术

韩兴荣　李咏红　孙　明　主编

中国农业科学技术出版社

图书在版编目(CIP)数据

家禽养殖与防疫技术 / 韩兴荣，李咏红，孙明主编 . --北京：中国农业科学技术出版社，2024.8
ISBN 978-7-5116-6764-9

Ⅰ . ①家…　Ⅱ . ①韩…②李…③孙…　Ⅲ . ①家禽-饲养管理②禽病-防疫　Ⅳ . ①S83②S858. 3

中国国家版本馆 CIP 数据核字(2024)第 074697 号

责任编辑　张国锋
责任校对　李向荣
责任印制　姜义伟　王思文

出 版 者　中国农业科学技术出版社
　　　　　北京市中关村南大街 12 号　　邮编：100081
电　　话　(010) 82109705 (编辑室)　　(010) 82106624 (发行部)
　　　　　(010) 82109709 (读者服务部)
网　　址　https://castp.caas.cn
经 销 者　各地新华书店
印 刷 者　北京科信印刷有限公司
开　　本　170 mm×240 mm　1/16
印　　张　15
字　　数　300 千字
版　　次　2024 年 8 月第 1 版　2024 年 8 月第 1 次印刷
定　　价　58.00 元

前　　言

　　我国是家禽养殖生产大国,以鸡、鸭、鹅为主的家禽饲养种类多、数量大。随着我国乡村振兴战略的深入推进,家禽产业也已经成为乡村振兴的重要组成部分。家禽产业可为农村创造更多的就业机会,提高农民的收入水平,缓解农村的就业压力,促进乡村经济的发展;同时,家禽产业的快速发展需要现代化的生产技术和管理模式,这将促进农村的现代化进程,推动科技和知识向农村的传播,提高农民的生产水平。家禽产业的发展将为乡村经济注入新的活力,带动相关产业的发展,促进乡村产业结构的优化升级,提高乡村经济的活力和竞争力。

　　当前,我国家禽养殖产业呈现出规模化、产业化、标准化、智能化的发展趋势,养殖规模不断扩大,养殖模式不断更新,养殖技术不断提升,产品质量不断提高,市场需求稳步增长。随着家禽养殖产业结构的升级,原来那些粗放式散户将逐渐淘汰出局,规模企业将大幅提升家禽产品禽肉、禽蛋的供给占比,产业化进程大大加快。

　　但是,我国家禽产业生产环境和条件还不够优越,生物安全措施不够配套,部分家禽养殖场设施简陋,环境脏乱差,存在污染问题,给周围的环境和城乡居民健康带来了威胁。同时,养殖技术、管理水平不高,防疫措施不当,管理模式存在局限性,无法有效抵御疫病的发生和流行,导致家禽产品产量下降、质量不稳定。

　　农业农村部2021年底印发的《"十四五"全国畜牧兽医行业发展规划》提及,到2025年要打造生猪、家禽两个万亿级产业。其中,家禽发展目标为禽肉、禽蛋产量分别稳定在2 200万吨、3 500万吨,保持基本自给,家禽养殖业产值达到1万亿元以上。要实现这一目标,就必须提升家禽养殖集约化水平、加强疫病防控。为此,我们组织编写了《家禽养殖与防疫技术》,从家禽养殖场地规划与圈舍修建、家禽养殖的设备配置与环境控制、家禽常见品种与繁殖技术、鸡和鸭等家禽的养殖技术、家禽的防疫技术和家禽常见疫病的防控等方面,进行了比较系统的介绍,以期为广大家禽养殖场户实现家禽的高产、高效、安全生产提供帮助。

　　本书面向广大农村知识青年、打工返乡创业人员、中小型家禽养殖场户和养殖企业、高校相关专业毕业学生，以及相关技术人员和管理人员，理论联系实际，内容丰富，材料翔实，数据准确，具有较强的实用性，适合以上人员阅读，用于指导生产实践。

　　感谢北京中惠农科文化发展有限公司为本书做的宣传推广工作！

　　由于编者水平有限、资料掌握不全，书中不足之处在所难免，诚请广大读者和同仁批评指正并提出宝贵意见。

编　者
2024 年 1 月

目　　录

第一章　家禽养殖场地规划与圈舍修建

第一节　家禽养殖场场址选择与规划布局

正确选择和确定家禽场的建设位置，并进行合理的规划布局，可以为家禽高效生产打下良好基础，增加家禽生产的经济效益。

一、场址选择

（一）地理条件

主要考察家禽场所处位置的地形和地势。总的要求是：场址不要选择在低洼、潮湿、背阴，以及四面环山的盆地谷口、狭长的山谷等地理位置。以保证家禽饲养环境干燥、通风良好、冬暖夏凉的理想条件，减少冬春季冰冻风雪、夏秋季滑坡塌方等自然灾害的侵袭。

较高的地势有利于生产用水、生活污水和雨、雪水的排放，场区内的湿度也相对较低，病原微生物、寄生虫及蚊蝇等有害生物的繁殖和生存也受到限制，家禽舍环境容易控制，排水设施投资减少；开阔的地形则有利于家禽场的布局、通风、采光、运输、管理和绿化；除此之外，场地面积（年出栏数×米^2）往往也很重要。以规模化鸡场建设为例，占地面积可参考表1-1。

表1-1　规模化鸡场建设占地面积估算　　　　　（米^2/只）

场别	饲养规模	占地面积	备注
种鸡场	1万~5万只种鸡	0.6~1	按种鸡计
蛋鸡场	10万~20万只产蛋鸡	0.5~0.8	按成年蛋鸡计
肉鸡场	年出栏肉鸡100万只	0.2~0.3	按年出栏计

多数设计者首先会考虑场地面积的大小，有些设计者还通过缩小生产区建筑物之间的距离，增加家禽舍内饲养密度来提高其利用率，这会导致家禽场扩

大再生产和环境控制出现问题。因此，家禽高效生产中应将多种条件综合起来加以考虑。家禽场的占地面积应依据饲养规模、生产任务和场地总体特点而定。

（二）水源条件

主要考察家禽场所处位置的水源、水量和水质。水源应符合无公害水质的要求，便于取用和卫生防护，并易于净化和消毒。家禽场选择的水源主要有两种，即地下水和地面水，不管以何种水源作为家禽场的生产用水，贮水位置都要与水源条件相适应，并设计在家禽场最高处，同时还要满足两个条件：一是水量充足，二是水质符合卫生要求；不管哪种水源，必须和当地政府协调好及时供应和长远利用的问题，并切实做好水源的净化消毒和水质检测工作；另外，还要依据家禽场建设规模，科学计算水的供应量，确定是否满足家禽场生产、生活、绿化等方面的需求，进而对其投资和维护费用进行分析。不管何种水源都要防止周围环境造成其污染，同时也要避免家禽场污染源对水源的污染。

（三）土壤条件

主要考察家禽场所处位置的土壤特性和土质结构。在很多地方土质一般都不是家禽场建筑要考虑的主要因素，因为其性质和特点在一定的地方相对比较稳定，而且容易在施工中对其缺陷进行弥补，但是缺乏长远考虑而忽视土壤存在的潜在风险，则会导致严重后果。如场地土壤膨胀性、承压能力对家禽场建筑物利用寿命的影响及可能存在的恶性传染病病原（如炭疽病病原），如果考虑不周，可能对畜禽的健康带来致命的危险。因此，在家禽场选址时，对当地土壤状况做深入细致的调查是很有必要的。如果其他条件差异不大，选择沙壤土比选择黏土有相对较大的优越性，透气性好，自净能力强，污水或雨水容易渗透，场区地面容易保持干燥。

（四）防疫条件

主要考察家禽场所处的位置与道路的远近。

①距离生活饮用水源地、动物屠宰加工场所、动物和动物产品集贸市场500米以上；距离种禽场1 000米以上；距离动物诊疗场所200米以上；动物饲养场（养殖小区）之间距离不少于500米。

②距离动物隔离场所、无害化处理场所3 000米以上。

③距离城镇居民区、文化教育科研等人口集中区域及公路、铁路等主要交通干线500米以上。

（五）电力条件

主要考察家禽场所处位置的供电负荷。规模化家禽场需要采用成套的机电设备来进行饲料加工、孵化育雏、供水供料、照明保温、通风换气、消毒冲洗等环节的操作。因此，家禽场应有方便充足的电源条件。为应对临时停电，家禽场应配备小型发电机组。

（六）生态条件

主要考察家禽场所处位置的生物污染隔离和对粪污的容纳能力。家禽养殖受疫病的威胁很大，四周须有一定的空间区域设置防疫隔离带。所以，场址选择应远离市区、工矿企业和村镇生活密集区，以便搞好卫生防疫和保持安静环境。现代规模化家禽场产生的粪污量大且比较集中，还有大量的有害气体和尿液污水等，容易对周围环境造成污染。因此，要充分考虑粪便处理和环境的合理利用。如果家禽场周围有足够的农田、果园、鱼塘等条件进行粪污的消纳，不但可提高家禽养殖的综合效益，而且也保护了周围环境，这是一种既养禽、又保护环境的良性生态模式。

（七）环保与合法性

符合环保法律法规，建设相应的粪污贮存、雨污分流等污染防治配套设施，以及综合利用和无害化处理设施。不在禁养区和限养区内，并符合当地土地使用规划。

二、规划布局

在家禽场规划布局时，应根据有利于生产、防疫、运输与管理的原则，根据当地全年主风向和场址地势顺序，合理安排生活区、管理区、生产区和隔离区4个功能区，各功能区之间的距离不小于30米，并设防疫隔离带和隔离墙。同时设计好绿化区域，绿化不仅美化环境，净化空气，也可防暑、防寒，改善家禽场的小气候，利于家禽的健康生产。

一般而言，家禽场四周应建围墙或防疫沟，以防兽害和避免闲杂人员进入场区。场内的办公室、接待室、财务室、食堂、宿舍等，属于生活区和管理区的主体设施，是职工工作和生活、活动最频繁的地方，与场外联系密切，应单独设立，并布局在生产区的上风向，或与风向平行的一侧。为确保家禽防疫安全，场门口应设车辆消毒池、行人消毒通道和值班室等。消毒池与门口等宽，长度不小于出入车轮周长的1.5~2倍，深度15~20厘米。

场内各种类型的圈舍及附属设施等，属于生产区的主体部分，建筑面积占全场总建筑面积的70%~80%，应布局在生活区与管理区的下风向。生产区门口要建专用的更衣室、紫外线消毒间及消毒池等，生产区内的各类圈舍的位置，应依据生产工艺、卫生防疫等方面的要求确定和依次排列，圈舍与圈舍之间的距离为房舍檐高的3~5倍，生产区四周应通过隔离围墙与生活区、管理区和隔离区相互分开，区内的净道与污道相互分开，附属设施（如饲料加工车间、饲料仓库、修理车间、配电室、锅炉房、水泵房等）与其毗邻而建。

场内的兽医室、解剖室、病禽隔离舍和粪污处理区是隔离区的主体设施，应设在生产区的下风向，与生产区保持50米以上的距离。

场内道路应净道、污道分道，互不交叉，出入口分开。净道是饲料和产品的运输通道；污道是运输粪便、死禽、淘汰禽以及废弃设备的专用道。

在场区内可结合区与区之间、舍与舍之间的距离、遮阴及防风等需要进行合理绿化。但不宜种植有毒、飞絮的植物。

鸭场除上述基本格局外，生产区还应设有水、陆运动场。鸭舍、陆上运动场、水上运动场三部分面积的比例一般为1∶3∶2。随着鹅生产从放牧、半放牧饲养向规模化发展，鹅场布局也逐渐被重视，可参照鸭场布局。

第二节　禽舍建筑要求

合理的禽舍建筑设计要尽可能为不同生理阶段的家禽群提供一个最佳或者较适宜的生长或生产环境。要求禽舍具有良好的保温隔热性能，地面和墙壁便于清洗消毒，温度、湿度适宜，舍内有害气体含量符合国家规范标准。所以，在禽舍建造时，一定要根据其生物学特性和生产工艺，遵循先进、适用、经济、合理的原则，综合考虑土地、人力、水电、材料、气候、经济、生产工艺和饲养模式等因素，科学设计，做到方便管理、冬暖夏凉、通风透光、卫生清洁、牢固耐用和环保适用。

一、鸡舍的建筑要求

（一）鸡舍类型的选择

依据鸡舍的开放程度，可分为开放式和密闭式两种类型。它们的建筑形式不同，各有特点，须根据当地气候、饲养管理和经济条件选择适宜的类型。

1. 开放式鸡舍

舍内与外部直接相通，可利用光、热、风等自然能源，建筑投资低，但易受外界不良气候的影响，需要投入较多的人工进行调节。包括棚式、开敞式和半开敞式、有窗舍式 3 种形式。

（1）棚式　只有棚顶，四周无墙壁。通风效果好，但防暑、防雨、防风效果差，适于炎热地区或北方夏季使用，低温季节须封闭保温。

（2）开敞式和半开敞式　房舍三面有墙，一面无墙或只有半面墙，不设风机、不供暖。敞开部分可以装上卷帘，通过卷帘控制通风换气量和调节舍温。这种形式高温季节便于通风，低温季节又可封闭保温，适于冬季不太冷、夏季不太热的地区。

（3）有窗舍式　四周用围墙封闭，前后墙设窗以采光和通风，能通过调节换气量在一定程度上调节舍温。这种鸡舍是目前采用最多的类型。

2. 密闭式鸡舍

又称环境控制型鸡舍。一般无窗，屋顶与四壁隔热良好，通过各种设备控制舍内环境，使舍内小气候适宜于鸡体生理特点的需要，消除外界环境的不良影响。故密闭式鸡舍养鸡可不受地域和季节的限制，并能节省人力和提高生产效率，但建筑和设备投资高，对电的依赖性大，耗能高，对饲养管理水平要求高。

按组建方式，鸡舍还可分为传统的砌筑型鸡舍和现代新兴的装配型鸡舍。装配型鸡舍的墙壁、门窗是活动的，由这些活动的构件进行装配，施工时间短且灵活方便，可使鸡舍在开放式和密闭式之间转换。

（二）鸡舍设计

在设计鸡舍前，首先要确定鸡的类型、饲养阶段、饲养规模、饲养方式和饲养密度。

1. 各鸡舍配套比例及饲养面积的计算

对于产蛋鸡和种鸡的饲养，可采用三段制、两段制或一段制。若采用育雏、育成、产蛋三段制饲养，须建设 3 种类型的鸡舍。由于各鸡群的饲养周期不同，其中产蛋舍每批饲养时间最长，育雏舍最短。所以应首先确定产蛋舍饲养面积，再根据各舍的周转次数和各养育阶段成活率逆推育成、育雏舍的饲养面积。

2. 鸡舍外围护结构的设计

鸡舍的外围护结构主要包括墙壁、屋顶、天棚、门、窗、通风口和地面。这些外围护结构设计合理与否，直接影响鸡舍内的小气候状况。为满足保温和隔热要求，墙壁和屋顶可采用多层复合结构，中间层选择导热系数小的材料，目前常用的屋顶形式为双层彩钢夹聚苯板结构。为减少地面散热，可在水泥地面下铺油毡。对于有窗鸡舍来说，窗口设置形式不一，除南北侧墙上部设面积较大的通风窗外，有的鸡舍上部设天窗，或在侧壁下部设地窗，起调节气流或辅助通风作用。对于无窗舍，利用机械负压通风时风机口是集中的排气口，进气口面积和位置应与风机功率大小相一致，既要避免形成穿堂风，又要使气流均匀，防止出现涡流或无风的滞留区。

3. 鸡舍内部结构的设计

鸡舍内部结构设计，应合理安排和布置笼具（鸡栏）、过道、附属房间等，从而确定鸡舍跨度、长度和高度。

（1）舍内布局　不同的饲养方式其笼具（鸡栏）、过道的布局不同。对于地面平养鸡舍，按鸡栏排列与过道的组合有无，分过道式、单列单过道、双列单过道或双过道、三列二过道或四过道等布局方式；对于网上平养和笼养鸡舍，鸡栏和鸡笼的列数与地面平养鸡栏的形式相同，只是列间必须留有一定宽度的工作道；还有一种网上与地面结合平养的饲养方式，即中央为地面垫料、两侧为网架的混合平养。

一般在鸡舍纵轴一侧设置饲料间、饲养员值班室等附属房间。

（2）鸡舍跨度　即鸡舍宽度与鸡舍类型和舍内的设备安装方式有关。普通开放式鸡舍跨度不宜太大，否则，舍内的采光与换气不良，一般以 6~9.5 米为宜；采用机械通风跨度可在 9~12 米。笼养鸡舍要根据安装列数和过道宽度来决定鸡舍的跨度。

（3）鸡舍长度　鸡舍长度取决于设计容量，应根据每栋舍需要的面积与跨度来确定。大型机械化生产鸡舍较长，过短机械效率较低，房舍利用也不经济，按建筑模数一般为 66 米、90 米、120 米；中小型普通鸡舍为 36 米、48 米、54 米。

（4）鸡舍高度　鸡舍高度应根据饲养方式、笼层高度、跨度与气候条件来确定。跨度不大、平养、气候不太热的地区，鸡舍不必太高，一般从地面到屋檐口的高度为 2.5 米左右。跨度大、气温高的地区，采用多层笼养可增高至 3 米左右。高床式鸡舍，其高度比一般鸡舍要高出 1.5~2 米。通常鸡舍中部的高度不应低于 4.5 米。

二、鸭舍的建筑要求

鸭舍普遍采用房屋式建筑，是鸭采食、饮水、产蛋和歇息的场所。较为正规的鸭舍宽度通常为 8~10 米，长度根据需要而定，最长可达 80~100 米。对于蛋鸭或种鸭来说，可分为育雏舍、育成舍、产蛋舍三类。初生雏鸭绒毛短，调节体温能力弱，抵抗力差，因此育雏舍要求保温性能良好、干燥透气。育成阶段及成鸭的生活力较强，对环境适应能力增强。因此，育成舍和产蛋舍的要求不严格，能围栏鸭群，挡住风雨即可。

一般来说，一个完整的蛋鸭舍或种鸭舍还应包括陆上运动场和水上运动场。陆上运动场是鸭休息和运动的场所，要求沙质壤土地面，渗透性强，排水良好。坡度以20°~25°为宜，既基本平坦，又不积水。运动场面积的1/2应搭设凉棚或栽种葡萄等植物形成遮阴棚，以利冬晒夏阴及供舍饲饲喂之用。陆上运动场与水上运动场相连接的部位可修一暗沟，沟上面用砖等砌成条状有缝的通道（也可盖网栅于沟上），鸭从水中到运动场时身上的水可从缝中流入暗沟，这样可保持圈舍干燥和清洁卫生。

水上运动场供鸭洗毛、纳凉、采食水草、饮水和配种用，可利用天然沟塘、河流、湖泊，也可用人工浴池。周围用1~1.2米高的竹篱笆，或用水泥或石头砌成围墙，以控制鸭群的活动范围。人工浴池一般宽2.5~3米，深1米以上，用水泥制成。水上运动场的排水口要有一沉淀井，排水时可将泥沙、粪便等沉淀下来，避免堵塞排水道。水上运动场水不可太浅、太少，否则很易混浊而影响鸭体健康和产蛋性能。水塘断面一侧垂直，另一侧是20°~25°缓坡，便于鸭群出入水面。

三、鹅舍的建筑要求

鹅舍可分为育雏舍、肥育舍、种鹅舍和孵化舍等。鹅舍的适宜温度应在5~20℃，舍内要光线充足，干燥通风。由于不同阶段鹅的生理特点不同，对环境的要求也不同，不同鹅舍的建筑要求也不相同。

（一）育雏舍

雏鹅体温调节能力较差，对环境温度要求较高，因此育雏舍要有良好的保温性能。育雏舍建筑面积的估算应根据所饲养鹅种的类型和周龄而定（表1-2）。

表 1-2　每100只雏鹅应占有育雏舍面积　　　　　　　　　（米²）

型别	1周龄	2周龄	3周龄	4周龄
中小型	5~7	7~10	10~15	15~20
大型	7~8	10~12	14~18	20~25

育雏舍前应设运动场，要求场地平坦，略向沟倾斜，以防雨天积水。

（二）肥育舍

肉鹅生长快，体质健壮，对环境适应能力增强，饲养比较粗放，以放牧为主的肥育鹅，可设棚舍或开敞舍。

（三）种鹅舍

种鹅舍要求防寒隔热性能好，光线充足。种鹅舍外需设水、陆运动场。

（四）孵化舍

采用母鹅进行自然孵化时，应设置专用的孵化舍。孵化舍要求环境安静、冬暖夏凉、空气流通。窗面积不要太大，舍内光线要暗，这样有利于母鹅安静孵化。

第二章 家禽养殖的设备配置与环境控制

第一节 家禽常用设备

养禽常用设备包括供料设备、饮水设备、环境控制设备、笼具、清粪设备等。科学选用养禽设备，可改善禽舍环境，方便饲养管理，提高生产效率和生产水平。

一、供料设备

在家禽的饲养管理中，喂料耗用的劳动量较大。采用机械喂料系统不但可提高劳动效率，还可节省饲料。机械喂料设备包括贮料塔、输料机、喂料机和饲槽四部分。

（一）贮料塔

用于大、中型机械化鸡场，使用散装饲料车从塔顶向塔内装料，主要用作配合饲料的短期储存。采用贮料塔喂料时，由输料机将饲料送往禽舍的喂料机，再由喂料机将饲料送至饲槽，供家禽采食。

（二）输料机

输料机是贮料塔和舍内喂料机的连接纽带，将贮料塔或储料间的饲料输送至舍内喂料机的料箱内。输料机有螺旋叶片式、螺旋弹簧式和塞盘式。前一种生产效率高，但只能作直线输送，输送距离也不能太长，所以要分成两段，使用两个螺旋输送机。后两种可以在弯管内送料，不必分两段，可以直接将饲料从贮料塔底送至喂料机。

（三）喂料机

喂料机用来向饲槽分送饲料。常用的喂料机有链式和螺旋弹簧式两种。

1. 链式喂料机

主要由食槽、料箱、驱动器、链片、转角器、清洁器和升降装置构成。由驱动器和链轮来带动链片的移动,将料箱中的饲料均匀地输送至食槽中,并将多余的饲料带回料箱,可用于平养和笼养。按喂料机链片运行速度又分为高速链式喂料机(18~24 米/分钟)和低速链式喂料机(7~13 米/分钟)两种。肉种鸡的喂料设备最好选用高速型链式喂料机。

2. 螺旋弹簧式喂料机

属于直线型喂料设备。其工作原理为:通过螺旋弹簧的不断旋转,连续把饲料向前推进,通过落料口落入每个食盘,当所有食盘都加满料后,最后一个食盘中的料位器就会自动控制电机使其停止转动停止输料。当饲料被鸡采食之后,食盘料位降至料位器启动位置时电机又开始转动,螺旋弹簧又将饲料依次推送至每一个食盘。

(四)饲槽(料盘)

供家禽采食的容器有料槽、料盘和料桶。对于混合平养的肉种公鸡可采用料桶饲喂。

二、饮水设备

禽用饮水设备分为乳头式、杯式、水槽式、吊塔式和真空式等不同类型。雏鸡开始阶段和散养鸡多用真空式、吊塔式和水槽式,平养鸡现在趋向使用乳头式饮水器。各种类型饮水系统性能及优缺点见表 2-1。

表 2-1　各饮水系统性能及优缺点

名称	主要部件及性能	优缺点
水槽	常流水式由进水龙头、水槽、溢流水塞、下水管组成,当供水超过溢流水塞,水即由下水管流入下水道;控制水面式由水槽、水箱和浮阀等组成,适用于小型禽舍	结构简单,但耗水量大,疾病传播机会多,刷洗工作量大,安装要求精度大,在较长的禽舍中很难保持水平,供水不匀,易溢水
真空式饮水器	由聚乙烯塑料筒和水盘组成,筒倒装在盘上,水通过筒壁小孔流入饮水盘,当水将小孔盖住时即停止流出,保持一定水面,适用于雏鸡和平养鸡	自动供水,无溢水现象,供水均衡,使用方便,不适于饮水量较大时使用,每天清洗工作量大
吊塔式饮水器	由钟形体、滤网、大小弹簧、饮水盘、阀门体等组成,水从阀门体流出,通过钟形体上的水孔流入饮水盘,保持一定水面,适用于大群平养	灵敏度高,利于防疫,性能稳定,自动化程度高,洗刷费力

（续表）

名称	主要部件及性能	优缺点
乳头式饮水器	由饮水乳头、水管、减压阀或水箱组成，还可配置加药器。乳头由阀体、阀芯和阀座等组成。阀座、阀芯由不锈钢制成，装在阀体中并保持一定间隙，利用毛细管作用使阀芯底端经常保持一个水滴，鸡啄水滴时即顶开阀座使水流出。平养、笼养都适用。雏鸡可配各种水杯	节省用水，清洁卫生，只需定期清洗过滤器和水箱，节省劳力，经久耐用，无须更换，但对材料和制造精度要求较高，质量低劣的乳头饮水器容易漏水

三、环境控制设备

（一）保温设备

在寒冷的冬季和育雏期，需人工采暖加温，使家禽在适宜的温度条件下生长和生产。常用的保温设备有煤炉、热风炉、电热育雏笼和保温伞等。

1. 煤炉

煤炉供温设备简单、投资少。但供温不稳，火势控制不好，容易造成温度过高或过低，而且浪费了大量的热，因为炉火提高了整个育雏舍空间的温度，而育雏只需要雏鸡所在平面的温度，因此不但造成了热源浪费，空气污染也较严重，饲养员在舍内操作还受到了熏蒸。另外，使用煤炉供温还需注意防火、防倒烟、防煤气中毒。煤炉的炉管在室外的开口要根据风向设置，以防止经常迎风导致倒烟。在煤炉下部与上部炉管开口相对的位置设置一个进气孔和铁皮调节板，由调节板调节进气量可控制炉温。煤炉的大小和数量应根据育雏室的大小与保温性能而定，一般保温良好的雏舍，每 $15\sim20$ 米^2 使用 1 个煤炉。

2. 热风炉

由于其可解决保温与通风的矛盾，且热效率高，热风炉是目前广泛使用的一种供暖设备。热风炉供暖系统由热风炉，鼓风机、有孔管道和调节风门等设备组成。它是以空气为介质、煤为燃料，为空间提供无污染的洁净热空气。

3. 电热育雏笼和保温伞

电热育雏笼和保温伞均为育雏专用取暖设备。

（1）电热育雏笼　电热育雏笼是普遍使用的笼养育雏设备，具有空气环境好、温度均匀的优点，其缺点是耗电最大。一般由加热育雏笼、保温育雏笼、雏鸡活动笼 3 部分组成，每一部分都是独立的整体，可根据需要进行组合。电热育雏笼一般为 4 层，每层 4 个笼为 1 组，每个笼宽 60 厘米、高 30 厘米、长 110 厘米，笼内装有电热板或电热管。在通常情况下多采用 1 组加热笼、1 组保温笼、4 组活动笼的组合方式。立体电热育雏笼饲养雏鸡的密度，开始为 70 只/米² 左右，随着日龄的增长逐渐减少，20 日龄时为 50 只/米² 左右，夏季还应适当减少。

（2）保温伞　保温伞供热是平面育雏常用的方法，寒冷季节须结合暖气供热。保温伞的热源有电热丝、红外线灯和远红外线板、液化石油气或煤气等。使用保温伞能使雏禽自由选择适宜的温度。通过升降伞罩高度调节伞下温度，但多数安装自动控温装置。舍内温度比保温伞内温度低 5~7℃，这样饲养人员既可在室温下进行育雏工作，又能节省一定的燃料消耗。一般每个保温伞可育雏鸡 500~1 000 只。

（二）通风降温控湿设备

由于家禽不断产生热、水汽和各种有害气体，使得舍内温度、湿度和空气污浊程度上升，为了排出舍内多余的热量、水汽和有害气体，引进足够的新鲜、清洁空气，需要对鸡舍进行科学通风。通风与降温和控湿常常是联系在一起的，所以作为通风设备，同时也会起到降温和控湿的作用。

1. 风机

风机是通风设备，也是常用的降温和降湿设备。风机一般分为两种：轴流式和离心式。禽舍一般选用节能、大直径、低转速的轴流式风机，它由机壳、叶轮、电机、托架、护网、百叶窗等组成，其特点主要是所吸入和送出的空气流向与风机叶片轴的方向平行，叶片旋转方向可以逆转，即可改变气流方向，而通风量不减少。如果是负压通风，电机转动时，经过皮带轮减速传动到叶轮，叶轮旋转产生轴向气流，百叶窗在轴向气流的作用下自动开启，舍内污秽、热、湿空气穿过安全防护网及百叶窗而排到舍外，从而引进清洁、凉爽、干燥的空气，起到换气、降温、降湿的作用。

2. 其他降温控湿设备

当舍外气温高于 30℃ 时，单纯通过风机加大通风换气量已不能为禽体提供舒适的环境，必须采用其他设备降温。常用的有高低压喷雾降温系统、湿帘降温系统和冷风机。

（1）喷雾降温系统　喷雾降温系统在降温的同时，也起到了加湿作用，但在高温高湿地区不宜采用。

（2）湿帘降温系统　由于饲养规模较大的禽舍多采用纵向通风设备，湿帘降温系统最适用。该系统由纸质波纹多孔湿帘、循环水系统、控制装置及节能风机组成。在禽舍一端山墙或侧墙壁上安装湿帘、水循环控制系统，风机安装在另一端山墙或侧墙壁上，当风机启动后，整个舍内形成纵向负压通风，迫使舍外不饱和空气流经多孔湿帘表面时，把其湿热转变为蒸发潜热，空气的干球温度降低并接近于舍外的湿球温度。经湿帘过滤后冷空气不断进入禽舍，舍内的热空气不断被风机排出，可降低舍温 5~8℃。同时湿帘也属增湿设备。

（3）冷风机　冷风机是喷雾和冷风相结合的一种新设备，降温效果较好，同时兼具通风和增湿作用。

（三）采光设备

实行人工控制光照或补充照明是现代养禽生产中不可缺少的重要技术措施之一。目前禽舍人工采光设备主要是光照自动控制器、光源和照度计。

1. 光照自动控制器

光照自动控制器能够按时开灯和关灯。其特点是：开关时间可任意设定，控时准确；光照强度可以调整，光照时间内日光强度不足，自动启动补充光照系统；灯光渐亮和渐暗；停电程序不乱。

2. 光源

目前多采用白炽灯和节能灯作为光源。对于要求照度较低的禽舍，可采用白炽灯；对于要求较高光照强度的禽舍，可采用节能灯。

3. 照度计

照度计是用来测量舍内光照强度大小的仪器。生产中常用的是光电池照度计。

四、笼具

笼具是养鸡设备的主体。它的配置形式和结构参数决定了饲养密度，决定了对清粪、饮水、喂料等设备的选用要求和对环境控制设备的要求。鸡笼设备按组合形式可分为全阶梯式、半阶梯式、叠层式、复合式和平置式；按几何尺寸可分为深型笼和浅型笼；按鸡的种类分为蛋鸡笼、肉鸡笼和种鸡笼；按鸡的体重分为轻型蛋鸡笼、中型蛋鸡笼和肉种鸡笼。

（一）全阶梯式鸡笼

全阶梯式鸡笼上下层之间无重叠部分。其优点是：各层笼敞开面积大，通风好，光照均匀；清粪作业比较简单；结构较简单，易维修；机器故障或停电时便于人工操作。其缺点是饲养密度较低，为 10~12 只/米²。三层全阶梯式蛋鸡笼和两层全阶梯式人工授精种鸡笼是我国目前采用最多的鸡笼组合形式。

（二）半阶梯式鸡笼

半阶梯式鸡笼上下层之间部分重叠，上下层重叠部分有挡粪板，按一定角度安装，粪便滑入粪坑。其舍饲密度（15~17 只/米^2）较全阶梯式鸡笼高，但是比叠层式鸡笼低。由于挡粪板的阻碍，通风效果比全阶梯式鸡笼稍差。

（三）叠层式鸡笼

叠层式鸡笼上下层之间为全重叠，层与层之间由输送带将鸡粪清走。其优点是舍饲密度高。三层为 16~18 只/米^2，四层为 18~20 只/米^2。但是对禽舍建筑、通风设备和清粪设备的要求较高。

不同类型和生理阶段的鸡对鸡笼有不同的要求。蛋鸡笼分为轻型蛋鸡笼、中型蛋鸡笼两种规格，由底网、前网、隔网、顶网和后网 5 个面组成。鸡笼应使鸡有一定的活动空间和采食宽度，同时为了使产下的蛋能自动滚到笼外的蛋槽内并保持完整，其笼底要有一定的坡度和弹性，前网比后网高 5.5~6 厘米，前网间隙为 5~7 厘米，便于鸡头伸出采食和饮水，后网和隔网间隙 3 厘米。根据以上要求，蛋鸡笼须由许多小的单体笼组成，每个单体小笼有养 2 只鸡、3 只鸡或 4~5 只鸡几种。种鸡笼可分为蛋用种鸡笼和肉用种鸡笼，多为 2 层。种母鸡笼与蛋鸡笼结构差不多，只是尺寸放大一些，但在笼门结构上做了改进，以方便抓鸡进行人工授精。育成笼基本结构与蛋鸡笼相似，但底网无坡度、无集蛋槽。育雏笼多为叠层式。

五、清粪设备

多层笼养或大面积网养时，由于清粪工作量大，常采用机械清粪。机械清粪常用设备有刮板式清粪机、传送带式清粪机和抽屉式清粪机。刮板式清粪机多用于阶梯式笼养和网上平养；传送带式清粪机多用于叠层式笼养；抽屉式清粪机多用于小型叠层式鸡笼。前两种使用较多。

（一）刮板式清粪机

一般分为全行程式和步进式两种。全行程式适用于短禽舍，步进式适用于长禽舍。全行程刮板式清粪机由牵引机、刮粪板、涂塑钢绳、卷筒等构成，配置在鸡笼下方粪沟内。当刮粪行程长时，刮粪量增多会使牵引力过大，此时可采用多个刮粪机接力传递鸡粪。其结构稍加改变就是步进式刮粪机。

（二）传送带式清粪机

常用于叠层式鸡笼，每层鸡笼下面均要安装一条输粪带，鸡粪直接排到传送带上，开启减速电机将鸡粪送到鸡舍末端，再由刮板将鸡粪刮到集粪沟内。

六、其他设备

（一）集蛋设备

对于机械化多层笼养蛋鸡舍，常采用自动集蛋装置。机械化自动集蛋装置有平置式和叠层式两种。

1. 平置式集蛋装置

主要由集蛋输送带和集蛋车组成。笼前的集蛋槽上装有输送带，由集蛋车分别带动。集蛋车安装在集蛋间的地面双轨上，工作时，推到需要集蛋的输送带处，将车上的动力输出轴插入输送带的驱动轮，开动电机使输送带转动，送出的蛋均滚入集蛋车的盘内，再由手工装箱，或转送至整理车间。

2. 叠层式集蛋装置

主要由集蛋输送带、拨蛋器和鸡蛋升降器三部分组成。工作时，输送带、拨蛋器和升降器同时向不同方向运转。输送带传来的蛋由拨蛋器把蛋拨入升降器的盛蛋篮内，升降器向下缓慢转动又将蛋送入集蛋台，或送入通往整理车间的总输送带上。

（二）消毒设备

为杀灭禽舍内的病原体，防止传染病的流行，保证舍内卫生，须对禽舍进行定期和非定期的消毒。常用的消毒设备有火焰消毒器和喷雾消毒器。

1. 火焰消毒器

其工作原理是把一定压力的燃油雾化并燃烧产生喷射火焰，喷向消毒部位以杀灭病原体。火焰消毒器结构简单，操作方便，并且由于燃烧的火焰温度很高，触及之处可以烧死所有病原微生物，所以消毒效果较好。

2. 喷雾消毒器

一般分为气动喷雾消毒器和电动喷雾消毒器两种，其工作原理是消毒液在压力作用下被雾化，雾滴直接喷施于消毒间或消毒部位，实现药液化学灭菌消毒。

（三）填饲机械

填饲机械为水禽肥育的专用设备，主要有螺旋推运式填饲机和压力泵式填饲机两种类型。

1. 螺旋推运式填饲机

螺旋推运式填饲机是利用小型电动机带动螺旋推运器，推运饲料经填饲管填入鸭、鹅食管。该填饲机适用于填饲整粒玉米，劳动效率较高。该填饲机法国使用较多。

2. 压力泵式填饲机

压力泵式填饲机是利用电动机带动压力泵，使饲料通过填饲管进入鸭、鹅食管。适用于填饲糊状饲料，其填饲管是采用尼龙和橡胶制成的软管，不易造成咽喉和食管损伤，也不必多次向食管推送饲料。

上述两种填饲机均为国外产品，对我国的鹅种尤其是颈部细长的鹅不太适合。我国在其基础上研制出了不同型号的填饲机，如仿法改良式、9DJ-82-A型、9TFL-100型、9TFW-100型。其中9TFL-100型、9TFW-100型两种填饲机比较适合中国鹅。

除上述养禽设备之外，还有常用小型设备，如断喙器、称禽器、产蛋箱和搬运设备等。

第二节　家禽养殖的环境控制

家禽养殖环境是指影响家禽繁殖、生长、发育等方面的生产条件，它是由禽舍内温度、湿度、光照、空气的组成和流动、声音、微生物、设施、设备等因素组成的特定环境。在家禽养殖过程中需要人为进行调节和控制，使家禽生活在符合其生理要求和便于发挥生产潜力的小气候环境内，从而达到高产高效的目的。

一、家禽环境的适宜条件

（一）温度、湿度

家禽对环境温度、湿度的要求较高，在环境温度适宜或稍微偏高的情况下，湿度稍高有助于舍内粉尘下沉，使空气变得清洁，对防止和控制呼吸道疾病有利。禽舍内如果出现高温高湿、高温低湿、低温高湿、低温低湿等环境，对家禽健康和生产力都有不利影响。为了保证家禽正常的生长发育和生产性能，需要给其提供适宜的温度和湿度。

禽舍适宜的空气温度和相对湿度可参考表2-2。

表 2-2　禽舍适宜的空气温度和相对湿度

家禽舍类型	空气温度（℃）	相对湿度（%）
育雏鸡舍	33~36	60~70
育成鸡舍	18~25	

（续表）

家禽舍类型	空气温度（℃）	相对湿度（%）
产蛋鸡舍	13~27	50~60
孵化室	24~26	
孵化器	36~42	55~60
出雏器	37~37.5	65~70

（二）空气卫生

造成禽舍空气污浊的主要原因有两个，一是家禽呼出的二氧化碳、水蒸气，再加上粪尿分解产生的氨气、硫化氢等有害气体超标所致；二是家禽日常饲养管理不当，如圈舍粪污不及时清理、消毒措施不到位、采用干粉料饲喂等。如果禽舍空气污浊严重，往往会造成空气中含氧量不足，不但影响禽的身体健康，而且还会造成家禽的生产性能普遍下降。因此，在密闭的禽舍内，一定要科学饲养管理，合理通风换气，及时清理粪尿，尽量降低有害气体、尘埃和微生物的浓度。

（三）通风换气

禽舍内空气的流动是由于不同部位的空气温度差异而造成的，空气受热，相对密度轻而上升，留出的空间被周围冷空气填补而形成了气流。高温时只要气温低于家禽的体温，气流有助于家禽体表的散热，对其有利；低温时气流会增加家禽体表的散热，对其不利。因此，禽舍内保持适当的气流和换气量，不仅能使舍内温度、湿度、空气化学组成均匀一致，并且有利于舍内污浊气体的排出。

以鸡舍为例，适宜的通风换气参数见表2-3。

表2-3　鸡舍适宜的通风换气参数　　［米³/（分钟·只）］

季节	成年鸡舍	青年鸡舍	育雏鸡舍
春	0.18	0.14	0.07
夏	0.27	0.22	0.11
秋	0.18	0.14	0.07
冬	0.08	0.06	0.02

（四）噪声和光照

1. 噪声

禽舍的噪声主要来源于 3 个方面：一是外界噪声，如饲料及家禽的运输车辆、途经车辆产生的噪声等；二是机械运行，禽舍内部机械运行产生的噪声，如风机、清粪机、自动供料系统等；三是家禽采食、饮水产生的声音，工人操作噪声，如清扫圈舍、加料、免疫消毒等。

噪声对家禽的影响主要表现为应激危害，会对家禽各器官和系统的正常功能产生不良影响。噪声对鸡的应激明显，在一般情况下，禽舍的生产噪声和外界传入的噪声强度不能超过 80 分贝。

2. 光照

禽舍合理的光照有利于消毒灭菌和提高家禽的抗病力。同时，光照时间和光照强度对家禽的繁殖性能也有一定的影响。

鸡舍内的光照条件主要受内部的太阳光照和各种灯光组成的人工光源的影响，内部的太阳光照又要取决于季节、天气条件和鸡舍的采光条件等。同时光照长度和光照强度对蛋鸡有不同的影响。

鸡舍的光照强度要根据鸡的视觉和生理需要而定，过强或过弱都会带来不良效果；光照太强不仅浪费电能，而且鸡会表现出神经质，易惊群，活动量大，消耗能量，易发生斗殴和啄癖；光照过弱，影响采食和饮水，起不到刺激作用，影响产蛋量。

产蛋鸡在不同生长期要求不同的光照时间长度，开始育雏的前几天要求时间较长、光强较大的照射，一般以每天光照 20~23 小时、照度 20 勒克斯比较适宜，有利于雏鸡早饮水和开食；生长阶段要求光照时间较短、照度也相应减弱，从 4 日龄至 18 周龄一般以每天光照 8~9 小时、照度 5 勒克斯比较适宜，19~22 周龄一般以每天光照 10~11 小时比较适宜；23~27 周龄一般以每天光照 12~14 小时比较适宜，27 周龄以上以每天 14~16 小时比较适宜；产蛋阶段光照时间宜长不宜短，一般以每天光照 16 小时、照度 6~10 勒克斯比较适宜，不要减弱或逐渐减弱光照强度。

二、家禽环境的调控措施

家禽的生产潜力，只有在适宜的环境条件下才能充分发挥。在生产实践中，采取有效的环境调控措施，给家禽创造适宜的环境条件，可显著提高其生产力。

（一）加强消毒卫生

消毒卫生是净化禽舍空气环境、消除病原污染的重要措施。家禽场应严格执行规范化、程序化的消毒防疫和卫生管理制度，合理设计清粪工艺和消毒方法，及时清除粪便和污水，认真搞好禽舍周围的绿化，降低空气中的尘埃和微生物，保证家禽健康。

（二）控制饲养密度

禽舍的饲养密度受其类型、品种、年龄、体重、气候和饲养方式等因素的影响。饲养密度过大，采食时间延长，个体之间的争斗频繁，影响采食量和休息，同时舍内的有害气体、水汽、灰尘和微生物含量增高，造成应激增加和生产力降低，免疫力下降，发病率上升；饲养密度过小，禽舍的利用率低，成本升高，不利于提高生产效率。因此，各类家禽应按照合理的饲养密度进行饲养管理。

（三）合理通风换气

在自然通风的条件下，应充分利用禽舍的地脚窗、天窗（钟楼或半钟楼式）、通风屋脊、屋顶风管等，合理布置进气口与排气口，保证使各处的家禽都能享受到凉爽的气流，但要防止穿堂风对家禽的危害。自然通风不足时应增设机械通风，特别是大型封闭式禽舍，尤其无窗舍，设置进、排气管时均需注意以下问题：一是进、排气管设置要均匀，并保持适当间距，两管之间无死角区，但也应防止重复进气与排气；二是进、排气管内均设置调节板，以调节气流的方向和通风换气量；三是进、排气口间应保持一定距离，以防发生"通风短路"，即新鲜空气直接从进气口到排气口，不经过活动区而直接被排出。不管是自然通风还是机械通风，都要满足禽舍内适宜的温度、湿度要求和良好的空气质量，保证家禽处在一个健康的生产生活环境当中。

（四）冬季防寒保温

合理设计禽舍的方位、防潮、采光和通风换气，提高屋顶和墙壁的保温性能；适时堵塞圈舍缝隙，控制门窗开启，加大饲养密度，认真做好日常保温工作；日常保温达不到要求时，可采用集中供暖保温，即利用锅炉等热源，将热水、蒸汽或预热后的空气，通过管道输送到舍内或舍内的散热器，或利用阳光板、玻璃钢窗、塑料暖棚、火炕、火墙等设施来保温。

（五）夏季防暑降温

合理设计禽舍的方位采光、隔热和通风换气，周围栽植树木，绿化遮阴；

降低饲养密度，地面洒水，运动场设立遮阴棚；日常保温达不到要求时，可采用机械通风、湿帘降温、滴水降温、喷雾降温等措施来防暑。

（六）预防潮湿霉变

圈舍内湿度过大对家禽的危害明显。高温低湿使圈舍空气干燥，易患呼吸道病；高温高湿使家禽食欲降低，甚至厌食，导致生产性能下降，还可使饲料、垫草等霉变而滋生细菌和寄生虫，诱发疾病；低温高湿寒冷加剧，降低饲料利用率，诱发腹泻下痢等疾病。

在家禽生产中，舍内湿度过大可采取以下防止措施。

①加强通风换气，尽量减少舍内水汽来源。

②及时清理粪尿污水，保持圈舍的干燥和卫生。

③合理设计圈舍建筑，保证舍内防潮和排污良好。

④提高屋顶和墙壁的保温性能，防止水汽凝结。

（七）合理安排光照

实践证明，光照时间和光照强度在一定条件下不仅影响家禽的健康和生产力，而且影响管理人员的工作环境。因此，不同类别的禽舍应根据其采光系数要求，合理设计禽舍的有效采光面积和适宜的光照时间，尽量保证光照强度符合家禽的生理生产要求。禽类对光照敏感且影响明显。光照不仅影响鸡的饮水、采食、活动，且对鸡的繁殖有决定性的刺激作用（鸡的性成熟、排卵和产蛋等性能）。

1. 光照时间的控制

对于雏鸡和快大型肉鸡，光照的作用主要是使它们能熟悉周围环境，进行正常的饮水和采食；对于育成鸡，在 12~26 周龄期间日光照时间长于 10 小时，或处于光照时间逐渐延长的环境中，会促使生殖器官发育、性成熟提早。相反，若光照时间短于 10 小时或处于每日光照时间逐渐缩短的情况下，则会推迟性成熟期；对于产蛋鸡，每天给予光照刺激时间达到 14~16 小时，才能保证良好的产蛋水平，而且必须稳定。

2. 光照强度的控制

光照强度对鸡的生长发育、性成熟和产蛋都可产生影响，强度小时，鸡表现安静，活动量和代谢产热较少，利于生长；强度过大，则会表现烦躁、啄癖发生较多。照度 5 勒克斯已能刺激肉用仔鸡的最大生长，而照度大于 100 勒克斯对鸡生长不利。对于产蛋鸡，照度以 5~45 勒克斯为宜。

3. 光照颜色的控制

鸡对光色比较敏感。在红、橙、黄光下鸡的视觉较好。在红光下趋于安静，啄癖极少，成熟期略迟，产蛋量稍有增加，蛋的受精率较低；在蓝光、绿光或黄光下，鸡增重较快，成熟较早，产蛋量较少，蛋重略大，饲料利用率略低，公鸡交配能力增强，啄癖极少。总之，没有任何一种单色光能满足鸡生产的各种要求。在生产条件下多数仍使用白光。

4. 光照管理制度

育雏期前 1 周保持较长时间的光照，以后逐渐减少；育成期光照时间应保持恒定或逐渐减少，不可增加。即逐渐减少每天的光照时数，产蛋期逐渐延长光照时数，达到 16~17 小时后恒定；或者育成期内每天的光照时数恒定不变，产蛋期逐渐延长光照时数，达到 16~17 小时后恒定；产蛋期光照时间逐渐增加到 16~17 小时后保持恒定，不可减少。

（八）重视噪声危害

噪声对家禽的食欲、采食量、生长、增重等均有一定的影响，特别是突然发出的噪声，会使家禽受到惊吓而猛然起飞、惊群。舍内噪声超过 80 分贝，会引起家禽产蛋率明显下降。此外，强烈的噪声还会影响工作人员的健康，使其工作效率下降。降低家禽场噪声可采取以下措施。

①家禽场应远离工矿企业、避免交通干线的干扰。

②圈舍内机械化作业时，应尽量降低噪声，人员应避免大声喧哗。

③禽舍周围大量植树。好的绿化条件，可使外界噪声降低 10 分贝以上。

第三章　家禽常见品种与繁殖技术

第一节　家禽品种的概念与分类

一、家禽品种的概念

家禽品种，是人类在一定的自然生态和社会经济条件下，在家禽种内通过选择、选配和培育等手段选育出来的具有一定生物学、经济学特性和种用价值，能满足人类的一定需求，具有一定数量的家禽类群。

二、家禽品种分类方法

家禽品种分类方法有多种，目前公认的是标准品种分类法、《中国家禽品种志》分类法和现代化养鸡分类法。

（一）标准品种分类法

按国际上公认的标准品种分类法将家禽分为类、型、品种和品变种。

1. 类

即按家禽的原产地分为亚洲类、美洲类、地中海类和英国类等。每类之中又细分为品种和品变种。

2. 型

根据家禽的用途分为蛋用型、肉用型、兼用型和观赏型。

3. 品种

是指通过育种而形成的一个有一定数量的群体，它们具有特殊的外形和相似的生产性能，并且遗传性稳定，有一定适应性。这个群体尚具有一定的结构，即由若干各具特点的类群构成。

4. 品变种

又称亚变种、变种或内种，是在同一个品种内按不同的羽毛颜色、羽毛斑纹或冠形分为不同的品变种。

（二）《中国家禽品种志》分类法

1979—1982 年全国品种资源调查，1989 年编写的《中国家禽品种志》。将家禽分为地方品种、培育品种、引入品种三类。

1. 地方品种

由某地区长期选育成的适应当地的地理、气候、饲料条件、饲养方式和经营消费特点的品种。共收入地方品种 52 个，其中，鸡 27 个，分为蛋用型、肉用型、兼用型、药用型、观赏型和其他六型；鸭 12 个，分为蛋用型、肉用型、兼用型三型；鹅 13 个，全为肉用型。

2. 培育品种

即人工选育的品种。与地方品种比较，遗传性能稳定。生产性能高，特征、特性基本一致，有较高的种用价值。但对饲养管理条件的要求较高。目前鸡的培育品种有 9 个，分为蛋用型、肉用型、兼用型三型。

3. 引入品种

从国外引入我国的品种。引入鸡的标准品种分为蛋用型、肉用型、兼用型三型；1 个蛋鸭品种，1 个肉鸭品种；1 个火鸡品种。它们分别被编入《中国家禽品种志》中。

（三）现代化养鸡分类法

蛋鸡按其蛋壳颜色分为白壳蛋鸡、褐壳蛋鸡、粉壳蛋鸡和少量的绿壳蛋鸡。肉鸡分为快大型肉鸡和优质肉鸡。

第二节　家禽主要品种

一、鸡的品种

（一）标准品种

1. 白来航

白来航原产于意大利，是蛋鸡标准品种中历史最久、分布最广、产量最高且遗传性稳定的世界名种，也是现代蛋鸡育种中应用最多的育种素材。其特点是全身羽毛为显性白羽，蛋壳颜色纯白，单冠特大，喙、胫、皮肤黄色，耳垂白色，体型小而清秀。成年公鸡体重约 2.2 千克，母鸡约 1.5 千克，160 天性成熟，年产蛋约 230 枚，耗料少，适应性强，无就巢性，活泼好动，容易惊群。

2. 洛岛红

洛岛红属兼用型，于美国洛特岛州育成，有单冠与玫瑰冠 2 个品变种。其特征是羽毛呈深红色，尾羽黑色，中型体重，背宽平长，适应性强，产蛋量较高，年产蛋约 170 枚，蛋重约 60 克，蛋壳褐色。

3. 新汉夏

新汉夏育成于美国新汉夏州，是从洛岛红鸡中选择体质好、产蛋多、成熟早、蛋重大和肉质好的鸡，经 30 多年选育而成。亦属兼用型，其体型似洛岛红，但背部略短，羽色略浅，单冠。年产蛋约 200 枚，蛋重约 60 克，蛋壳褐色。

4. 澳洲黑

澳洲黑是在澳洲用黑色奥品顿鸡经 25 年选育而成的兼用型鸡种。羽色、喙、眼、胫皆黑色，脚底白色，皮肤白色。年产蛋约 180 枚，蛋壳黄褐色。

5. 白洛克

白洛克属兼用型，育成在美国，属洛克品种的品变种之一，白羽，单冠，喙、胫、皮肤皆黄色，体重较大。性成熟约 180 天，年产蛋约 170 枚，平均蛋重约 59 克，蛋壳褐色。1937 年开始向肉用型改良，经改良后早期生长快，胸、腿肌肉发达，羽色洁白，成为现代杂交肉鸡的专用母系。

6. 狼山鸡

狼山鸡原产于我国江苏省。1872 年由中国狼山输往英国而得名，后至欧美等国家，1883 年承认为标准品种。狼山鸡有黑羽和白羽两种，外貌特点是颈部挺立，尾羽高耸，呈"U"字形，眼、喙、胫、脚底皆黑色，胫外侧有羽毛。属兼用型，年产蛋约 170 枚。

7. 九斤鸡

九斤鸡原产于我国黄浦江以东的广大地区，又称浦东鸡，是世界著名肉鸡标准品种之一，1843 年输入英国，后至美国。该鸡体躯硕大，胸深体宽，近似方块形，成年公鸡重约 4.8 千克，母鸡约 3.6 千克，而且肉质优良，性情温驯，有胫羽、趾羽。对许多国外鸡种的改良贡献巨大。

8. 丝毛乌骨鸡

丝毛乌骨鸡原产于我国，主产区在福建、广东和江西，几乎遍布全国。亦属标准品种。国内作药用，主治妇科病的"乌鸡白凤丸"即用丝毛乌骨鸡全鸡配药制成。国外分布亦广，列为玩赏型鸡。丝毛乌骨鸡体小，乌眼，羽毛白色、丝状，有十大特征或称"十全"：紫冠（桑葚状复冠）、缨头（毛冠）、绿耳、胡须、五爪、毛脚、丝毛、乌皮、乌骨、乌肉。

（二）地方品种和培育品种

1. 仙居鸡

仙居鸡原产于浙江省仙居县，属蛋用型。该鸡的外形和体态颇似来航鸡。羽色有白色、黄色、黑色、花羽及栗羽之分。胫多为黄色。成年公鸡体重约1.4千克，母鸡1~1.3千克，产蛋量目前变异很大，农村饲养的年产蛋量100~200枚，在饲养条件好时，年产蛋量平均约220枚，最高达269枚，蛋重35~45克。

2. 萧山鸡

萧山鸡原产于浙江省萧山一带。该鸡体型较大，单冠，冠、肉垂、耳叶均为红色，喙、胫黄色，颈羽黄黑相间，羽毛淡黄色。成年公鸡体重2.5~3.5千克，母鸡2.1~3.2千克，肉质富含脂肪，嫩滑味美。年产蛋量130~150枚，蛋壳褐色。

3. 惠阳胡须鸡

惠阳胡须鸡又称三黄胡须鸡，产于广东省。该鸡属肉用型，背短，后躯发达，呈楔形。其特点为：黄毛、黄嘴、黄腿，有胡须、短身、矮腿、易肥、软骨、白皮及玉肉。成年公鸡体重2~2.2千克，母鸡1.5~1.8千克。年产蛋量80~90枚，蛋重约47克，蛋壳浅褐色。在较好的饲养条件下，85天公母混合饲养平均活重可达1.1千克。肉品质好，风味独特，是出口创汇的好商品。

4. 庄河鸡

庄河鸡又称大骨鸡，原产于辽宁庄河一带，为兼用型品种。庄河鸡体型硕大，腿高粗壮，结实有力，身高颈粗，胸深背宽，健壮敦实。公鸡羽色多为红色。尾羽为黑色，母鸡多为黄麻色。成年公鸡体重在3.2~5千克，母鸡2.3~3千克。年均产蛋146枚。蛋重约63克。

（三）现代鸡种（配套系）

1. 白壳蛋鸡

（1）北京白鸡　是北京市种禽公司从1975年开始，在引进国外白壳蛋鸡的基础上。经过精心选育杂交而成，先后有京白823、京白938等若干个配套系。具有体型小、生产性能好、适应性强等特点。

（2）星杂288　是加拿大雪佛公司育成的白壳蛋鸡四系配套系。20世纪70年代曾风靡世界。我国已引进曾祖代种鸡于辽宁辽阳进行繁育推广。该鸡体型小，抗逆性强，产蛋量高。商品代可自别雌雄。

（3）巴布考克B-300　原为美国巴布考克公司育成（该公司后被法国依

莎公司兼并）的白壳蛋四系杂交鸡。北京于 1987 年引进曾祖代繁育推广。

2. 褐壳蛋鸡

（1）依利莎褐　是上海市新杨种畜场利用若干引进的纯系蛋鸡和长期积累的育种素材，运用先进的育种技术培育成的褐壳蛋鸡配套系。

（2）罗曼褐　是德国罗曼公司培育的四系配套杂交鸡。父、母代雏可利用羽速自别雌雄，商品代雏可利用羽色自别雌雄，生产性能较高而稳定。1989年上海华申曾祖代蛋鸡场引进曾祖代种鸡，在全国各地推广效果较好。

（3）北京红鸡　是北京市第二种鸡场在 1981 年引进加拿大雪佛公司的星杂 579 曾祖代种鸡的基础上，经 10 多年选育而成并定名。父母代、商品代雏鸡皆可自别雌雄。

（4）罗斯褐　是英国罗斯公司培育的四系褐壳蛋鸡配套系。1981 年上海引入曾祖代种鸡繁育推广，是我国早期褐壳蛋鸡饲养量较大的一个品种。

（5）依莎褐　是法国依莎公司育成的四系配套高产鸡种，体型中等偏小，生产性能优秀，要求条件较高，父母代、商品代皆可自别雌雄。我国从 20 世纪 80 年代开始引入祖代鸡，推广后反映较好。

（6）海兰褐　是美国海兰国际公司育成的四系配套褐壳蛋鸡。其突出优点是产蛋量高，抗病力强（其携带 B21 血型基因，对马立克病和白血病有较强的抵抗力）。20 世纪 90 年代以来引进祖代种鸡较多。

（7）尼克红　是美国辉瑞国际公司育成。该公司 20 世纪 80 年代后归属德国罗曼集团。近几年我国引入祖代种鸡后表现尚好，商品蛋鸡抗逆性较强，生产性能比较稳定。

3. 粉壳蛋鸡

粉壳蛋鸡属褐壳蛋专门化品系与白壳蛋专门化品系进一步杂交配套而成。蛋壳为粉褐色，但因色泽深浅斑驳不一，定名为驳壳蛋系，生产中称为粉壳蛋系。

（1）雅康　是以色列联合家禽公司育成的四系配套粉壳蛋鸡，4 个系皆为显性白羽，A、B 系产白壳蛋，C、D 系产褐壳蛋，商品代产粉壳蛋，并可自别雌雄。特点是抗应激性强，耐暑热。

（2）星杂 444　是加拿大雪佛公司育成的粉壳蛋鸡，父本洛岛红型，母本轻型。商品代可自别雌雄，雏鸡绒毛白色，母雏在头的前端与喙连接处有浅褐色绒毛，公雏则无。优点是产蛋率高，体型小，耗料比低，但对环境敏感，易惊群，抗寒性较差。

4. 快大型肉鸡

快大型肉鸡生产特点是生长速度快，周期短，饲料转化率高，适应性强。

（1）艾维茵　是美国艾维茵国际家禽公司育成的优秀四系配套杂交肉鸡。中国、美国、泰国三方合资的北京家禽育种公司引进了原种鸡及配套技术，1988年通过农业部的验收，是目前国内饲养量最大的肉鸡品种。

艾维茵肉鸡体重大，体躯宽而深，胸腿部肌肉发达，属于白科尼什肉鸡体型；母本C、D两系体型中等，呈椭圆形，体躯紧凑、丰满，羽毛较紧密，属于白洛克杂交型鸡。艾维茵肉鸡具有适应性强、增重快、饲料转化率高、抗病力强、成活率高等特点。艾维茵商品代肉鸡7周龄体重2.92千克，料重比为1.96：1；8周龄体重3.37千克，料重比2.1：1。

（2）爱拔益加（简称AA）　是美国爱拔益加公司培育的四系配套杂交肉鸡。我国引入祖代种鸡已经多年，饲养量较大，效果也较好。其父、母代种鸡产蛋量高，并可利用快慢羽自别雌雄，商品仔鸡生长快，耗料少，适应性强。

爱拔益加父母代鸡全群平均成活率90%，入舍母鸡66周龄产蛋数193枚，种蛋受精率94%，入孵种蛋平均孵化率80%，36周龄蛋重63克。商品代肉鸡公母混养35日龄体重1.77千克，成活率97%，饲料利用率1.56，42日龄体重2.36千克，成活率96.5%，饲料利用率1.73：1，49日龄体重2.94千克，成活率95.8%，饲料利用率1.9：1。

（3）依莎明星　是法国依莎公司育成的五系配套肉鸡，其特点是母系的第一父本D系携带慢羽基因，第二父本C系携带矮小型基因。父、母代种雏可自别雌雄。成年母鸡体型矮小，节省饲料和饲养面积，因而可显著降低苗鸡成本；商品代的生长速度和饲料报酬基本不受影响。我国于20世纪80年代曾引入原种鸡繁育推广。

（4）红布罗　是加拿大雪佛公司育成的红羽快大型肉鸡，具有羽黄、胫黄、皮肤黄三黄特征。该鸡适应性好、抗病力强，肉味亦好，与地方品种杂交效果良好，我国引进有祖代种鸡繁育推广。

（5）安卡红　是以色列PBU公司培育的有色羽杂交肉鸡，其生长速度接近白羽肉鸡，特别是抗热应激、抗病能力较强。我国上海引进有曾祖代种鸡。

（6）宝星　是加拿大雪佛公司育成的四系杂交肉鸡。1978年我国引入曾祖代种鸡，曾译为星布罗，1985年第二次引进曾祖代种鸡，称为宝星肉鸡，当时表现较好。

5. 优质肉鸡

优质肉鸡是由优质地方土鸡经过多年的纯化选育或杂交而形成的鸡种。其生产性能有一定提高；生长周期较长；食性较广，且有其独特的饲喂制度和方法；性情活泼，好斗爱追逐，易发生啄癖；其羽毛多为黄色、黑色或带麻点，黄喙、黄肤、黄脚或黑喙、黑肤、黑脚。北方喜黑色，南方喜黄色。肉质鲜美、鸡味浓郁，且有较好的产肉性能和抗病能力。

（1）石岐杂鸡　该鸡种是中国香港有关部门由广东惠阳鸡、清远麻鸡和石岐鸡与引进的新汉夏、白洛克、科尼朴等外来鸡种杂交改良而成。它保留了地方三黄鸡种骨细肉嫩、味道鲜美等优点，克服了地方鸡生长慢、饲料报酬低等缺陷。具有三黄鸡黄毛、黄皮、黄脚、短脚、圆身、薄皮、细骨、肉厚、味浓等特征。一般快大型肉鸡饲养 3~4 个月，平均体重可达 2 千克左右。料肉比（3.2~3.5）∶1。

（2）惠阳胡须鸡　又称三黄胡须鸡。原产于广东省惠阳地区，属中型肉用鸡种。该鸡具有肥育性能好、肉嫩味鲜、皮薄骨细等优点，深受广大消费者欢迎，尤其在中国港澳活鸡市场享有盛誉，售价也特别高。它的毛孔浅而细，屠体皮质细腻光滑，是与外来肉鸡明显的区别之处。在农家饲养条件下，5~6 月龄体重可达 1.2~1.5 千克，料肉比（5~6）∶1。

（3）固始鸡　该品种个体中等，外观清秀灵活，体型细致紧凑，结构匀称，羽毛丰满。羽色分浅黄、黄色，少数黑羽和白羽。冠型分单冠和复冠两种。90 日龄公鸡体重 487.8 克，母鸡体重 355.1 克，养殖 180 日龄公母体重分别为 1 270 克、966.7 克，5 月龄半净膛屠宰率公母分别为 81.76%、80.16%。

（4）桃源鸡　体质硕大、单冠、青脚、羽色金黄或黄麻、羽毛蓬松、呈长方形。公鸡姿态雄伟，性勇猛好斗，头颈高昂，尾羽上翘；母鸡体稍高，性温顺，活泼好动，后躯浑圆，近似方形。成年公鸡体重（3 342±63.27）克，母鸡（2 940±40.5）克。肉质细嫩，肉味鲜美。半净膛屠宰率公母分别为 84.90%、82.06%。

（5）河田鸡　体宽深，近似方形，单冠带分叉（枝冠），羽毛黄羽，黄胫。耳叶椭圆形，红色。养殖 90 日龄公鸡体重 588.6 克，母鸡 488.3 克，150 日龄公母体重分别为 1 294.8 克，养殖母鸡 1 093.7 克。河田鸡是很好的地方鸡肉用良种，体型浑圆，屠体丰满，皮薄骨细，肉质细嫩，肉味鲜美，皮下腹部积贮脂肪，但生长缓慢，屠宰率低。

（6）茶花鸡　体型矮小、单冠、红羽或红麻羽色、羽毛紧贴、肌肉结实、骨骼细嫩、体躯匀称、性情活泼、机灵胆小、好斗性强、能飞善跑。茶花鸡养殖 150 日龄体重公母分别为 750 克、760 克，半净膛屠宰率公母分别为 77.64%、80.56%。

（7）寿光鸡　肉质鲜嫩，营养丰富，在市场上，以高出普通鸡 2~3 倍的价格，成为高档宾馆、酒店、全鸡店和婚宴上的抢手货。公鸡半净膛为

82.5%，全净膛为 77.1%，母鸡半净膛为 85.4%，全净膛为 80.7%。

（8）狼山鸡 产于江苏省如东境内。该鸡属蛋肉兼用型。体型分重型和轻型两种，体格健壮。狼山鸡羽色分为纯黑、黄色和白色，现主要保存了黑色鸡种，该鸡头部短圆，脸部、耳叶及肉垂均呈鲜红色，白皮肤，黑色胫。部分鸡有凤头和毛脚。500 日龄成年体重公鸡为 2 840 克，母鸡为 2 283 克。6.5 月龄屠宰测定：公鸡半净膛屠宰率为 82.8%左右，全净膛屠宰率为 76%左右，母鸡半净膛屠宰率为 80%，全净膛屠宰率为 69%。

（9）萧山鸡 产于浙江萧山。分布于杭嘉湖及绍兴地区。本品种为蛋肉兼用型品种，萧山鸡体型较大，外形近似方而浑圆，公鸡羽毛紧凑，头昂尾翘。红色单冠、直立。全身羽毛有红、黄两种，母鸡全身羽毛基本黄色，尾羽多呈黑色。单冠红色，冠齿大小不一。喙、胫黄色。成年体重公鸡为 2 759 克，母鸡为 1 940 克。屠宰测定：150 日龄公鸡半净膛为 84.7，全净膛为 76.5；母鸡半净膛屠宰率为 85.6%，全净膛屠宰率为 66.0%。

（10）大骨鸡 主产于辽宁省庄河市，吉林、黑龙江、山东、河南、河北、内蒙古等省（区）也有分布。属蛋肉兼用型品种。大骨鸡体型魁伟，胸深且广，背宽而长，腿高粗壮，腹部丰满，敦实有力，以体大、蛋大、口味鲜美著称。觅食力强。公鸡羽毛棕红色，尾羽黑色并带金属光泽。母鸡多呈麻黄色，头颈粗壮，眼大明亮，单冠，冠、耳叶、肉垂均呈红色。喙、胫、趾均呈黄色。

（11）藏鸡 分布于我国的青藏高原。体型轻小，较长而低矮，呈船形，好斗性强。黑色羽多者称黑红公鸡，红色羽多者称大红公鸡。还有少数白色公鸡和其他杂色公鸡。母鸡羽色较复杂，主要有黑麻、黄麻、褐麻等色，少数白色，纯黑较少。但云南尼西鸡则以黑色较多，白色麻黄花次之，尚有少数其他杂花、灰色等。

（12）北京油鸡 是北京地区特有的地方优良品种，至今已有 300 余年历史。

北京油鸡是一个优良的肉蛋兼用型地方良种，具有特殊的外貌，即凤头、毛腿、胡子嘴。体躯中等，羽色美观，主要为赤褐色和黄色羽色。赤褐色者体型较小，黄色者体型较大。公鸡羽毛色泽鲜艳光亮，头部高昂，尾羽多为黑色。母鸡头、尾微翘，胫略短，体态敦实。北京油鸡羽毛较其他鸡种特殊，毛冠、毛腿和毛髯，故称为"三毛"，这就是北京油鸡的主要外貌特征。

北京油鸡的生长速度缓慢。屠体皮肤微黄，紧凑丰满，肌间脂肪分布良好，肉质细腻，肉味鲜美。公母平均初生重为 38.4 克，4 周龄重为 220 克，8

周龄重为549.1克，12周龄重为959.7克；20周龄的公鸡为1 500克，母鸡为1 200克。

（13）广西三黄鸡　产于广西东南部的桂平、平南、藤县、苍梧、贺县、岭溪、容县等地。属小型鸡种，基本具"三黄"特征。公鸡羽毛酱红色，颈羽颜色比体羽浅，翼羽常带黑边，尾羽多为黑色。母鸡均为黄羽，但主翼羽和副翼羽常带黑边或黑斑，尾羽多为黑色。单冠，耳叶红色，虹彩橘黄色。喙与胫黄色，也有胫为白色的。皮肤白色居多，少数为黄色。成年鸡体重：公鸡1 985~2 320克，母鸡1 395~1 850克。半净膛屠宰率：公鸡85%，母鸡83.5%。全净膛屠宰率：公鸡77.8%，母鸡75%。开产日龄150~180天，年产蛋77个，蛋重41克，蛋壳呈浅褐色。

二、鸭的品种

（一）肉用型鸭品种

1. 北京鸭

北京鸭是现代肉鸭生产的主要品种。原产于北京市郊区。具有生长快、繁殖率高、适应性强和肉质好等优点，尤其适合加工烤鸭。体型硕大丰满、挺拔美观。头大颈粗，体躯长方形，背宽平，胸丰满，胸骨长而直。翅较小，尾短而上翘。开产日龄为150~180天。母本品系年平均产蛋可达240枚，平均蛋重90克左右，蛋壳白色。父本品系的公鸭体重4~4.5千克，母鸭3.5~4千克；母本品系的公、母鸭体重稍轻一些。

2. 樱桃谷鸭

樱桃谷鸭是由英国樱桃谷公司引进北京鸭和埃里斯伯里鸭为亲本，经杂交育成。羽毛洁白，头大、额宽、鼻脊较高，喙橙黄色，颈平而粗短。翅膀强健，紧贴躯干。背宽而长，从肩到尾部稍倾斜，胸部较宽深。种鸭性成熟期为182日龄，父母代群母鸭年平均产蛋210~220枚，蛋重75克。父母代群母鸭年提供初生雏168只。父母代成年公鸭体重4~4.5千克，母鸭3.5~4千克，开产体重3.1千克。

3. 狄高鸭

狄高鸭是由澳大利亚狄高公司利用中国北京鸭，采用品系配套方法育成的优良肉用型鸭种。具有生长快、早熟易肥、体型硕大、屠宰率高等特点。该品种性喜干爽，能在陆地上交配，适于丘陵地区旱地圈养或网养。雏鸭绒羽黄色，脱换幼羽后，羽毛白色。头大颈粗，后躯稍长。性成熟期为182日龄，33周龄进入产蛋高峰，产蛋率达90%。年平均产蛋230枚左右，平均蛋重88克。

4. 天府肉鸭

天府肉鸭广泛分布于四川、重庆、云南、广西、浙江、湖北、江西、贵州、海南等省（区、市），表现出良好的适应性和优良的生产性能。

体型硕大丰满，挺拔美观。头较大，颈粗中等长，体躯似长方形，前躯昂起与地面呈30°角，背宽平，胸部丰满，尾短而上翘。母鸭腹部丰满，腿短粗，蹼宽厚。公鸭有2~4根向背部卷曲的性指羽。羽毛丰满而洁白。喙、胫、蹼呈橘黄色。初生雏鸭绒毛黄色，至4周龄时变为白色羽毛。

天府肉鸭雏鸭初生重55克，商品鸭4周龄体重1.6~1.8千克，料肉比（1.8~2）∶1；5周龄重2.2~2.4千克，料肉比（2.2~2.5）∶1；7周龄体重3~3.2千克，料肉比（2.7~2.9）∶1。

种鸭一般182天开产，76周龄入舍母鸭年产蛋230~240枚，蛋重85~90克，受精率90%以上，每只种鸭年产雏鸭170~180只，达到肉用型鸭种的国际领先水平。

（二）蛋用型鸭品种

1. 金定鸭

金定鸭是优良的高产蛋鸭品种，因中心产区位于福建省龙海县紫泥乡金定村而得名。体型较长，前躯高挺，公鸭胸宽背阔，头部和颈上部羽毛具有翠绿色光泽，有"绿头鸭"之称。性羽黑色，并略上翘。母鸭身体细长，匀称紧凑，腹部丰满，全身羽毛呈赤褐色麻雀羽。公鸭和母鸭的喙黄绿色，虹彩褐色。胫、蹼橘红色，爪黑色。尾脂腺发达。产蛋期长，高产鸭在换羽期和冬季可持续产蛋而不休产。一般年产蛋280~300枚，在舍饲条件下，平均年产蛋313枚，平均蛋重70~72克，产蛋量最高的个体年产蛋360枚。壳色以青壳蛋为主，约占95%。成年鸭平均体重1.85千克。母鸭开产日龄为110~120天，公鸭性成熟日龄为110天左右。

2. 绍兴鸭

绍兴鸭简称绍鸭，又称绍兴麻鸭、浙江麻鸭、山种鸭，因原产地位于浙江旧绍兴府所辖的绍兴等县而得名，是我国优良的高产蛋鸭品种。绍兴鸭根据毛色可分为红毛绿翼绍兴鸭和带圈白翼绍兴鸭两个类型。带圈白翼绍兴公鸭全身羽毛深褐色，头和额上部羽毛墨绿色，有光泽。母鸭全身以浅褐色麻雀羽为基色；颈中间有2~4厘米宽的白色羽圈。红毛绿翼绍兴公鸭全身羽毛以深褐色为主，头至颈部羽毛均呈墨绿色，有光泽；母鸭全身羽毛以深褐色为主，颈部无白圈，颈上部褐色，无麻点。红毛绿翼绍兴母鸭年产蛋260~300枚。300日龄蛋重70克；带圈白翼绍兴母鸭年产蛋250~290枚，蛋壳为玉白色，少数为白色或青绿色。红毛绿翼绍兴公鸭成年体重 1.3 千克，母鸭 1.25 千克；带圈白翼绍兴公鸭成年体重 1.4 千克，母鸭 1.3 千克。母鸭开产日龄为 100~120天，公鸭性成熟日龄为 110 天左右。

3. 微山麻鸭

微山麻鸭属小型蛋用麻鸭，体型较小；颈细长，前胸较小，后躯丰满，体躯似船形；羽毛颜色有红麻和青麻两种，母鸭毛色以红麻为多，颈羽及背部羽毛颜色相同，喙豆青色最多，黑灰色次之，公鸭红麻色最多，头颈墨绿色，有光泽；胫、蹼以橘红色为多，少数为橘黄色，爪黑色。

微山麻鸭主要分布于山东省南四湖，即南阳湖、独山湖、昭阳湖、微山湖及泗河、汶河、赵玉河、老运河流域。适于水面放牧饲养，觅食力很强，可潜入水中捕捞食物。开产日龄 150~160 天，在一般饲养条件下，年产蛋 140~150 枚，在良好饲养管理条件下，年产蛋 180~200 枚，蛋重 80 克，蛋壳分青绿色和白色两种，以青绿色为多。

微山麻鸭极具食用和经济价值，其体型稍小，肉质鲜美，是作板鸭或烤鸭的好原料。其鸭蛋加工的松花蛋质量高，蛋黄溏心，蛋白呈松花状，味美可口，是中国传统出口畅销商品之一。

4. 康贝尔鸭

康贝尔鸭由印度跑鸭与芦安公鸭杂交，其后代母鸭再与公野鸭杂交，经多代培育而成，育成于英国。康贝尔鸭有 3 个变种：黑色康贝尔鸭、白色康贝尔鸭和咔叽·康贝尔鸭（即黄褐色康贝尔鸭）。我国引进的是咔叽·康贝尔鸭，体躯较高大，深广而结实。头部秀美，面部丰润，喙中等大，眼大而明亮，颈细长而直，背宽广、平直、长度中等。胸部饱满，腹部发育良好而不下垂。母鸭开产日龄为 120~140 天，年平均产蛋 260~300 枚，蛋重 70 克左右，蛋壳为白色。成年公鸭体重 2.4 千克，母鸭 2.3 千克。

（三）兼用型鸭品种

1. 高邮鸭

高邮鸭是较大型的蛋、肉兼用型麻鸭品种。主产于江苏省高邮、宝应、兴化等县。该品种觅食能力强，善潜水，适于放牧。背阔肩宽胸深，体躯长方形。公鸭头和颈上部羽毛深绿色，有光泽；背、腰、胸部均为褐色芦花羽。母鸭全身羽毛褐色，有黑色细小斑点如麻雀羽。开产日龄为 110~140 天；年产蛋 140~160 枚，高产群可达 180 枚，平均蛋重 76 克。成年体重平均 2.6~2.7千克。放牧条件下 70 日龄体重达 1.5 千克左右，在较好的饲养条件下 70 日龄体重可达 1.8~2 千克。

2. 建昌鸭

建昌鸭是麻鸭类型中肉用性能较好的品种，以生产大肥肝而闻名。主产于四川省凉山彝族自治州的安宁河谷地带的西昌、德昌、冕宁、米易和会理等县、市。西昌古称建昌，因而得名建昌鸭。由于当地素有腌制板鸭、填肥取肝和食用鸭油的习惯，因而促进了建昌鸭肉用性能及肥肝性能的提高。该鸭体躯宽深，头颈大。公鸭头和颈上部羽毛墨绿色而有光泽，颈下部有白色环状羽带；尾羽黑色。母鸭羽色以浅麻色和深麻色为主，浅麻雀羽居多，占 65%~70%；除麻雀羽色外，约有 15% 的白胸黑鸭；这种类型的公、母鸭羽色相同；全身黑色，颈下部至前胸的羽毛白色。母鸭开产日龄为 150~180 天，年产蛋 150 枚左右。蛋重 72~73 克，蛋壳有青、白两种，青壳占 60%~70%。成年公鸭体重 2.2~2.6 千克；母鸭 2~2.1 千克。

三、鹅的品种

(一) 小型鹅种

1. 太湖鹅

太湖鹅原产于江苏、浙江两省沿太湖的县、市，现遍布江苏、浙江、上海等地。

太湖鹅全身羽毛洁白，喙、胫、蹼均呈橘红色，喙端色较淡，爪白色。肉瘤为淡姜黄色，眼睑淡黄色，虹彩灰蓝色。太湖鹅体态高昂，羽毛紧贴，结构紧凑。肉瘤大，公鹅比母鹅更大，更突出，瘤圆而光滑，颈细长，呈弓形。无皱褶，无咽袋。公鹅喙较长，为 7.5 厘米左右，叫声洪亮，善护群而啄人；母鹅喙较短，约 6.5 厘米，叫声较低，性情温和。太湖鹅雏鹅全身乳黄色，喙、胫、蹼为橘黄色。

性成熟较早，母鹅 160 日龄即可开产。一个产蛋期（当年 9 月至翌年 6 月）每只母鹅平均产蛋 60 枚，高产鹅群达 80~90 枚，高产个体达 123 枚。平均蛋重 135 克，蛋壳色泽较一致，几乎全为白色，就巢性弱。成年公鹅体重 4.33 千克，母鹅 3.23 千克。

2. 豁眼鹅

豁眼鹅俗称豁鹅，因其上眼睑边缘后上方有豁口而得名。原产于山东莱阳地区。历史上曾有大批的山东移民移居东北时将这种鹅带往东北，因而现已以辽宁昌图饲养最多，俗称昌图豁鹅。体型轻小紧凑，全身羽毛洁白。喙、胫、蹼均为橘黄色，成年鹅有橘黄色肉瘤；眼三角形，眼睑淡黄色，两眼上眼睑处均有明显的豁口，此为该品种的独有特征；虹彩蓝灰色；头较小，颈细稍长。公鹅体型较短，呈椭圆形，有雄相。母鹅体型稍长，呈长方形。豁眼鹅雏鹅，毛黄色，腹下毛色较淡。一般在7~8月龄时产蛋。在放牧条件下，年平均产蛋80枚，在半放牧条件下，年平均产蛋100枚以上；在饲养条件较好时，年产蛋120~130枚。最高产蛋纪录180~200枚，平均蛋重120~130克；蛋壳白色。成年公鹅平均体重3.72~4.44千克，母鹅3.12~3.82克。

3. 乌鬃鹅

乌鬃鹅原产于广东省清远市，故又名清远鹅。因羽大部分为乌棕色，故得此名。主产区位于清远市北江两岸的江口、源潭、洲心、附城等10个乡。体型紧凑，头小、颈细、腿矮。公鹅体型较大，呈橄榄核形；母鹅呈楔形。羽毛大部分呈乌棕色，从头部到最后颈椎有一条鬃状黑褐色羽毛带。在背部两边有一条起自肩部直至尾根的2厘米宽的白色羽毛带，在尾翼间未被覆盖部分呈现白色圈带。青喙，有肉瘤，胫、蹼均为黑色，虹彩棕色。母鹅开产日龄为140天左右，母鹅有很强的就巢性，一年分4~5个产蛋期，平均年产蛋30枚左右，平均蛋重144.5克。蛋壳浅褐色。

4. 籽鹅

籽鹅原产于黑龙江省绥北和松花江地区。因产蛋多，群众称其为籽鹅。该鹅种具有耐寒、耐粗饲和产蛋能力强的特点。体型较小，紧凑，略呈长圆形。羽毛白色，一般头顶有缨又称顶心毛，颈细长，肉瘤较小，颌下偶有垂皮，即咽袋，但较小。喙、胫、蹼皆为橙黄色，虹彩为蓝灰色。腹部一般不下垂。母鹅开产日龄为180~210天。一般年产蛋在100枚以上，多的可达180枚，蛋重平均131.1克，最大153克，最小114。成年公鹅体重4~4.5千克，母鹅3~3.5千克。

(二) 中型鹅种

1. 皖西白鹅

皖西白鹅中心产区位于安徽省西部丘陵山区和河南省固始一带。体型中等，体态高昂，气质英武，颈长呈弓形，胸深广，背宽平。全身羽毛洁白，头顶肉瘤呈橘黄色，圆而光滑且无皱褶，喙橘黄色，胫、蹼均为橘红色，爪白色，约6%的鹅颌下带有咽袋。公鹅肉瘤大而突出，颈粗长有力，母鹅颈较细短，腹部轻微下垂。皖西白鹅分为有咽袋腹皱褶多、有咽袋腹皱褶少、无咽袋有腹皱褶、无咽袋无腹皱褶等类型。

母鹅开产日龄一般为16月龄，产蛋多集中在1月份及4月份，皖西白鹅繁殖季节性强，时间集中。一般母鹅年产两期蛋，年产蛋25枚左右，3%~4%的母鹅可连产蛋30~50枚，群众称为常蛋鹅。平均蛋重142克，蛋壳白色。

母鹅就巢性强。成年公鹅体重6.12千克，母鹅5.56千克。皖西白鹅羽绒质量好，尤以绒毛的绒朵大而著称。

2. 雁鹅

雁鹅原产于安徽省西部，后来逐渐向东南迁移，现在安徽的宣城、郎溪、广德一带和江苏西南的丘陵地区形成了新的饲养中心。在江苏分布区通常称雁鹅为灰色四季鹅。体型中等，体质结实，全身羽毛紧贴；头部圆形略方，头上有黑色肉瘤，质地柔软，呈桃形或半球形；喙黑色、扁阔，胫、蹼为橘黄色，爪黑色；颈细长，胸深广，背宽平；皮肤多数为黄白色。成年鹅羽毛呈灰褐色和深褐色，颈的背侧有一条明显的灰褐色羽带。一般母鹅开产在8~9月龄，年产蛋25~35枚。雁鹅在产蛋期间，每产一定数量蛋后即进入就巢期休产，以后再产第二期蛋，如此反复，一般可间歇产蛋3期，也有少数产蛋4期，因此，江苏镇宁地区群众称之为四季鹅。平均蛋重150克，蛋壳白色。就巢性强。成年公鹅体重6.02千克，母鹅4.78千克。

3. 朗德鹅

朗德鹅又称西南灰鹅，原产于法国西南部靠比斯开湾的朗德省，是世界著名的肥肝专用品种。毛色灰褐，也有部分白羽个体或灰白杂色个体。喙橘黄色，胫、蹼肉色。性成熟期约180日龄，一般在2—6月产蛋，年平均产蛋35~40枚，平均蛋重180~200克。母鹅有较强的就巢性，成年公鹅体重7~8千克，母鹅6~7千克。8周龄仔鹅活重可达4.5千克左右，肉用仔鹅经填肥后重达10~11千克。肥肝均重700~800克。朗德鹅对人工拔毛耐受性强，羽绒产量在每年拔毛2次的情况下，可达0.35~0.45千克。

4. 莱茵鹅

莱茵鹅原产于德国莱茵州，是欧洲产蛋量最高的鹅种，现广泛分布于欧洲各国。

莱茵鹅体型中等偏小。初生雏背面羽毛为灰褐色，2~6周龄逐渐转变为白色，成年时全身羽毛洁白；喙、胫、蹼呈橘黄色；头上无肉瘤，颈粗短。开产日龄为210~240天，年产蛋50枚，平均蛋重150~190克。成年公鹅体重5~6千克。母鹅4.5~5千克。仔鹅8周龄活重可达4.2~4.3千克，料肉比2.8∶1。莱茵鹅能适应大群舍饲，是理想的肉用鹅种。但产肝性能较差，平均肝重276克。

（三）大型鹅品种

1. 狮头鹅

狮头鹅是我国唯一的大型优质鹅种。原产于广东省饶平县溪楼村，主要产区在澄海县和汕头市郊。具有体型大、生长快、肥肝生产性能好、饲料利用率高等特点。

体躯呈方形。头大颈粗，前躯高，头部前额肉瘤发达，向前突出，肉瘤黑色，额下咽袋发达，一直延伸到颈部。因额部肉瘤发达，几乎覆盖于喙上，加上两颊又有黑色肉瘤 1~2 对，酷似狮头，故名狮头鹅。公鹅和 2 岁以上母鹅的头部肉瘤特征更为显著。全身背面羽毛、前胸羽毛及翼羽均为棕褐色。腹面的羽毛白色或灰白色。胫粗，蹼宽，胫、蹼都为橙红色，有黑斑。皮肤米黄色或乳白色。体内侧有似袋状的皮肤皱褶。

成年公鹅体重可达 10 千克以上，个别达 15 千克，平均为 8.5 千克；母鹅体重可达 9 千克以上，个别达 13 千克，平均为 7.86 千克。以传统放牧为主饲养，70~90 日龄上市未经肥育仔鹅的平均体重为 5.84 千克，公鹅为 6.18 千克、母鹅为 51 千克；半净膛时，屠宰率为 82.9%（公鹅为 81.9%、母鹅为84.2%）；全净膛屠宰率为 72.3%（公鹅为 71.9%、母鹅为 72.4%）。母鹅年产蛋 24~28 枚，蛋重为 176.3~217.2 克，壳乳白色。1 岁母鹅产蛋的受精率为 69%，受精蛋孵化率为 87%。2 岁以上母鹅产蛋的受精率为 79.2%，受精蛋孵化率为 90%。母鹅抱性强，每产完 1 期蛋，就巢 1 次；约 5% 的母鹅无抱性或抱性很弱。狮头鹅生产肥肝的能力是我国鹅种中最强的，是重要的肥肝型品种。经填饲育肥后，肝重可达 960 克，最高可达 1 400 克。

2. 埃姆登鹅

埃姆登鹅原产于德国西部的埃姆登城附近。全身羽毛纯白色，着生紧密，头大呈椭圆形，眼睑蓝色，喙短粗、橙色、有光泽，颈长略呈弓形，颌下有咽袋。体躯宽长，胸部光滑看不到龙骨突出，腿部粗短，呈深橙色。雏鹅全身绒毛为黄色，但在背部及头部有不等量的灰色绒毛。在换羽前，一般可根据绒羽的颜色来鉴别公、母，公雏鹅绒毛上的灰色部分比母雏鹅的浅些。母鹅 10 月龄左右开产，年平均产蛋 10~30 枚，蛋重 160~200 克，蛋壳坚厚，呈白色。母鹅就巢性强。成年公鹅体重 9~15 千克，母鹅 8~10 千克。肥育性能好，肉质佳，用于生产优质鹅油和肉。羽绒洁白丰厚，活体拔毛，羽绒产量高。

第三节　种鸡的人工授精

一、种公鸡的采精

（一）采精前的准备

在配种前 3~4 周，对种公鸡实行单笼饲养，便于熟悉环境和管理人员。

在配种前 2~3 周，对种公鸡进行训练调教，每天或隔天训练 1 次。有些公鸡在初次按摩训练时就有性反射，可采出精液，大多数公鸡要经过 3~4 次采精训练，才能建立性条件反射。公鸡一旦训练成功，就应坚持隔日采精，对多次训练不能建立性反射的公鸡予以淘汰。

为避免精液污染，在开始训练之前，将公鸡泄殖腔周围的羽毛剪掉。在采精前 2~3 小时禁食，以防排粪而影响采精。所有的人工授精用具都应事先清洗、消毒、烘干备用。

（二）采精操作

保定员用左右手分别握住公鸡的两腿，使鸡尾部朝前，头部向后，将公鸡置于保定员身体的一侧。

采精员右手中指和无名指夹住采精杯柄，使杯口向外，右手拇指和食指分开，以虎口部贴于公鸡泄殖腔下方腹部柔软处。左手拇指与其他四指分开，手掌贴于鸡背部由前向后按摩，当按摩到尾根处时稍施加压力，连续按摩 3~5 次，观察公鸡是否有性反射，若公鸡出现性反射（呈交尾动作）时，左手顺势将公鸡尾羽压向其背部，拇指和食指放于泄殖腔两侧做好挤压准备，与此同时，右手拇指与食指分开置于腹部两侧柔软部位，给予迅速敏捷的抖动按摩。当公鸡性感强烈，泄殖腔充分外翻，交尾器充分勃起时，左手拇指和食指立刻适当用力挤压，公鸡就会排出精液，此时夹采精杯的右手迅速翻转，将采精杯口朝上贴于泄殖腔下缘，承接精液。

（三）采精次数

最理想的采精次数是隔日采精，如果配种任务大，也可连采 3~5 天，休息 1~2 天，但应注意公鸡的营养状况和体重变化。公鸡每次采精量一般为 0.2~0.5 毫升，高的多达 1 毫升。

（四）采精注意事项

在采精过程中使用的手法尽可能与训练时的手法保持一致。抓鸡、放鸡动作要轻，按摩和挤压用力要适度，防止损伤公鸡。从笼内取出公鸡保定好后应立即进行采精，以免摆布时间过长而出现麻木现象，导致精液量少。保持采精环境的安静、清洁，采精时若公鸡排粪，则应用棉球将粪便擦净，凡被污染的精液均不能用于输精。采集的精液保存在 30~35℃下，在 20~30 分钟内尽快用完。

（五）采精过程中常见问题及处理

1. 精液量少或没有

原因有多方面，如饲养管理不当、饲料搭配不合理或患有疾病等。在此情况下，应提高饲养管理，减少应激，保证饲料质量，稳定饲料种类并合理搭配；在发生疾病时要及时治疗。此外，人员更换、采精手法变换、操作不熟练、用力不当等因素也能导致精液量减少。所以，实行人工授精时应做到人员、时间和地点三固定。

2. 精液被粪便污染

在采精过程中，由于按摩和挤压，易出现排粪尿现象。因此，在按摩时，采精杯口不可正对泄殖腔，应偏向一侧，以防止粪尿直接排到采精杯内。对公鸡泄殖腔周围的羽毛也要经常修剪，避免羽毛上的污物落入采精杯内污染精液。

3. 精液中带血

采精手法不正确，按摩挤压用力过度，使乳状突黏膜血管破裂，血液混入精液中。遇到此种情况，应用吸管将血液吸出弃掉。对污染轻的精液可适当加大输精量。

4. 公鸡性反射差、射精慢

此类公鸡泄殖腔或腹部肌肉松弛、无弹性，按一般的按摩手法无反应或反应极差。遇到此种情况，按摩动作要轻，用力要小，并适当改变抱鸡姿势，当发现有轻微的性反射时，一旦泄殖腔外翻，应立即挤压，便可采出精液。

5. 公鸡性反射强、射精快

采精员只要用手触及某些公鸡的尾部或背部，甚至刚从笼内取出公鸡，精液就可能排出。对这类公鸡，要先做好标记，首先对此类公鸡进行采精。公鸡在射精前总有一些先兆，应提前做好承接精液的准备。

二、输精

（一）输精操作

翻肛员右手打开笼门，左手伸入笼内抓住母鸡双腿，把鸡的尾部拉出笼门口外，右手拇指与其他四指分开横跨于肛门两侧的柔软部分向下按压，当给母鸡腹部施加压力时，泄殖腔便可外翻，露出输卵管口，此时，输精员手持输精管对准输卵管开口中央，插入输精管输入精液。在输入精液的同时，翻肛员立即松手解除对母鸡腹部的压力，输卵管口便可缩回而将精液吸入。

（二）输精要求

1. 输精深度

生产中多采用浅部阴道输精，输精深度以1~2厘米为宜。

2. 输精量

输精量的多少应根据精液品质而定。精子活力高、密度大，精液品质好，输精量可少一些；反之，输精量就应多一些。一般用原精液输精，每次输精量为0.025~0.08毫升，含有效精子数为0.8亿~1亿个。当给母鸡首次输精时输精量应加倍，随着公鸡周龄增加，其体重和腹脂也增加而导致精液品质变差，在母鸡产蛋后期，为保证有效精子数，提高种蛋受精率，应适当加大输精量。

3. 输精间隔时间

一般每4~5天输精1次，即可保持高而稳定的受精率。

4. 输精时间

输精时间应选择在大部分母鸡产完蛋之后进行，最好在15：00—16：00进行。

（三）输精注意事项

①当给母鸡腹部施加压力时，一定要着力于腹部左侧。在翻肛手法正确的前提下，有些母鸡阴道口仍难以翻出，或即使翻出来，输卵管口颜色发白，形状扁平，此类情况多属停产鸡，应予以淘汰。

②插入输精管时须对准输卵管开口中央，且动作要轻，防止损伤输卵管壁。如果发现子宫内有硬壳蛋，翻肛员不能过于用力按压，输精时也不能用力硬插，应将输精管偏向一侧慢慢插入，动作要轻以免弄破蛋壳。

③翻肛员与输精员要密切配合，当输精管插入输精的同时，翻肛员要立即松手解除对母鸡腹部的压力，以保证精液有效地输入输卵管内。

④勿将空气或气泡输入输卵管内，以免影响种蛋受精率。

⑤防止交叉感染。每输一只母鸡应用干净的脱脂棉球擦拭一下输精管，要经常更换输精管，最好每只母鸡单独使用一支输精管。

三、精液的常规检查

（一）外观检查

正常精液为乳白色，质地如奶油状，略带腥味。混入血液呈粉红色，被粪便污染呈黄褐色，尿酸盐过多时呈粉白色棉絮状。

（二）精液量检查

可用刻度吸管或带刻度的集精杯检查精液量。公鸡一次射精量因品种、季节、年龄、饲养条件及操作技术等而不同，一般而言，公鸡一次射精量为0.2~0.5毫升，高的多达1毫升。

（三）精子活力检查

在采精后20~30分钟内进行，方法是分别取精液和生理盐水各1滴，置于载玻片一端混匀，放上盖玻片。在37~38℃条件下于200~400倍显微镜下检查。根据精子活动的3种方式估计评定。呈直线前进运动的精子，具有受精能力，以其所占的比例评为1~9级；呈圆周运动和摆动的精子，都没有受精能力。

（四）精子密度检查

可采用血细胞计数板来计数，此法精确，但操作比较麻烦，故一般采用估测法将精子密度分为密、中、稀三等。操作时，取原精液1滴置于载玻片上，而后放上盖玻片，在400倍显微镜下观察。若见整个视野布满精子，精子之间几乎无间隙，则判断为密，每毫升有40亿个以上的精子；若精子之间有1~2个精子的空隙，则判断为中，每毫升有20亿~40亿个精子；若精子之间有较大的空隙，则判断为稀，每毫升有20亿个以下的精子。

（五）精液pH检查

用精密试纸或酸度计测定，鸡精液的pH值一般为6.2~7.4。

（六）精子畸形率检查

取精液1滴于玻片上，抹片，自然干燥后，用95%酒精固定1~2分钟，冲洗，再用0.5%龙胆紫（或红、蓝墨水）染色，3分钟后冲洗，干燥后即在400~600倍显微镜下检查，数出300~500个精子中有多少个畸形精子，计算百分率。

四、精液的稀释

生产中如果配种任务大，公鸡数量不足，精液量不够，可通过精液的稀释扩量来解决此问题。

精液的稀释应在采精后尽快进行。方法是将采到的新鲜精液和稀释液（可用生理盐水或专用的稀释液）分别装于试管中，放入35~37℃保温瓶或恒温箱中，使精液和稀释液的温度相接近。然后将稀释液加入精液中，沿着试管壁缓缓加入，轻轻转动，使二者充分混合均匀。精液稀释的比例应根据精液的品质、稀释液的质量、保存温度和时间而定，生产中稀释比例多为 1∶1。精液稀释好后立即给母鸡输精，尽快在 20～30 分钟输完。

在配制稀释液时，应严格执行操作规程，所用试剂应为化学纯或分析纯，用新鲜的呈中性的蒸馏水或离子水。一切用具要彻底清洗、消毒、烘干备用。各种药品要称量准确，充分溶解、过滤和密封消毒，并注意调整好稀释液的 pH 值和渗透压。

第四节　家禽的孵化技术

一、种蛋的选择

首先，种蛋必须来自健康的种鸡群。其次是外观，即肉眼直接鉴别，鉴别项目如下。

（一）大小

种蛋大小要适中，每个品种都有一定的蛋重要求范围，超过标准范围 ±15% 的蛋不应留作种用。

（二）形状

鸡蛋应呈卵圆形；蛋型指数（蛋的纵径和横径之间的比率）应为 1.3～1.35。

（三）洁净度

种蛋必须保持蛋面清洁。新鲜的种蛋表面光滑，无斑点、污点，有光泽。若用水洗蛋，壳面的胶质脱落，微生物容易侵入内部，蛋内水分也容易蒸发，故一般种蛋尽量少用水洗。

（四）壳纹

种蛋的壳纹应当光滑，无皱褶或凹凸不平等畸形。

（五）蛋壳颜色

纯种鸡的鸡蛋壳颜色一致，无斑点。

（六）蛋壳厚度

种蛋的蛋壳厚度应在 0.33～0.35 毫米。厚度小于 0.27 毫米时即为薄壳蛋，这种蛋水分蒸发较快，易被微生物侵入，又易破损。反之，蛋壳太厚

（0.45 毫米以上），水分不易蒸发，气体交换困难，鸡胚不易被啄破蛋壳而往往被闷死。

为了进一步判断种蛋的质量，可利用光照透视检验。新鲜种蛋气室很小，蛋黄清晰，浮于蛋内，并随蛋的转动而慢慢转动，蛋白浓度匀称，稀、浓两种蛋白也能明显辨别，蛋内无异物，蛋黄上的胚盘尚看不见，蛋黄表面无血丝、血块。若发现气室很大，蛋黄颜色变暗，蛋黄上甚至有血管，则为陈旧蛋。若发现蛋内容物全部变黑，这是因为保存时间过长，细菌侵入蛋内，使蛋白分解腐败已成臭蛋。如果发现蛋黄和蛋白混淆在一起，分辨不清，即为散黄蛋。

二、种蛋的保存、运输与消毒

（一）保存

鸡蛋蛋白的凝结点为-0.5℃，而当温度高于25℃时蛋内胚胎就开始萌发。保存种蛋较合适的温度是10~15℃。种蛋保存的时间也很重要，越短越好，不超过3天，孵化效果最好。保存时间越长，孵化效果越差，即使在最合适的条件下保存时间超过10天，孵化效果也受影响。种蛋在-1~3℃时只能保存几个小时，当蛋内温度低于-1℃时，胚胎就致死。保存在21~25℃的环境下7天后孵化率就下降。32℃时只能保存4天，5天后孵化率就下降。保存1个月的种蛋，其孵化率降低25%~45%（视保存时的条件、季节的不同而有所不同）。

保存种蛋的湿度，一般保持相对湿度60%~70%为好。在潮湿的地区保存种蛋时，通风要好；反之，在干燥的地区保存种蛋时，就应有较高的相对湿度。

种蛋保存在9℃的室温内，每昼夜失重0.001克，保存在22℃的室温内，每昼夜失重0.04克，二者之间相差0.039克。如果种蛋保存的温度相同而湿度不同，结果每昼夜的失重也不同，在相对湿度50%时，每昼夜失重0.025 8克，在相对湿度70%时每昼夜失重0.018 3克，二者之间相差0.007 5克，可见温度对蛋的失重影响较大。

通风换气对于保存种蛋也是不可忽视的条件，特别是潮湿地区和梅雨季节，要注意做好通风换气工作，严防霉菌在蛋壳上繁殖。通风的方法，一般采取自然通风。在种蛋保存期间，必须每天翻蛋1次，既可防止胚胎与内壳膜粘连，又可促进通风换气，防止霉蛋。有条件的单位，可以建造一间隔温条件比较好的简易蛋库，蛋库内设置半自动化翻蛋的蛋架，蛋盘与孵化机内的蛋盘配套，可以大大提高工效。

（二）运输

运输种蛋首先碰到的问题是装放用具，在大城市已采用特制的压模种蛋纸盒、塑料盒，每个纸盒（或塑料盒）装蛋 30 枚或 36 枚，是比较理想的装蛋用具。但目前比较普遍采用的是种蛋纸箱，箱内有用纸皮做成的方格，每个格放 1 枚蛋，蛋的上下左右都有纸皮隔开，可以避免蛋与蛋之间直接碰撞。如果没有这种专用纸箱，用木箱也可以，但要尽力避免蛋之间的直接接触，可将每枚蛋用 15 厘米见方的纸包裹起来，箱底和四周多垫些纸或其他柔软的垫物，也可用稻壳、锯末或碎麦草作为垫料。不论用什么工具装蛋，都应尽量使蛋的大头朝上，或平放，并排列整齐。

在运输过程中，不管用什么运输工具，都要注意：尽力避免阳光暴晒，因为阳光暴晒会使种蛋受温而促使胚胎发育（属不正常发育），更由于受温的程度不一，胚胎发育的程度也不一样，会影响孵化效果。防止雨淋受潮，种蛋被雨淋过之后，壳上膜受破坏，细菌就会侵入，还可能使霉菌繁殖，严重影响孵化效果。装运时，要做到轻装轻放，严防装蛋用具变形，特别是纸箱、箩筐，一旦变形就会挤破种蛋。严防强烈震动，强烈震动可能招致气室移位、蛋黄膜破裂、系带断裂等严重情况，如果道路高低不平，颠簸厉害，应在装蛋用具底下多铺些垫料，尽量减轻震动。

（三）消毒

种蛋在产出后至开始孵化期间至少进行两次消毒，第一次在捡蛋后，第二次是种蛋入孵时。

1. 新洁尔灭消毒法

用 5% 的新洁尔灭溶液加入 50 倍的水，配置成 0.1% 的溶液喷洒在种蛋表面就行。

2. 氯消毒法

将种蛋泡在含有氯的漂白粉溶液中 3 分钟，沥干后放在通风处即可。

3. 碘消毒法

将种蛋置于 0.1% 的碘溶液中泡 30~60 秒后沥干。

4. 熏蒸消毒法

每立方米空间甲醛 28 毫升，高锰酸钾 14 克，先将高锰酸钾加入陶瓷容器中，再将甲醛倒入，密闭 30 分钟后通风换气即可。

5. 紫外线消毒法

将种蛋码入蛋盘，置于 40 瓦紫外线灯下 40 厘米照射 1~2 分钟，然后从下向上再照 1~2 分钟。

三、孵化与管理

(一) 孵化前的准备

1. 制订孵化计划

2. 准备孵化用品

照蛋灯、温度计、消毒药品、防疫注射器材、易损电器元件、发电机等。

3. 验表试机

用标准温度计校正孵化用温度计（同插在 38℃温水中）。试机要看各个控温、控湿、通风、报警系统、照明系统和机械转动系统是否能正常运转。试机 1~2 天即可入孵。

4. 孵化器消毒

若孵化间隔不长，结束孵化时消过毒，可入孵后与种蛋一起消毒，否则，应先消过毒再入孵，办法如前。开机门 1 小时后入孵。

(二) 种蛋的入孵

1. 种蛋预热

存放于空调蛋库的种蛋，入孵前应置于 22~25℃的环境条件下预热 6~8 小时，以免入孵后蛋面凝聚水珠不能立即消毒，也可减少孵化器温度下降幅度。预热可提高孵化效果。

2. 种蛋装盘

钝端向上，鸭鹅蛋以倾斜 45°或横放为好。

3. 蛋盘编号

种盘装盘后应将装入蛋盘的种蛋品种（系）、入孵日期、批次等项目填入记录卡内，并将记录卡插入每个蛋盘的金属小框内，以便于查找，避免差错。

4. 入孵前种蛋消毒

见前面内容。

5. 填写孵化进程表

在种蛋全部装盘后，将该批种蛋的入孵日期，各次照检、移盘和出雏日期填入孵化进程表内，以便孵化人员了解各台孵化器各批种蛋的情况，并按进程表安排工作。

(三) 孵化的日常管理

随着孵化机具自动化程度的不断提高，孵化器操作和管理十分方便。孵化人员应昼夜值班，如无自动记录装置，应每隔 2 小时作 1 次检查，并做好温度、湿度变化情况的记录，注意检查各类仪表是否正常工作，机械运转是否正常，特别是控温、控湿、转蛋和报警装置系统是否调节失灵。此外，应根据孵化进程表，在规定日期进行照检和移盘、出雏等工作。

（四）种蛋的照检

孵化进程中通常对胚蛋进行 2~3 次灯光透视检查，以了解胚胎的发育情况和及时剔除无精蛋和死胚蛋。

1. 头照

正常胚胎：血管网鲜红，扩散面较宽，胚胎上浮隐约可见。弱胚：血管色淡而纤细，扩散面小。无精蛋：蛋内透明，转动时可见卵黄阴影移动。

2. 抽验

透视锐端，孵化正常时可不进行。

两次照检可作为调整孵化条件的依据，而生产上一般不进行抽验。正常胚胎：尿囊已在锐端合拢，并包围所有蛋内容物。透视可见锐端血管分布。弱胚：尿囊尚未合拢，透视时蛋的锐端淡白。死胎：见很小的胚胎与蛋黄分离，固定在蛋的一侧，蛋的小头发亮。

3. 二照

（1）正常胚胎　除气室外，胚胎已占满蛋的全部空间，胚颈部紧贴气室，气室边缘弯曲，并可见粗大血管，有时可见胚胎在蛋内闪动。

（2）弱胚　气室较小，边界平齐。中死胚：气室周围无血管分布，颜色较淡，边界模糊，锐端常常是淡色的。照蛋要稳、准、快，有条件的可提高室温，照完一盘，用外侧蛋填中间空隙，以防漏照，并把小头朝上的倒过来。抽放盘时，有意识地对角调换。照完后再全部检查一遍，是否孵化盘都已固定牢，最后统计无精蛋、死精蛋及破壳数，登记入表。

（五）落盘

一般鸡胚最迟在 19 天移至出雏器内。进入出雏器后停止转蛋，并注意增加湿度、降低温度，以顺利出壳。鸡胚 16 天或 19 天落盘都好，最好避开 18~19 天时的死亡高峰。移盘要轻、稳、快，尽量降低碰撞。

（六）出雏

在临近孵化期满的前 1 天，雏禽开始陆续啄壳，孵化期满时大批出壳。出雏器要保持黑暗，使雏鸡安静，以免踩破未出壳的胚蛋。出雏期间，不应随时打开机门拣雏，一般拣雏 1 次即可（不能让已出壳的雏鸡在出雏机内存留太久，引起脱水）。拣出绒羽干透的雏鸡及蛋壳，动作要快。

（七）停电措施

如果采用电力孵化机孵化，为防止停电，最好有两路供电系统，或配有备用发电机（停电时间 12 小时以上时启用）。在孵化过程中，如出现停电或电孵机发生故障，首先应打开前门，关闭风机，还应视室温和胚蛋的不同时期而采取不同的管理措施。

气温在 10℃以下，如果停电 2 小时以内，通常不会对孵化效果带来很大影响。停电 2~4 小时，如胚龄较小，应采取生火加温等措施提高室温，以减少孵化机内热量的散失；如胚龄较大，应将孵化机的进、出气孔打开 1 次；如果停电时间更长，则应在孵化室内取暖，使室温提高至 32℃，并打开通风孔，每隔 1 小时翻蛋 1 次，并进行上下层蛋盘的调位；如有雏出壳，可稍将出雏器门打开，以免幼雏闷死，并及时拣出幼雏和空蛋壳。

气温在 25~30℃，如果停电 12 小时以内，孵化机内的胚龄在 10 天以内时，可不必采取任何措施；胚龄在 11 天以上时，须每隔 4 小时将上下蛋盘调位 1 次，或每隔 0.5 小时摇动孵化机风机 2~3 分钟，使机内温度均匀。

气温超过 30℃，如果胚龄在 10 天以内，停电时间较短时，可不必采取任何措施。停电时间在 12 小时内，如胚龄较大，应打开孵化机门，以扩散机内热量，或用 20~25℃的水喷洒凉蛋，待机内温度降到 35℃以下时再关上机门，且留有一条小缝，并且每小时查看 1 次顶上几层胚蛋的蛋温，每隔 4 小时将上下蛋盘调位 1 次。

如刚落盘且停电时间短，只需关闭风机开关，打开出雏器门，待来电后关门、开风机；如已出壳 50%以上的雏鸭，应立即把出雏车拉出到通风良好处，将出雏车的蛋筛隔个抽出，待出雏。

第四章　鸡的养殖技术

第一节　蛋鸡的养殖技术

一、蛋鸡的育雏

（一）蛋鸡养育阶段的划分与雏鸡培育目标

1. 蛋鸡养育阶段的划分

在现代蛋鸡生产中，商品蛋鸡的全程饲养时间约为 72 周，通常将蛋鸡从孵化出壳到淘汰分为 3 个阶段饲养：雏鸡阶段（1～6 周龄）、育成鸡阶段（7～20 周龄）、产蛋鸡阶段（21～72 周龄）。其中，雏鸡和育成鸡又称后备鸡，此期是蛋鸡的生长阶段。由于 0～6 周龄的小鸡对环境条件的要求非常严格，因此雏鸡阶段是蛋鸡生产中的一个重要时期，必须给予精细的饲养管理。

2. 雏鸡的培育目标

雏鸡的培育是十分重要的工作，雏鸡生长发育不良是一种无法弥补的损失，在雏鸡培育中应高度重视，提高雏鸡育雏成活率和保证其正常的生长发育。在雏鸡培育中要达到的目标如下。

（1）保证雏鸡健康无病　雏鸡培育过程中食欲正常，精神活泼，反应灵敏，羽毛紧凑而富有弹性，未发生传染病，特别是烈性传染病。

（2）保证较高的育雏成活率　由于雏鸡自身的生理特点，雏鸡培育过程中容易受到各种因素的影响而导致育雏成活率下降，因此提高雏鸡育雏成活率是雏鸡培育中的一个主要指标。在现代蛋鸡生产中，要求雏鸡第 1 周死亡率不超过 1%，0～6 周龄死亡率不超过 2%。

（3）雏鸡生长发育正常　体重是衡量雏鸡生长发育的重要指标之一，要求雏鸡体重符合品种标准，骨骼良好，胸骨平直而结实，具有良好的均匀度。

（二）雏鸡的生理特点

雏鸡从孵化器中出雏后转入育雏鸡舍内进行饲养，其生活环境发生剧烈改变，由出雏前蛋壳内的恒温环境过渡到外界的变温环境，营养物质的供给途径也会发生相应变化。因此，在雏鸡培育中必须充分了解雏鸡的生理特点。

1. 雏鸡体温调节机能不完善，不能适应外界温度的变化

刚出壳的雏鸡，全身绒毛稀短，保温能力差；单位体重散热面积大于成年鸡，散热量大；体温调节中枢机能不完善，通常 3 周龄后才逐步完善。因此，雏鸡对外界环境温度的适应力差，既怕冷，又怕热，尤其是低温危害大。低温易引起雏鸡发生挤堆而造成死亡，诱发雏鸡白痢等多种疾病。可见在雏鸡培育过程中，提供温暖、干燥、卫生、安全的环境条件，是提高雏鸡育雏成活率的前提条件。

2. 雏鸡消化机能不健全，但生长发育旺盛

刚出壳雏鸡，消化器官容积小，消化腺也不发达，缺乏某些消化酶，肌胃对饲料的研磨能力差，消化机能差，特别是对粗纤维的消化差。但雏鸡生长发育快，代谢旺盛。据有关资料，雏鸡出壳重约 40 克，6 周龄末可达 440 克，是出壳重量的 11 倍。

因此，在雏鸡培育中要严格按照雏鸡的营养标准予以满足，蛋白质、氨基酸、能量、矿物质与微量元素、维生素等营养物质应全价。同时，给予含粗纤维低、易消化的日粮，投料管理上应少喂勤添，适当增加饲喂次数（每天 5～7 次）。棉籽饼、菜籽饼等非动物性蛋白料，适口性差，雏鸡难以消化，应适当控制比例。

3. 雏鸡抗病力差，特别易发病

雏鸡免疫机能较差，约 10 日龄才开始产生自身抗体，且产生的抗体较少，出壳后母源抗体也日渐衰减，3 周龄左右母源性抗体降至最低水平。因此，雏鸡体弱娇嫩，易感染各种疾病，如鸡白痢、鸡大肠杆菌病、鸡法氏囊病、鸡球虫病、慢性呼吸道疾病等。雏鸡出壳后第 1 天就可感染马立克病毒，应在孵化出壳后及时接种马立克疫苗；在雏鸡培育中要做好疫苗接种和药物防病工作，搞好环境净化，投药均匀适量。

4. 其他生理特点

雏鸡胆小，群居性强，应保持环境安静，避免出现噪声或使雏鸡受到惊吓；非工作人员严禁进入育雏室。

羽毛更新速度快。从出壳到 20 周龄，鸡要更换 4 次羽毛，分别在 4～5 周龄、6～7 周龄、12～13 周龄和 18～20 周龄。因此，雏鸡对饲料中的蛋白质要求高，特别是含硫氨基酸。

（三）育雏方式与育雏前的准备

1. 育雏方式

育雏方式可分为地面育雏、网上育雏和笼养育雏3种方式，其中，地面育雏、网上育雏，笼养育雏。

（1）地面育雏　地面育雏是指在水泥地面、砖地面、土地面上铺垫约5厘米厚的垫料，垫料上设有喂食器、饮水器及保暖设备等，雏鸡饲养在垫料上。垫料要求干燥、保暖、吸湿性强、柔软，不板结。常用垫料有锯末、麦秸、谷草等。这种育雏方式育雏成本低，条件要求不高，但占地面积大，管理不方便，易潮湿，雏鸡易患病。

（2）网上育雏　网上育雏（又称平面育雏）是把雏鸡饲养在离地50~60厘米高的铁丝网或特制的塑料网或竹网上，网眼大小一般不超过1.2厘米×1.2厘米。鸡粪可落入网下掉在地面上，鸡不与鸡粪直接接触。网架要求稳固、平整，便于拆洗。网上育雏可节省垫料，提高圈舍利用率（网上平养可比地面平养提高30%~40%的饲养密度），减少鸡白痢、球虫病及其他疾病的传播，育雏率较高。但投资较大，技术要求较高（饲料必须全价化）。

（3）笼养育雏　笼养育雏（又称立体育雏）是将雏鸡饲养在分层的育雏笼内，育雏笼一般4~5层，采用层叠式。育雏笼由镀锌或涂塑铁丝制成，网底可铺塑料垫网，鸡粪由网眼落下，收集在层与层之间的承粪板上，定时清除。育雏笼四周挂料桶、料槽和水槽，雏鸡伸出头即可吃食、饮水。这种育雏方式可增加饲养密度，节省垫料和热能，便于实行机械化和自动化饲喂，同时可预防鸡白痢和球虫病的发生和蔓延，但投资大，且上下层温差大（日龄小的雏鸡应移到上层集中饲养），对营养、通风换气等要求较为严格。

2. 供温方式与供温设备

（1）温室供温　即人工形成一个温室环境，雏鸡饲养在温室中，采取网上育雏和笼养育雏必须采用该供温方式。温室供温主要有以下几种方式。

①暖风炉供温。该种方式通过以煤为原料的加热设备产热，舍外设立热风炉，将热风送入鸡舍上空使育雏舍温度升高。国内大型养鸡场采用较多，但投资较大。

②锅炉供温。该种方式通过锅炉烧水，热水集中通过育雏舍内的管网进行热交换，使育雏舍温度升高。该法可在较大规模养鸡场使用。

③烟道温室供温。烟道设计分地上烟道、地下烟道两种，烟道建于育雏舍内，一端砌有炉灶（煤燃烧产热），烟道通过育雏舍后在另一端砌有烟囱，要求烟囱高出屋顶1米以上。该法育雏效果好，规模化育雏场常使用。

（2）保温伞供温　常用保温伞主要有电热保温伞、煤炉保温伞、红外线灯保温伞等。保温伞的伞面有方形、圆形、多角形等多种形式，可用铁皮、铝皮或其他材料制成，采用电热丝、煤炉、红外线灯等进行供热，是育雏中常用的一种育雏器。

3. 育雏前的准备

（1）育雏计划的制订　蛋鸡育雏场在进行育雏前，应根据各鸡场育雏建筑和设备条件、生产规模和工艺流程制订合理的育雏计划。育雏计划应包括全年育雏总数、育雏批数与每批育雏数量、育雏所需饲料、垫料、药品和管理人员等技术指标。

（2）育雏舍与用具消毒　购入鸡苗前，对育雏室、垫网、饮水器、料槽、料盘等有关设备、用具进行彻底清洗、消毒。可提前 1~2 天采用甲醛高锰酸钾对育雏舍和用具进行熏蒸消毒，消毒药品用量为：高锰酸钾 14 克/米^3 空间、甲醛溶液 28 毫升/米^3。

（3）准备并铺设好垫料，对保温设备进行检查　运雏前准备并铺设好垫料，垫料要干燥、无霉变、吸水性好。检查保温设备、烟道、保温伞等是否良好，并提前 1 天升温达到育雏温度。笼养育雏室 32~34℃；平养育雏室 25℃以上；保温伞温度 35℃。平养鸡舍应安装好保温伞（500 只/个），在伞边缘上方 8 厘米处悬挂温度计，测试保温伞温度。育雏舍相对湿度 60%。

（4）准备充足的料盘、饮水器，并准备好饲料、疫苗等　进鸡前 2 小时将水装入饮水器并放入育雏舍内预热，水中加入 2%~5% 葡萄糖，通过饮水补充部分能量。为了缓解应激，防止疾病发生，可在饮水中添加适量电解多维等。

（四）雏鸡选择

选择健康的雏鸡是提高成活率的关键，所以必须对雏鸡加以选择。雏鸡应购自规模较大、信誉较高、雏鸡质量好、雏鸡出壳后及时注射了马立克疫苗的孵化场。通常采用"一看、二摸、三听"的步骤选择强雏，淘汰病雏、弱雏。

1. 一看

一看就是看雏鸡的精神状态，羽毛整洁和污秽程度，喙、腿、趾是否端正，动作是否灵活，肛门有无稀粪黏着。

2. 二摸

二摸就是将雏鸡抓到手上，摸膘情、体温和骨的发育情况，以及腹部的松软程度、卵黄吸收是否良好、肚脐愈合状况等。

3. 三听

三听就是听雏鸡的鸣叫声。健康者明亮清脆，病弱者嘶哑或鸣叫不休。

此外，还应结合种鸡群的健康状况、孵化率的高低和出壳时间的迟早来鉴别雏鸡的强弱。一般地，来源于高产健康种鸡群的、孵化率比较高的、正常出壳时间里出壳的雏鸡质量较好，来源于病鸡群的、孵化率较低的、过早或过迟出壳的雏鸡质量较差。

初生雏鸡的分级标准见表4-1。

表4-1　初生雏鸡的分级标准

鉴别项目	强雏特征	弱雏特征
精神状态	活泼健壮，眼大有神	呆立嗜睡，眼小细长
腹部	大小适中，平坦柔软，表明卵黄吸收良好	腹部膨大、突出，表明卵黄吸收不良
脐部	愈合良好，有绒毛覆盖，无出血痕迹	愈合不良，大肚脐，潮湿或有出血痕
肛门	干净	污秽不洁，有黄白色稀便
绒毛	长短适中，整齐清洁，富有光泽	过短或过长，蓬乱沾污，缺乏光泽
两肢	两肢健壮，站得稳，行动敏捷	站立不稳，喜卧，行动蹒跚
感触	有膘，饱满，温暖，挣扎有力	瘦弱、松软，较凉，挣扎无力，似棉花团
鸣声	响亮清脆	微弱，嘶哑或尖叫不休
体重	符合品种要求	过大或过小
出壳时间	多在20.5~21天准时出壳	扫摊雏、人工助产或过早出的雏

（五）雏鸡的运输

1. 运输季节的选择

雏鸡运输的最适温度为22~24℃，运输中温度过高、过低都会对雏鸡造成不良影响，甚至引起大量死亡。因此，雏鸡的运输与不同季节的温度密切相关，不同的季节有不同的运输要求。

夏季温度高，雏鸡运输过程中极易发生中暑而引起大批死亡。因此，夏季高温季节早晚运输较好，可具体选择在早上9点以前，或下午3点以后进行运输，以错过一天的高温时段。冬季运输的关键是做好保温措施，防止运输过程中挤堆而被压死。春季和秋季对雏鸡的运输影响不大，但应注意天气变化。

2. 雏鸡运输工具的选择

目前雏鸡运输距离较远的运程可采用空运，运输过程中对雏鸡的影响小，不易发生死亡，但运输成本较高。雏鸡采取汽车运输的较多，主要是价格便宜，运输成本低。必要时也可采取火车、船舶运输。

3. 雏鸡运雏箱的选择

运输时最好使用专用的一次性运雏箱。雏鸡运输专用纸箱一般长 60 厘米、宽 45 厘米、高 20~25 厘米，箱内用瓦楞纸分为四格，每格装 20~25 只雏鸡，每箱可装 80~100 只雏鸡。纸箱上下、左右均有通气孔若干个，箱底铺有吸水性强的垫纸，可吸收雏鸡排泄物中的水分，保持干燥清洁。装雏工具应进行严格消毒，一般禁止互相借用。

4. 掌握适宜的运雏时间

初生雏鸡体内还有少量未被利用的卵黄，故初生雏鸡在出壳一段时间内可不喂饲料进行运输。初生雏鸡最好能在出壳后 24 小时运到目的地。运输过程力求做到稳而快，减少震动。

（六）雏鸡的饲喂技术

1. 做好雏鸡的饮水

（1）饮水原则 雏鸡运抵目的地后应先饮水后开食，即先让雏鸡充分饮水 1~2 小时后再开食。其原因主要是：雏鸡出壳后失水较多，先饮水可及时补充水分、恢复体力；及时饮水可促进卵黄的吸收和胎粪的排出。

（2）做好初饮 初饮是指雏鸡出壳后的第一次饮水。初饮最好饮温水，水温 15~25℃。饮水中加入 2%~5% 葡萄糖，以后可在水中加入适量电解多维等，连续饮水 2~3 天，具有补充能量、抗应激作用。对不会饮水的雏鸡应进行调教，可滴嘴或强迫饮水。

育雏第 1 周，饮水器、饲料盘应离热源近些，便于鸡取暖、饮水和采食。立体笼养时，开始 1 周内在笼内饮水、采食，1 周后训练其在笼外饮水和采食。

（3）保证饮水清洁、充足 饮水器应分布均匀，每 1~2 天洗刷、消毒 1 次。每 100 只雏鸡应有饮水器 2 个，或每只雏鸡占有 1.5~2 厘米长的水槽。

雏鸡的需水量与品种、体重和环境温度的变化有关。体重愈大，生长愈快，需水量愈多；中型品种比小型品种饮水量大；高温时饮水量较大。在一般情况下，雏鸡的饮水量是其采食干饲料的 2~2.5 倍。雏鸡在不同气温和周龄下的饮水量见表 4-2。

表 4-2　蛋用型雏鸡的饮水量　　　　　　　　　　　　　（升/100 只）

周龄	21℃以下	32℃	周龄	21℃以下	32℃
1	2.27	3.9	4	6.13	10.6
2	3.97	6.81	5	7.04	12.11
3	5.22	9.01	6	7.72	12.32

2. 做好雏鸡的饲喂

（1）开食与饲喂　开食是指雏鸡出壳后的第一次喂料，通常在雏鸡饮水后 2 小时或在雏鸡出壳后 24~36 小时进行开食。开食的方法是将浅平饲料盘或塑料布铺在地面或垫网上，将调制好的饲料均匀地撒在其上，并增加环境光亮度，引诱雏鸡啄食。绝大多数雏鸡可自然开食。为保证开食整齐，对不会开食的雏鸡应进行调教。为防止雏鸡出现糊肛现象，1~2 日龄的开食饲料最好喂给碎玉米、碎米等，可添加适当酵母帮助消化，以后可逐渐更换为全价饲料。

开食 1~3 天，在光照控制上最好采取每天 23 小时光照加 1 小时黑暗的方法，让雏鸡熟悉环境，有利于开食。

育雏期间要少喂勤添，增强食欲。最初几天喂料次数可保持每天 8 次；1 周后可逐渐减少为每天 6~7 次（春夏季）或每天 5~6 次（冬季、早春），3 周后改为每天 4~5 次。待雏鸡习惯开食后，撤去料盘或料布。1~3 周龄使用幼雏料盘，4~6 周龄使用中型料槽，6 周龄后改为大型料槽。

（2）保证足够的饲喂空间　备足料槽，保证每只雏鸡都有足够的采食位置，可保证生长均匀。饲喂空间不足，容易导致雏鸡采食时发生争斗，降低群体均匀度。

（3）雏鸡日粮营养水平应满足生长发育要求　雏鸡日粮应严格按照雏鸡营养标准予以满足，蛋白质、氨基酸、能量、矿物质与微量元素、维生素等应全价，同时饲料要容易消化，粗纤维含量不宜过高。

（4）保证雏鸡采食量　蛋用型雏鸡饲料的需要量依雏鸡品种、日粮的能量水平、鸡龄大小、喂料方法和鸡群健康状况等而有差异。同品种鸡随鸡龄的增大，每日的饲料消耗逐渐上升，饲养员应根据雏鸡情况及时进行调整。在通常情况下，育雏期间每只雏鸡需要消耗 1.1~1.25 千克饲料。其具体耗料量见表 4-3。

表4-3 蛋用型雏鸡育雏期参考喂料量 （克/只）

周龄	白壳蛋鸡		褐壳蛋鸡	
	日耗量	周累计耗量	日耗量	周累计耗量
1	7	49	12	84
2	14	149	19	217
3	22	301	25	392
4	28	497	31	609
5	36	749	37	868
6	43	1 050	43	1 169

（七）雏鸡的管理技术

雏鸡对环境条件的要求比较严格，是由雏鸡自身的生理特点决定的。因此，在育雏期间为雏鸡创造适宜的环境条件，是提高雏鸡育雏成活率和保证雏鸡正常生长发育的关键措施之一。这些条件主要包括适宜的温度、湿度和饲养密度、通风换气、光照、环境的卫生消毒等。

1. 提供合适的温度

刚出壳的雏鸡体温调节机能不完善，绒毛稀短，皮薄，对育雏温度的变化非常敏感。适宜的育雏温度是影响育雏成活率的关键条件，特别是2~3周龄的雏鸡极为重要。因此，必须严格掌握雏鸡的育雏温度。

环境温度直接影响雏鸡的体温调节、采食、饮水和饲料的消化吸收。如育雏温度过低，雏鸡因怕冷而相互拥挤在一起，鸡只相互挤压，容易造成窒息死亡；同时，低温条件还容易诱发雏鸡发生各种疾病。育雏温度过高，鸡只采食减少，张口喘气，争夺饮水，容易弄湿羽毛和引起呼吸道疾病等。

育雏温度包括育雏室温度、育雏器（伞）温度。在平育育雏时，育雏器温度是指将温度计挂在保温伞边缘或热源附近，距垫料5厘米处，相当于雏鸡背高的位置测得的温度；育雏室的温度是指将温度计挂在远离热源的墙上，离地1米处测得的温度。在笼养育雏时，育雏器温度指笼内热源区离网底5厘米处的温度；育雏室的温度是指笼外离地1米处的温度。育雏期间雏鸡所需的适宜温度见表4-4。

表 4-4　育雏期间雏鸡所需的适宜温度　　　　（℃）

日龄	笼养温度		平养温度	
	育雏器	育雏室	育雏器	育雏室
1~3	32~34	22~24	34	24
4~7	31~32	20~22	32	22
8~14	30~31	18~20	31	20
15~21	27~29	16~18	29	16~18
22~28	24~27	16~18	27	16~18
29~35	21~24	16~18	24	16~18
36~42	18~20	16~18	18~20	16~18

温度是否合适，不但要看温度计，更主要的是观察鸡群的活动状态和其他行为表现来判断温度是否符合雏鸡需要，即"看鸡施温"。在温度适宜时，雏鸡食欲正常，饮水良好，羽毛生长良好，活泼好动，分布均匀，安静；在温度过高时，雏鸡远离热源，饮水量增加，伸颈，张口呼吸；在温度过低时，雏鸡靠近热源，扎堆，运动减少，尖声鸣叫。另外，育雏室内有贼风侵袭时，雏鸡亦有密集拥挤现象，但鸡大多密集于远离贼风吹入方向的某一侧。

随着雏鸡年龄增大，体温调节机能逐步完善，可逐渐脱温。脱温应逐渐过渡，时间 3~5 天。脱温时应避开各种逆境（如免疫接种、转群、更换饲料等）进行。

2. 保持适宜的湿度

湿度对雏鸡的生长发育影响很大，尤其对 1 周龄左右的雏鸡影响更为明显。如湿度过低，会使雏鸡失水，造成卵黄吸收不良；如湿度过高，则雏鸡食欲不振，易出现腹泻甚至死亡现象。实践证明，育雏前期相对湿度高于后期，主要是育雏前期室内温度较高，水分蒸发快，此时相对湿度应高一些。在一般情况下，在育雏初期，往往出现湿度过小的情况，造成雏鸡饮水频频，腿干瘪，绒毛脆乱。此时，采取的最好措施是带鸡喷雾消毒或适当多放置水盘来增加湿度，随着雏鸡的生长，逐渐降低湿度。

一般的，育雏期间育雏室的相对湿度达到 56%~70%；到雏鸡 10 日龄以后，加强通风，勤换垫料。通常使用干湿球温度计来测定育雏室的相对湿度，干湿球温度计应悬挂在育雏室内距地面 40~50 厘米的高度，空气流通的地方，每天上下午各观察 1 次。

3. 合理光照

适宜的光照可促进雏鸡采食、饮水和运动，有利于雏鸡的生长发育，达到快速增重的目的。在生产实践中，一般采取自然光照与白炽灯供光相结合，控制白炽灯供光的原则为：前 2 天 23~24 小时光照，第 3 天起至 2 周龄时 15 小时光照，以后每周递减 2 小时逐渐过渡到自然光照，4 周后采用自然光照，以防止光太强鸡过分活动发生啄癖。

4. 加强通风换气

通风换气可以有效排出育雏室内的有害气体，保持室内空气良好，并调节室内温度和湿度。雏鸡生长快，代谢旺盛，呼吸频率高，会通过呼吸排出大量的二氧化碳。此外，雏鸡的消化道较短，但日粮中蛋白质含量高，雏鸡排出的粪便中含有较多的含氮有机物和含硫有机物，这些物质在育雏室的温湿条件下容易经微生物分解而产生大量的氨气、硫化氢等有害气体，对雏鸡的健康和生长发育都不利。低浓度的氨即可使雏鸡生长受阻；当氨气含量达 20 毫克/米^3，持续 6 周以上，会引起雏鸡肺水肿、充血，诱发呼吸道疾病，削弱抵抗力，促使新城疫病的发生率增高；氨气含量 46~53 毫克/米^3 时，可导致角膜炎、结膜炎的发生。因此，育雏舍中氨的浓度不应超过 20 毫克/米^3。育雏室内硫化氢的含量要求在 6.6 毫克/米^3 以下，最高不能超过 15 毫克/米^3。

育雏舍内的通风和保温常常是矛盾的，尤其是在冬季，为了保温而关闭门窗不敢通风，容易造成育雏室内有害气体不能及时排出。因此，在做好保温的同时，合理进行通风换气，寒冷天气通风时间最好选择在晴天中午前后，可利用自然通风、机械通风。通风换气的程度以育雏室内空气不刺鼻和眼，不闷人，无过分臭味为宜。

5. 保持合适的饲养密度

饲养密度是指育雏室内每平方米地面或笼底面积所饲养的雏鸡数。饲养密度的大小与育雏室内的空气、湿度、卫生状况等有直接关系。饲养密度过大，雏鸡采食和饮水拥挤，饥饱不均，生长发育不整齐，育雏室内空气污浊，二氧化碳浓度高，氨味浓，湿度大，易引发疾病。若室温偏高，光照强度过大时，还容易引起雏鸡互啄。密度过小，房舍及设备利用率低，人力资源浪费，育雏成本增加。雏鸡适宜的饲养密度见表 4-5。

表4-5　不同饲养方式下蛋用雏鸡的饲养密度　　　　（只/米²）

周龄	地面平养	网上平养	立体笼养
1～3	20～30	30～40	50～60
4～6	20～25	20～30	30～40

6. 细化雏鸡的日常管理

（1）注意观察　育雏期间，对雏鸡要精心看护，随时了解雏鸡的情况，对出现的问题及时查找原因，采取对策，提高雏鸡成活率。

经常检查料槽、饮水器的数量是否充足，放置位置是否得当，规格是否需要更换，保证鸡有良好的条件，得到充足的饲料、饮水。每天喂料、换水时，注意雏鸡的精神状态、活动、食欲、粪便等情况。病弱雏鸡表现精神沉郁，闭眼缩颈，呆立一角，羽毛蓬乱，翅膀下垂，肛门附近沾污粪便，呼吸异常等，发现后要及时挑出，单独饲喂、治疗。

注意保持适宜的鸡舍温度。通过鸡的行为判断鸡舍温度是否合适，随时调整。晚上注意观察鸡的呼吸声音，有甩鼻、咳嗽、呼噜等异常表现，可能患有呼吸道疾病，及时采取措施。每天清晨注意观察鸡的粪便颜色和形状，以判断鸡的健康状况。鸡粪是鸡的消化终产物，很多疾病在鸡粪的颜色、形状上都有特征性变化。

饲养人员掌握鸡粪的正常和异常状态，就可以及时地观察到鸡群的异常，尽早采取措施，防治疾病。鸡的粪便在正常时有一定的形状，比较干燥，表面有一层较薄的白色尿酸盐。刚出壳尚未采食的雏鸡排出的胎粪为白色和深绿色稀薄液体，采食后排出的粪便为柱形或条状，棕绿色，粪便表面附有白色尿酸盐。可排出盲肠内容物，呈黄棕色糊状，是正常粪便。排出黄白、黄绿附有黏液等恶臭稀便，可能患有肠炎、腹泻、新城疫、霍乱等。如排出白色糊状、石灰浆样稀薄粪便，提示鸡可能患有鸡白痢、法氏囊、传染性支气管炎等。排棕红、褐色稀便或血便，可能患有鸡球虫病。粪便中残留饲料，可见到未消化的谷物颗粒等，提示鸡消化不良。

（2）分群　在育雏过程中，同一群雏鸡发育生长情况会有差异，出现强雏、弱雏或病雏。鸡群会出现以强欺弱、以大欺小现象，影响鸡群均匀度和生长发育。平时要随时注意将病、弱雏鸡和称重后平均体重达不到品种标准体重要求的雏鸡单独挑出来，加强饲喂，也便于管理。在笼养育雏时，将雏鸡放置在温度较高的鸡笼上1～2层，随着日龄增加，再逐渐分群到下层鸡笼。要注意将壮雏和弱雏分笼饲养，选出的弱雏应放在顶上的笼层内。随着日龄增加，逐渐调整雏鸡笼格栅间隙大小、料槽位置，使鸡能方便采食到饲料，又不至于钻出笼外。发现钻出笼外的雏鸡要及时将其捉回鸡笼，防止地面冷凉、潮湿使雏鸡患病。

（3）适时断喙　为预防啄癖和减少饲料浪费，应适时断喙。断喙则要遵循一定的程序。

①断喙设备。断喙一般有两种器械：一种是电热式断喙器，另一种是红外线断喙器。电热式断喙器的孔眼直径有4毫米、4.4毫米、4.8毫米3种，1日龄雏鸡断喙可用4毫米的孔眼，7～10日龄雏鸡可采用4.4毫米的孔眼，成年鸡可用4.8毫米的孔眼。刀片的适宜温度为600～800℃，此时刀片颜色为樱桃红色。

②断喙具体操作。左手保定鸡只，将鸡腿部、翅膀以及躯体保定住，将右手拇指放在鸡头顶上，食指放在咽下（以使鸡缩舌），稍加压力，使双喙闭合后稍稍向下倾斜一同伸入断喙孔中，借助于断喙器灼热的刀片，将上喙断去喙尖至鼻孔之间的1/2、下喙断去1/3，并烧烙止血1～2秒。

③断喙时应注意以下事项。断喙要选择经验丰富的人来操作，调节好刀片温度，掌握好烧灼时间，防止烧灼不到位引起流血。

为防止出血，断喙前后几天可在饲料中加入维生素 K_3 和维生素 C，剂量分别按照2毫克/千克和100毫克/千克。

断喙后2～3天，鸡喙部疼痛不适，采食和饮水都发生困难，饲槽内应多加一些料，以便于鸡采食，防止鸡喙啄到槽底，水槽中的水应加得满一些，断喙后不能缺水。

断喙应与接种疫苗、转群等错开进行，以免加大应激反应。

断喙后要仔细观察鸡群，发现出血应重新烧烙止血。

种用小公鸡可以不断喙或轻微地断去喙尖部分，以免影响将来的配种能力。

（4）全进全出　同一鸡舍饲养同一日龄雏鸡，采用统一的饲料、统一的免疫程序和管理措施，同时转群，避免鸡场内不同日龄鸡群的交叉感染，保证鸡群安全生产。

（5）保证雏鸡舍安静，防止噪声　突然的噪声能够引起雏鸡惊群、挤压、死亡。

（6）记录　鸡健康状况、温度、湿度、光照、通风、采食量、饮水情况、粪便情况、用药情况、疫苗接种等都应如实记录。如有异常情况，及时查找原因。

（7）消毒　一般每周 1~2 次带鸡消毒。可用喷雾消毒。育雏的用具也要定时清洗消毒。

二、育成鸡的养殖技术

（一）育成鸡培育目标

1. 较高的群体发育整齐度

群体发育整齐度指体重在该周龄标准体重±10%范围内的个体占总数的百分比。群体发育整齐度应在80%以上。整齐度高的育成鸡群，在产蛋期产蛋率上升速度快，产蛋高峰期维持时间长，饲料报酬高，鸡群淘汰率低，每只鸡的总产蛋量高。整齐度差的育成鸡群往往表现出产蛋率上升缓慢，产蛋高峰期维持时间短，产蛋后期鸡群的淘汰率较高，饲料报酬低，总产蛋量低。所以群体发育整齐度对鸡后期的产蛋影响很大，生产中应特别注意提高鸡群的整齐度。

2. 体重发育适中

鸡群的体重应与标准体重相符合。体重过大往往是由于鸡体内脂肪沉积过多，脂肪在腹腔中沉积过多会影响后期鸡群的产蛋；体重过小，可能是由于鸡只发育不良，从而影响鸡群的繁殖性能。

3. 适时达到性成熟

在生产实践中，蛋鸡在 18~20 周龄达到性成熟较为适宜。如果过早性成熟，鸡只还未达到体成熟，各系统的组织器官还未发育完善就开产，往往会由于无法维持长期产蛋对营养物质的需要，造成产蛋期初产蛋小、产蛋高峰期短、产蛋量较低、鸡群死淘率高等问题。性成熟过晚，往往是由于发育不良而引起的，延长了育成期培育时间，增加培育成本。

4. 健壮的体格

在育成期应保持鸡群健壮的体质，提高鸡群的抵抗力，因为进入产蛋期后，鸡群不能受到较大的应激，很多的药物和疫苗都不能使用，鸡群一旦发病，就会对鸡群造成很大的影响，引起产蛋量大幅度的下降。鸡只的体型要适中，骨骼发育完全，在产蛋期蛋壳中的钙，75%来自饲料，25%来自骨骼，骨骼若是发育不完全，则会影响后期蛋形成过程中钙的供应，死淘率升高。

（二）育成鸡的生理特点

1. 育成鸡体温调节机能和抗病能力逐渐完善

育成鸡主要是通过羽毛的隔热和呼吸的散热进行体温调节。育成鸡的羽毛在 7~8 周龄、12~13 周龄、18~20 周龄各更换 1 次。羽毛逐渐丰满密集而成片状，保温、防风、防水作用强，加上皮下脂肪的逐渐沉积、采食量的增加、体表毛细血管的收缩等，使育成鸡对低温的适应能力变强。因此，进入育成期的育成鸡可逐渐脱温饲养。

随着体温调节机能的逐步完善，育成鸡的抗病能力逐步提高。

2. 消化系统发育完善，体重增加迅速

育成鸡的消化机能逐渐完善，消化道容积逐日增大。各种消化腺的分泌增加，采食量增大，钙、磷的吸收能力不断提高，饲料转化率逐渐提高，为骨骼、肌肉和其他内脏器官的发育奠定了基础。

育成鸡的骨骼和肌肉生长迅速、脂肪沉积能力增强，是体重增长最快的时期。特别是育成后期的鸡已具备较强的脂肪沉积能力，如果在开产前后小母鸡的卵巢和输卵管沉积过多脂肪，会影响母鸡卵子的产生和排出，从而导致产蛋率降低或停产。因此，这一阶段既要满足鸡生长发育的需要，又要防止鸡体过肥。可通过监测育成鸡体重和骨骼的发育来达到提高育成鸡培育质量的目的。

3. 性腺和其他生殖器官发育加速

蛋鸡 2 月龄前性腺的发育比较缓慢，育成鸡在 12 周龄后，性腺发育明显加快。刚出壳的小母鸡卵巢为平滑的小叶状，重 0.03 克，性成熟时未成熟卵子逐渐积累营养物质而迅速生长，使卵巢呈葡萄状，上面有许多大小不同的白色和黄色卵泡，卵巢重 40~60 克。当卵泡成熟能分泌雌激素时，育成鸡输卵管开始迅速生长，故育成鸡的腹部容积逐渐增大。一般育成鸡的性成熟要早于体成熟，但在体成熟前过早产蛋，则不利于提高蛋鸡产蛋量。因此，育成阶段可通过控制光照和饲料中营养的供给，既保证育成鸡骨骼和肌肉的充分发育、防止过肥，又适度限制性腺和其他生殖器官的过快发育，使性成熟与体成熟趋于一致，提高蛋鸡产蛋期的生产性能。

（三）育成蛋鸡饲养技术要点

1. 搞好从育雏鸡向育成鸡的饲料过渡

育成鸡消化机能逐渐健全，采食量与日俱增，骨骼肌肉都处于旺盛发育时期。此时的营养水平应与雏鸡有较大区别，尤其是蛋白质水平要逐渐减少，能量也要降低，否则，会大量积聚脂肪，引起过肥和早产，影响成年后的产蛋量。

当鸡群 7 周龄平均体重和胫长达标时，即将育雏料换为育成料。若此时体重和胫长达不到标准，则继续喂给育雏料，达标时再换为育成料；若此时两项指标超标，则换料后保持原来的饲喂量，并限制以后每周饲料的增加量，直到达标为止。育成蛋鸡的体重和耗料见表4-6。

表4-6　NRC（第9版）育成蛋鸡的体重和耗料

周龄	白壳蛋系		褐壳蛋系	
	体重（克）	耗料（克/周）	体重（克）	耗料（克/周）
8	660	360	750	380
10	750	380	900	400
12	980	400	1 100	420
14	1 100	420	1 240	450
16	1 220	430	1 380	470
18	1 375	450	1 500	500
20	1 475	500	1 600	550

更换饲料要逐渐进行，过渡期以5~7天为宜。如用2/3的育雏料混合1/3的育成料喂2天，再各混合1/2喂2天，然后用1/3育雏料混合2/3育成料喂2天，以后改成全喂育成料。

2. 育成鸡限制饲养

限制饲养是指蛋鸡在育成阶段，根据育成鸡的营养需要特点，限制其饲料的采食量，适当降低饲料营养水平的一项特殊饲养技术。其目的是控制母鸡适时开产，提高饲料利用率。

（1）育成鸡限制饲养的意义　通过限制饲养，可节约饲料，育成期可减少7%~8%的饲料消耗；控制体重增长，维持标准体重；保证正常的脂肪蓄积，可防止脂肪沉积过多，有利于开产后蛋鸡产蛋的持久性；育成健康结实、发育匀称的后备鸡；防止早熟，提高产蛋性能；限制饲养期间，及时淘汰病弱鸡，减少产蛋期的死淘率。

（2）限制饲养的时间与方法

①限制饲养的时间。蛋鸡一般从6~8周龄开始，到开产前3~4周结束，即在开始增加光照时间时结束（一般为18周龄）。必须强调的是，限制饲养必须与光照控制相一致，才能起到应有的效果。

②限制饲养的方法。主要有限量饲喂、限时饲养、限质饲喂等，生产中可根据情况选用适当的限制饲养方法。

限量饲喂：即每天每只鸡的饲料量减少到正常采食量的 90%，但应保证日粮营养水平达到正常要求。此法容易操作，应用较普遍，但日粮营养必须全面，不限定鸡的采食时间。

限时饲养：就是通过控制鸡的采食时间来控制采食量，达到控制体重和性成熟的目的。主要有以下两种方法：一种方法是隔日限饲，即将 2 天的饲料集中在 1 天喂完，然后停喂一天，停喂时要供给充足饮水，这种方法对鸡的应激影响较大，仅用于体重超过标准的育成鸡；另一种方法是每周限饲，即每周停喂 1~2 天，具体做法是在周日、周三停喂，然后将 1 周的饲料量均衡地在 5 天中喂给，这种方法能减少对鸡只产生的应激。在蛋用型育成鸡限制饲养中常使用。

限质饲喂：即限制日粮的营养水平，就是降低日粮中粗蛋白质和代谢能的含量。减少日粮中鱼粉、饼类能量饲料，如玉米、高粱等饲料的比例，增加养分含量低、体积大的饲料，如麸皮、叶粉等。限制水平一般为：7~14 周龄日粮中粗蛋白质为 15%，代谢能 11.49 兆焦/千克；15~20 周龄蛋白质为 13%，代谢能 11.28 兆焦/千克。实际上，在当前国家推行蛋鸡低蛋白日粮、玉米豆粕减量替代的大背景下，包括育成期、产蛋期蛋鸡日粮的营养水平还可适当降低。

（3）限制饲养时应注意的问题

①应以跖长、体重监测为依据进行限制饲养，掌握好给料量。限制饲养期间，应每 1~2 周测定跖长、体重 1 次，然后与育成鸡标准跖长、体重进行对照，以差异不超过 5%~10% 为正常，否则就要调整喂料量。可按鸡群数量的 5%~10% 测定，数量不得少于 50 只。

②限制饲养前应断喙，淘汰病弱鸡、残鸡。

③保证足够的食槽和饮水，确保每只鸡都有一定的采食和饮水位置，防止因采食不均造成发育不整齐。

④防止应激。当气温突然变化、鸡群发病、疫苗接种、转群时停止限制饲养。

⑤不可盲目限制饲养。鸡的饲料条件不好、鸡群发病、体重较轻时停止限制饲养。此外，应考虑鸡种区别，白壳蛋鸡有时可不限制饲养，褐壳蛋鸡必须限制饲养。

（四）育成蛋鸡管理技术要点

1. 育雏至育成的脱温与转群

随着鸡只羽毛的更换，其体温调节机能逐渐完善。可根据具体情况在 4~6

周龄后逐渐停止供温。脱温应有 1 周左右的过渡期，严禁突然停止供温。

该阶段的转群是指将 6 周龄左右的雏鸡由育雏鸡舍转入育成鸡舍饲养的过程。雏鸡转群前应进行选择，淘汰不合格鸡只。并根据鸡只强弱做好分群；转群前应对育成鸡舍、各种用具彻底清扫、消毒，并准备好饲料和饮水；转群时不要粗暴抓鸡，以防鸡只出现伤残；冬季转群最好安排在气温较高的中午，夏季安排在早、晚较凉爽的时间进行；转群后注意观察鸡只情况，发现问题及时处理。

2. 保持合理的饲养密度

育成鸡无论采取平面饲养还是笼养，都必须保持适当密度，才能确保个体发育均匀。适当的饲养密度，可增加鸡的运动机会，促进骨骼、肌肉和内部器官的发育、提高后备鸡的培育质量，如果饲养密度不合理，其他饲养管理工作做得再好，也难以培育出理想的高产鸡群。饲养密度的确定除了与周龄和饲养方式有关外，还应随品种、季节、通风条件等而调整。蛋用型育成鸡的饲养密度见表 4-7。

表 4-7　育成鸡的饲养密度　　（只/米²）

周龄	饲养方式			
	地面平养	网上平养	半网栅平养	笼养
7~8	15	20	18	26
9~15	10	14	12	18
16~20	7	12	9	14

3. 保证水位、料位充足

在平养条件下，每只鸡应有 8 厘米长的料槽长度或 4 厘米长的圆形食槽位置；每 1 000 只鸡应有 25 厘米长的水槽位置。充足的水位、料位可防止抢食和拥挤践踏，提高育成鸡均匀度。

4. 合理通风

鸡舍通风条件要好，特别是夏天，一定要创造条件使鸡舍有对流风。即使在冬季也要适当进行换气，以保持舍内空气新鲜。通风换气好，人进入鸡舍后感觉不闷气、不刺眼、不刺鼻。鸡舍空气应保持新鲜，使有害气体减至最低量，以保证鸡群的健康。随着季节的变换与育成鸡的生长，鸡舍通风量要随之调整。当气温高于 30℃时，应加大通风换气量。

5. 预防啄癖

育成鸡在限制饲养的条件下容易产生啄癖，因此预防啄癖是育成鸡管理的一个难点。预防啄癖的主要措施有合理断喙，雏鸡断喙时间最好选择在6~10日龄进行，断喙不成功的鸡可在12周龄左右进行修整；注意改善舍内环境，降低饲养密度，改进日粮，采用低强度光照（10勒克斯光照强度）。

6. 添喂不溶性沙砾和钙

育成鸡添喂不溶性沙砾的作用是提高肌胃的消化机能，改善饲料转化率；防止育成鸡因肌胃中缺乏沙砾而吞食垫料、羽毛等；避免育成鸡因长期不能采食沙砾而造成肌胃逐渐缩小。

沙砾的添加量与粒度要求：前期沙砾用量少且直径小，后期用量多且沙砾直径增大。每1 000只育成鸡，5~8周龄时一次饲喂4 500克沙砾，沙砾粒度能通过1毫米筛孔；9~12周龄时9千克，能通过3毫米筛孔；13~20周龄时11千克，能通过3毫米筛孔。沙砾可拌入日粮中，或撒于饲料面上让鸡采食，也可单独放在饲槽内让鸡自由采食。饲喂前沙砾用清水洗净，再用0.01%的高锰酸钾水溶液消毒。

育成鸡从18周龄至产蛋率5%的阶段，日粮中钙的含量应增加到2%，以供小母鸡形成髓质骨，增加钙盐的贮备。但由于鸡的性成熟时间可能不一致，晚开产的鸡不宜过早增加钙量，因此，最好单独喂给1/2的粒状钙料，以满足每只鸡的需要，也可代替部分沙砾，改善适口性和增加钙质在消化道内的停留时间。

7. 定期称测体重、跖骨长度和群体均匀度

（1）体重测定与群体均匀度的评定　现代蛋鸡都有其能最大限度发挥遗传潜力的各周龄的标准体重，标准体重绝不是自由采食状态下的体重。在后备鸡培育上要通过科学的精细化饲喂、及时调控喂料量和体重等综合措施才能达到标准体重。

①体重测定的时间。白壳蛋鸡从6周龄开始，每1~2周称测体重1次；褐壳蛋鸡从4周龄开始，每1~2周称测体重1次。

②确定鸡只数量。从鸡群中随机取样，鸡群越小取样比例越高，反之越低。如500只鸡群按10%取样；1 000~5 000只按5%取样，5 000~10 000只按2%取样。取样群的每只鸡都称重、测胫长，并注意取样的代表性。

③取样方法。抽样应有代表性，一般先将鸡舍内各区域的鸡统统驱赶，使各区域的鸡和大小不同的鸡分布均匀，然后在鸡舍任一地方用铁丝网围大约需要的鸡数，然后逐个称重登记。

④体重均匀度的计算。通常按标准体重±10%范围内的鸡只数量占抽样鸡只数量的百分率作为被测鸡群的群体均匀度。其计算公式是：

体重均匀度（%）＝平均体重±10%范围内的鸡只数/抽样鸡只总数×100

例：某鸡群10周龄平均体重为760克，超过或低于平均体重±10%的范围是：760+（760×10%）＝836克，760-（760×10%）＝684克。

在5 000只鸡群中抽样5%的250只鸡中，标准体重±10%（836～684克）范围内的鸡为198只，占称重总数的百分比为：198÷250×100%＝79%。

则该鸡群的群体均匀度为79%。

体重均匀度优劣的判断标准见表4-8。

表4-8　鸡群体重均匀度优劣的判断标准

鸡群中标准体重10%范围内的鸡只所占的百分比（%）	鸡群发育整齐度	鸡群中标准体重10%范围内的鸡只所占的百分比（%）	鸡群发育整齐度
85以上	特佳	70～75	合格
80～85	佳	70以下	不合格
75～80	良好		

（2）跖骨长度测定　跖骨长度简称跖长，是鸡爪底部到跗关节顶端的长度。用游标卡尺测定，单位为厘米。跖长反映鸡骨骼生长发育的好坏。早期骨骼发育不好，在后期将不可补偿。

8周龄末，跖长未达到标准，应提高日粮中的营养水平，并适当加大多维用量。同时可在每吨饲料中加入500克氯化胆碱。

（3）提高群体均匀度　群体均匀度是显著影响蛋鸡生产性能的重要指标。如果鸡群显著偏离体重和胫长指标或均匀度不好，应设法找到原因。

造成群体均匀度差的主要原因有：疾病，特别是肠道寄生虫病；喂料不均；密度过大；管理不当，如舍内温度不均匀、断喙不成功、通风不良等。

提高均匀度的措施：分群管理应做好；降低饲养密度。

8. 做好育成鸡的光照控制

生产中应控制鸡群在18～20周龄适时达到性成熟。在饲料营养平衡的条件下，光照对育成鸡的性成熟起着重要作用，因此必须把握好，特别是10周龄以后，要求光照时间短于光照阈值时数12小时，且育成期光照时间只能缩短，强度也不可增强。

光照对鸡群生殖器官的影响主要在13周龄以后，此前的影响很小，可不加考虑。13 周龄后主要是对光照时间的控制，育成后期可把光照时间控制在 8 小时左右；对于有窗的鸡舍从 13~17 周龄每天光照时间由 15 小时逐渐缩短至 10 小时左右。

9. 做好卫生防疫

（1）鸡群的日常管理　主要包括鸡群精神状态、采食情况、排粪情况、外观表现等。重点在早晨、晚上、喂料过程中进行观察，发现异常及时处理。

（2）驱虫　地面养的雏鸡和育成鸡容易患蛔虫病与绦虫病，15~60 日龄易患绦虫病，2~4 月龄易患蛔虫病，应及时对这两种寄生虫病进行预防，增强鸡只体质和改善饲料效率。

（3）免疫接种　应根据各个地区、各个鸡场，以及鸡的品种、年龄、免疫状态和污染情况的不同，因地制宜地制订本场的免疫计划，并按计划认真落实实施。

（4）减少应激　日常管理工作要严格按照操作规程进行，尽量避免外界不良因素的干扰。抓鸡时动作不可粗暴鲁莽；接种疫苗时要慎重；不要穿着特殊衣服突然出现在鸡群面前，以防炸群，影响鸡群正常的生长发育。

三、商品产蛋鸡的养殖技术

育成鸡从 21 周龄开始产第一个蛋，标志育成期结束，进入商品产蛋鸡阶段。

商品产蛋鸡饲养管理的要求是为蛋鸡创造适宜的饲料和环境条件，尽可能减少各种应激的发生，充分发挥蛋鸡的遗传潜力，提高蛋鸡产蛋率，同时降低鸡群的死淘率和蛋的破损率，最大限度地提高蛋鸡的经济效益。

（一）商品产蛋鸡的饲养方式与饲养密度

1. 商品产蛋鸡的饲养方式

目前，蛋鸡的饲养方式分为平养与笼养两大类。

（1）平养　是指利用各种地面结构在平面上饲养鸡群。平养一次性投资较少，投入少量资金即可养鸡；便于全面观察鸡群状况，鸡的活动多，骨骼坚实，体质良好。但平养的饲养密度较低，捉鸡比较困难，需设产蛋箱，管理不当容易产生窝外蛋。根据具体情况，平养又分为垫料地面平养、网状或条板平养和地网混合平养 3 种方式。

①垫料地面平养。这种养殖方式基本与雏鸡垫料平养相同，只是垫料稍厚一些，在管理上与雏鸡相似。该法投资较少，冬季保温较好，但舍内易潮湿，饲养密度低，窝外蛋和脏蛋较多，鸡舍内尘埃量较大。

②网状或条板平养。离地 70 厘米左右搭建塑料垫网或条板地面，结构与雏鸡网上饲养相似。塑料垫网网眼稍大，一般为 2.5 厘米×5 厘米，垫网每 30 厘米设一较粗的金属架，防止网凹陷。板条宽 2~5 厘米，间隙 2.5 厘米，可用木条、竹片、塑料板条等搭建。

这种方式每平方米地面可比垫料平养多养 40%~50% 的鸡，舍内易于保持清洁与干燥，鸡体不与粪便接触，有利于防病，但轻型蛋鸡易于神经质，窝外蛋与破蛋较多，如果地面不平整光滑，容易使鸡的脚爪受伤，发生脚爪肿胀。

③地网混合平养。舍内 1/3 面积为垫料地面，居中或位于两侧，另 2/3 面积为离地垫网或板条，高出地面 40~50 厘米，形成"两高一低"或"两低一高"的形式。这种方式多用于种鸡，特别是肉种鸡，可提高产蛋量和受精率。商品产蛋鸡很少采用。

（2）笼养　蛋鸡笼养是我国集约化蛋鸡场普遍采用的饲养方式，乡镇或小型鸡场也多采用笼养。

①笼养的优点。由于笼子可以立体架放，节省地面，因此可以提高饲养密度；不需要垫料，舍内尘埃少，蛋面清洁，能避免寄生虫等疾病的危害，降低死亡率；便于进行机械化、自动化操作，生产效率高；蛋鸡不容易发生啄蛋癖，且便于观察和捉鸡。

②笼养的缺点。笼养鸡易于发生挫伤与骨折；鸡只在笼中的活动量小，容易造成鸡体过肥和发生脂肪肝综合征；要求饲料营养必须全面，尤其是维生素、矿物质和微量元素，否则容易引起营养缺乏症；笼养设备投资较大。

③蛋鸡笼的布置。可分为阶梯式与叠层式，其中阶梯式又分为全阶梯式与半阶梯式。全阶梯式光照均匀，通风良好；叠层式上下层之间要加承粪板。目前，我国笼养蛋鸡多采用 3 层阶梯式笼具。

蛋鸡笼的尺寸大小要能满足其一定的活动面积、一定的采食位置和一定的高度，同时笼底应有一定的倾斜度，以保证产下的蛋能及时滚到笼外。蛋鸡单位笼的尺寸，一般为前高 445~450 毫米，后高 400 毫米，笼底坡度 8°~9°，笼深 350~380 毫米，伸出笼外的集蛋槽为 120~160 毫米，笼宽在保证每只鸡有 100~110 毫米的采食宽度的基础上，根据鸡体型加上必要的活动转身面积。笼具一般制成组装式，即每组鸡笼各部分制成单块，附有挂钩，笼架安装好后，挂上单块即成。

2. 蛋鸡的饲养密度

蛋鸡的饲养密度与饲养方式密切相关（表 4-9）。

表 4-9　蛋鸡的饲养密度

饲养方式	轻型蛋鸡		中型蛋鸡	
	只/米²	米²/只	只/米²	米²/只
垫料地面	6.2	0.16	5.3	0.19
网状地面	11	0.09	8.3	0.12
地网混合	7.2	0.14	6.2	0.16
笼养	26.3	0.038	20.8	0.048

注：笼养所指面积为笼底面积。

（二）蛋鸡的产蛋规律与产蛋曲线

1. 蛋鸡的产蛋规律

蛋鸡的产蛋具有规律性，就年龄来讲，第一个产蛋年产蛋量最高，第二年和第三年产蛋量每年递减 15%～20%。

蛋鸡在一个产蛋期中产蛋规律性强，随着产蛋周龄的增加，产蛋呈现"低→高→低"的规律性变化。根据产蛋曲线的变化特点和蛋鸡的生理年龄，可将产蛋期分为初产期、高峰期、产蛋后期 3 个不同的阶段。初产期是指蛋鸡产第一个蛋至产蛋率达到 70%以上这一阶段，一般为 20～24 周龄；高峰期蛋鸡的产蛋率在 85%以上，一般在 28 周龄前后产蛋率可超过 90%，而且这一水平可维持 8～16 周；产蛋后期产蛋率缓慢下降，直至第二年换羽停产为止。

2. 产蛋曲线

如果将蛋鸡产蛋期周龄作横坐标，每周龄产蛋率作纵坐标，在坐标纸上描出各点并将各点连接起来，就能得到的一条曲线，即为蛋鸡的产蛋曲线。这条产蛋曲线反映了蛋鸡在一个产蛋期的产蛋规律性变化。

蛋鸡产蛋曲线具有以下 3 个特点。

①开产后产蛋率上升快。一般呈陡然上升态势，这一时期产蛋率成倍增长，在产蛋 6～7 周内产蛋率达到 90%以上。通常在 27～32 周龄达到产蛋高峰，高峰期产蛋量 93%～94%，可持续 8～16 周。

②产蛋高峰期过后，产蛋率下降缓慢，而且平稳，产蛋曲线下降呈直线状。通常每周下降 0.5%～1%，呈直线平稳下降。

③在不可补偿性产蛋过程中，若遇到饲养管理不善，或其他刺激时，会使产蛋率低于标准并不能完全补偿。

3. 产蛋曲线的应用

每个蛋鸡品种均有其标准的产蛋曲线，每个蛋鸡养殖群体都有其实际的产蛋曲线，将实际产蛋曲线与标准产蛋曲线进行对照，可判断蛋鸡在养殖过程中是否达到标准，从而找出原因，对饲养管理进行改进。

（三）产蛋鸡的饲喂技术

1. 蛋鸡开产前后的饲养管理

开产前后是指 18~25 周龄这一段时间，这是育成母鸡由生长期向产蛋期过渡的重要时期，因此应做好蛋鸡开产前后的饲养管理，以利于母鸡完成这种转变，为产蛋期的高产做好准备。

（1）适时转群

①转群时间的选择。现代蛋鸡一般在 18 周龄进行转群，最迟不超过 21 周龄。这时母鸡还未开产，有一段适应新环境的时间，对培养高产鸡群有利。转群过晚，由于鸡对新环境不熟悉，会出现中断产蛋的情况，影响和推迟产蛋高峰的到来，降低产蛋期的产蛋量。

②转群前的准备。转群前应对产蛋鸡舍进行彻底清洗、修补和消毒后方可转入鸡群。转群前要准备充足的饮水和饲料，使鸡一到产蛋舍就能吃到料、饮到水。

鸡群在转群上笼前要进行整顿，严格淘汰病、残、弱、瘦、小的不良个体。并进行驱虫，主要是驱除线虫。经过整顿后，白壳蛋鸡体重 1.2~1.3 千克、褐壳蛋鸡体重 1.4~1.5 千克后即可转群。

做好转群前后备蛋鸡的饲养管理。在转群前 2 天内，为了加强鸡体的抗应激能力和促进因抓鸡和运输所导致的鸡体损伤的恢复，应在饲料或饮水中添加双倍的多维、电解质。转群当日连续 24 小时光照并停喂水料 4~6 小时，将剩余的料吃净或料剩余不多时再进行转群。

③做好转群工作。转群时注意天气不应太冷或太热，冬天尽量选择晴天转群，夏天可在早晚或阴凉天气转群。捉鸡要提双脚，不要捉颈或翅，且轻捉轻放，以防骨折和惊恐。转群工作量大，可把转群人员分成抓鸡组、运鸡组和接鸡组 3 组，各组要配合好，轻拿、轻放，防止运输过程中出现压死、损伤，提高工作效率。

鸡群转群后要立即饮水、采食，饲料中可添加双倍的多维、电解质 2~3天。转群后注意观察鸡群动态，鸡可能会拉白色鸡粪，但 2 天后可恢复正常。当鸡群经过 1 周时间的适应过程后，要依次进行断喙（主要是修喙）、预防注射、换料、补充光照等工作。

（2）蛋鸡开产前后的饲养管理要点

①适宜的体重标准。18 周龄应测定鸡只体重，并与鸡种的标准体重进行

对照。若达不到标准，则由限制饲养改为自由采食。

②日粮更换与饲喂。开产前后的蛋鸡对饲料营养的要求严格，开产前3~4周内，母鸡的卵巢和输卵管都在迅速增长，体内也须储备营养，鸡体内合成蛋白量与产蛋高峰期相同，此期应喂给青年母鸡较高营养浓度的日粮。一般从18~19周龄开始由育成鸡饲料更换为产蛋鸡饲料。更换方法有二：一是设计一个开产前饲料配方，含钙量2%左右，其他营养与产蛋鸡相同；二是产蛋鸡饲料按1/3、1/2、2/3等比例逐渐更换育成鸡日粮，直至全部更换为产蛋鸡日粮。从鸡群开始产蛋起，由限制饲养改为自由采食，一直到产蛋高峰过后2周为止。

③补充光照。18周龄体重达标的鸡群，应在18周龄或20周龄开始补充光照。如果体重未达标，则补充光照的时间可推迟1周。补充光照一般为每周增加0.5~1小时，直至增加至16小时。

④准备产蛋箱。在平养鸡群开产前2周，要放置好产蛋箱，否则会造成窝外蛋现象。产蛋箱宜放在墙角或光线较暗处。

⑤保持鸡舍安静。鸡性成熟时是其新生活阶段的开始，特别是平养蛋鸡产头两个蛋的时候，精神亢奋，行动异常，高度神经质，容易惊群，应尽量避免惊扰鸡群。

2. 蛋鸡产蛋期的饲养技术

（1）满足产蛋鸡的营养需要　产蛋鸡的营养要求，除满足自身维持需要和适当增重外，还必须供给产蛋的营养。现代蛋鸡生产性能高，绝大多数都养于笼内，必须喂给全价日粮，用尽可能少的日粮全面满足其营养需要，充分发挥其产蛋潜力，达到经济高效的目的。

①能量需要。包括维持能量需要与生产能量需要两部分。其中2/3用于维持能量需要，1/3用于产蛋能量需要，并且首先满足维持能量需要，然后才用于产蛋能量需要。必须满足能量需要，才有可能提高蛋鸡产蛋量。

根据能量在体内的转化过程与利用规律，饲料能量价值评定体系主要包括总能、消化能、代谢能和净能体系。总能是指饲料中有机物质完全氧化燃烧生成二氧化碳、水和其他氧化物时释放的全部能量。消化能是指动物采食饲料的总能减去粪便能量后剩余的能量。代谢能指饲料消化能减去尿能和消化道可燃气体的能量后剩余的能量。净能是指饲料中真正可用于动物维持生命和生产产品的能量，即饲料的代谢能扣除饲料在动物体内的热增耗后剩余的那部分能量。热增耗是机体用来消化、吸收和代谢营养物质的能量。由于不同类型营养物质被养殖动物采食后的热增耗有较大差异，如蛋白和纤维的热增耗较高，而淀粉和脂肪的热增耗较低，使得使用消化能或者代谢能体系配制低蛋白日粮会因未考虑营养物质代谢过程的能量损耗而造成实际可用于动物维持生命和生产产品的能量过剩，继而引起养殖动物胴体过肥。使用净能体系配制低蛋白日粮可有效避免此情况发生。

采食不同营养成分产生的热增耗不同，以蛋白质热增耗最高，脂肪的热增耗最低，碳水化合物居中，因此相对而言蛋白质的供能效率最低，油脂的供能效率最高。由于净能剔除了不同营养物质能量利用效率的差异，因而能够最真实地反映动物实际的能量需要量。

对于家禽，应用净能代替代谢能平衡日粮有利于发挥低蛋白饲料的高能量利用率优势，在节约蛋白饲料的同时节约能量饲料。在采用较多杂粕原料时，采用净能配方可真实反映杂粕等高纤维原料的能量利用效率，防止高估日粮能量水平。相反地，在添加油脂时，采用净能可防止低估日粮能量水平。在应用发酵预处理原料时，使用净能数据可体现出发酵提高能量利用率的效益，因为发酵处理有提高原料净能的作用。

家禽生产中净能体系还不是很成熟，饲料原料净能数据亟待丰富。在肉鸡、蛋鸡、鸭净能营养标准尚未制定前，可参考文献资料应用净能体系配制低蛋白日粮，或暂时用代谢能进行配制。鸡饲料原料代谢能值可参考农业行业标准《鸡饲养标准》（NY/T 33—2004）或中国饲料工业协会团体标准《蛋鸡、肉鸡配合饲料》。

②蛋白质需要。同样包括维持能量需要与生产能量需要两部分。其中 1/3 用于维持能量需要，2/3 用于产蛋能量需要。可见，饲料中的蛋白质主要用于产蛋。产蛋鸡对蛋白质的需要，不仅应从数量上考虑，还要从质量上满足要求，主要的限制性氨基酸有蛋氨酸、赖氨酸、胱氨酸等。

值得注意的是，产蛋鸡对低蛋白日粮敏感，使用不当会降低鸡蛋品质。在蛋壳、蛋清和蛋黄品质中，低蛋白日粮主要影响蛋清品质。如果能氮平衡和氨基酸平衡做得不好，低蛋白日粮短期（8~10 周）可能不影响鸡蛋品质，但长期（12 周以上）就会降低鸡的体重，也会导致蛋重轻和蛋清稀。因此，低蛋白日粮一定要在可消化氨基酸基础上配制，做到营养平衡。

在实用日粮中，粗蛋白质比饲养标准降低超过 2 个百分点时就可能影响鸡蛋品质，主要表现为蛋重轻和蛋清稀。蛋重可能降低 1~1.5 克，但因浓蛋白和蛋重同时减轻，哈氏单位可能不变。一枚鸡蛋形成时间为 23~24 小时，而蛋清的形成时间只有 2~4 小时。因此在蛋清形成时期，保证充足的蛋白质供应至关重要。蛋清一般在上午或中午形成，因此低蛋白日粮需要在上午增加蛋鸡的采食量，才不影响蛋清品质。

在配制蛋鸡低蛋白日粮时，常采用多种蛋白质饲料原料组合的方式。双低菜粕和棉籽蛋白组合替代豆粕，饲喂 12 周不影响鸡蛋品质。低蛋白日粮要补充的氨基酸多，主要有赖氨酸、蛋氨酸、苏氨酸和色氨酸等。此外，可添加一些功能氨基酸或酶制剂等添加剂能提高蛋白质利用率。蛋鸡饲养周期长，育雏、育成期营养也会影响产蛋期。因此，为维持正常的鸡蛋品质，蛋鸡使用低蛋白日粮时应遵循谨慎和适度原则。

③矿物质、微量元素、维生素需要。钙对产蛋是非常重要的。日粮中缺钙，蛋鸡会动用骨骼中的钙产蛋，但长期缺钙则产软壳蛋，甚至停产。此外，饲料中的各种微量元素、维生素对蛋鸡的产蛋影响也很大。

（2）产蛋鸡的饲喂与饮水

①喂料量、次数。每只蛋鸡产蛋期喂料量为每天 110~120 克，喂料次数每天 3 次，产蛋高峰期增加至每天 4 次。每天喂料量应根据体重、周龄、产蛋率、气温进行调整。

②补喂大颗粒钙。蛋鸡产蛋量高，需要较多的钙质饲料，一般在下午 5 时补喂大颗粒（直径 3~5 毫米）贝壳砾，每 1 000 只鸡 3~5 千克。饲料中的钙源采用 1/3 贝壳粉、2/3 石粉混合应用的方式为宜，可提高蛋壳质量。

③保证充足饮水。水是鸡生长发育、产蛋和健康所必需的营养，必须确保水质良好的饮水全天足量供应、自由饮用，每天清洗饮水器或水槽。产蛋鸡的饮水量随气温、产蛋率和饮水设备等因素不同而异，每天每只的饮水量为200~300 毫升。有条件的最好用乳头式饮水器。夏季饮凉水。

（3）饲养密度、水位、料位

①密度。笼养蛋鸡 450 厘米^2/只。

②料位。每只鸡 10 厘米长料位长度。

③水位。每只鸡 4 厘米长水位长度。

（4）蛋鸡产蛋期的分段饲养技术　分段饲养是根据鸡的年龄和产蛋水平，将产蛋期分为若干阶段，并考虑环境因素，按不同阶段喂给不同营养水平的饲料。分段饲养目前常用的是三阶段饲养法，具体可分以下两种。

①按鸡群周龄进行分段饲养。根据鸡群周龄将整个产蛋期分为 3 个阶段，即 20~42 周龄为第一段，43~58 周龄为第二段，58 周龄以后为第三段。在产蛋前期（20~42 周龄），蛋鸡的产蛋率上升很快，且蛋鸡体重也在增加过程中，应提高日粮中粗蛋白质、矿物质和维生素的含量，促使鸡群产蛋率迅速上升达到高峰期，并能持续较长时间；在产蛋中期（43~58 周龄）、产蛋后期

（58周龄以后）蛋鸡产蛋率缓慢下降，蛋重有所增加，可适当减低日粮中的蛋白质水平，但应满足蛋鸡的营养需要，使鸡群产蛋率缓慢而正常地下降。

②按鸡群产蛋率进行分段饲养。即根据产蛋率的高低把产蛋期分为3个阶段：产蛋率小于65%、产蛋率65%~80%、产蛋率大于80%，各阶段给予不同营养水平的饲料进行饲养。

（5）产蛋鸡的调整饲养　根据环境条件和鸡群状况的变化，及时调整日粮配方中主要营养成分的含量，以适应鸡对各种因素变化的生理需要，这种饲养方式称调整饲养。分以下几种情况。

①按育成鸡体重进行调整饲养。育成鸡体重达不到标准的，从18~19周龄转群后就应更换成营养水平较高的蛋鸡饲料，粗蛋白质水平控制在18%左右，经3~4周饲养，使体重恢复正常。

②按季节变化调整饲养。冬季，蛋鸡采食量大，可适当降低日粮中的粗蛋白质水平；夏季蛋鸡采食量减小，可适当提高日粮中的粗蛋白质水平。

③鸡群采取特殊管理措施时的调整饲养。在断喙当天或前后1天，在饲料中添加维生素K 5毫克/千克；断喙1周内或接种疫苗后7~10天，日粮中蛋白质含量增加1%；出现啄癖时，在消除原因的同时，饲料中适当增加粗纤维含量；在蛋鸡开产初期、脱羽、脱肛严重时，可加喂1%的食盐；在鸡群发病时，可提高蛋白质1%~2%、多维0.02%等。

（6）蛋鸡的饲料形状与减少饲料浪费的措施

①蛋鸡的饲料形状。粉料。

②减少饲料浪费的措施。饲养高产优质品种；采用优质全价配合饲料；按需给料；严把饲料原料质量关；饲料不可磨得太细；注意保存饲料；改进饲槽结构，使其结构更加合理；每次加料不超过料槽深度的1/3；及时淘汰低产和停产鸡。

（四）产蛋鸡的饲养环境与管理

1. 做好温度控制

温度对鸡的生长、产蛋、蛋重、蛋壳品质、受精率与饲料效率都有明显的影响。高温对蛋鸡产蛋性能影响很大，能引起产蛋率下降，蛋形变小，蛋壳变薄变脆，表面粗糙；低温，特别是气温突然下降，也使产蛋率下降，但蛋较大，蛋壳质量正常。相对而言，高温对产蛋鸡的影响大于低温，因此，夏季的防暑降温工作很重要。

成年鸡的适温范围为5~28℃；产蛋适温为13~25℃，其中13~16℃时产蛋率较高，15.5~25℃时产蛋的饲料效率较高。

2. 做好湿度控制

鸡湿度与正常代谢和体温调节有关，湿度对家禽的影响大小往往与环境温度密切相关。对产蛋鸡适宜的湿度为 50%~70%，如果温度适宜，相对湿度低至 40% 或高至 72%，对家禽均无显著影响。试验表明，舍温分别为 28℃、31℃、33℃，相应的湿度分别为 75%、50%、30% 时，产蛋的水平均不低。

3. 加强通风换气

目前，蛋鸡场的养殖规模越来越大，且多采用高密度饲养，如果舍内空气污浊，必然会不同程度地影响蛋鸡的生存和生产，因此在环境控制上应更加重视通风换气，特别是在冬季要重点解决好鸡舍保温与通风的矛盾，这一点对开放式鸡舍尤为重要。

通风换气的作用主要有减少舍内空气中的有害气体（氨气、硫化氢、二氧化碳、粪臭素等）、灰尘和微生物，保持舍内空气清新，供给鸡群足够的氧气，调节舍内温度和湿度。因此，通风换气是调节蛋鸡舍空气状况最主要、最经常的手段。蛋鸡舍内常见的有害气体的卫生学标准：二氧化碳不超过 0.15%，硫化氢不超过 10 毫克/米^3，氨气不超过 20 毫克/米^3。

4. 做好蛋鸡光照控制

（1）光照时间对蛋鸡性成熟的影响　性成熟是指蛋鸡生殖器官发育完善，具备正常的生殖功能，其标志是蛋鸡开产。

从蛋鸡孵化出壳到 2 月龄，性腺（即卵巢）的发育相对较慢，而其他组织和器官发育相对较快，故应保证较长的光照时间，以保证采食和饮水的需要；当蛋鸡达到 2 月龄后，性腺的发育明显加快，此时光照时间的长短对性腺的发育有明显的调控作用。据有关资料：当每天光照时间在 12 小时以下时，抑制性腺的发育，光照时数越短，性腺的发育越慢；如每天光照时数超过 12 小时，则促进性腺的发育，光照时数越长，性腺的发育越快。因此，每天 12 小时的光照时间被视为育成鸡性腺发育的"阈值时数"。性腺发育加快的结果，导致母鸡开产过早，而此时母鸡的骨骼、肌肉和其他内脏组织器官尚未发育成熟，常导致产蛋高峰期维持时间过短，产蛋率低，蛋小，产蛋量降低。因此，早产对蛋鸡不利，产蛋母鸡应做到适时开产，严防过早开产。

此外，育成期光照时间的变化对育成鸡性成熟也有明显影响，即"阈值时数"对处于从短光照时数到长光照时数变化的育成母鸡来讲，有着明显的阈值效应；但当育成母鸡处于从长光照时数到短光照时数变化时，即便最初光照时数大大超过"阈值时数"，只要它一直处于下降的趋势，则有抑制性腺发育的作用，且对性腺发育后期的作用明显大于性腺发育前期。

因此，育成期防止蛋鸡性腺发育过快的光照控制措施有两个：一是使蛋鸡在性腺发育期处于低于"阈值时数"（一般为每日 8~9 小时）的光照环境中，以防止过早开产；二是使蛋鸡处于光照时数逐渐缩短的光照环境中，同样可以抑制性腺的发育。

（2）光照时间对蛋鸡产蛋期产蛋量的影响　在蛋鸡开产后，应逐渐缓慢增加光照时间，以促进产蛋高峰期的到来，但此期光照时数不可骤然增加，否则导致初产蛋鸡肛门外翻，造成不必要的损失。当光照时数增加至每日 14~16 小时时，则不可继续增加，在整个产蛋期保持不变。产蛋期母鸡对光照的变化非常敏感。若光照时数下降，常导致产蛋量下降，并出现过早换羽，甚至还会出现短时间的停产，从而降低产蛋期的产蛋量。

（3）光照强度对蛋鸡的影响　光照强度是指光源发出光线的亮度。常用的单位是勒克斯。光照强度对母鸡性成熟的影响小，对母鸡产蛋的影响大。光照强度过低，导致采食、饮水困难而影响产蛋；而过强的光照，则引起蛋鸡情绪不安，啄癖增多，从而导致死亡率增加，尤其是蛋鸡笼养时更加明显。人工控制光照强度的标准：生长鸡 5~10 勒克斯，产蛋鸡 10~40 勒克斯。

（4）蛋鸡的光照控制　关键是控制光照时间和光照强度。

①蛋鸡光照时间的控制原则。蛋鸡出壳后，为尽快保证其采食和饮水，0~3 日龄采取 23~24 小时的光照时间；生长期的光照时间宜短，特别是 10~20 周龄阶段，性腺发育加快，不可逐渐延长光照时间；产蛋期光照时间宜长，并保持恒定，不可缩短光照时间。

②蛋鸡光照时间的控制方案。分为密闭式鸡舍光照控制和开放式鸡舍光照控制两种。

密闭式鸡舍光照控制：密闭式鸡舍又称无窗鸡舍，鸡舍内的环境条件均为人工控制而不受自然光照条件的影响。该鸡舍主要在大型机械化养鸡场采用。光照控制方法是：0~3 周龄，每日 23~24 小时光照；4~19 周龄，每日 8~9 小时光照；20 周龄开始，在原来每日 8~9 小时光照的基础上，每周增加 1 小时，直至每日光照达 16 小时为止，并维持到产蛋期结束。

开放式鸡舍的光照控制：除机械化养鸡场外，绝大多数养鸡场均为开放式鸡舍。开放式鸡舍主要利用窗户自然采光，日照随季节变化而变化。从冬至到夏至，每日光照时数逐渐延长，到夏至达到最高；从夏至到冬至，日照时数逐渐下降，到冬至达到最低。因此，应根据育雏育成阶段的自然光照变化进行控制。

在蛋鸡生长阶段，利用自然光照，每年 4 月 15 日至 9 月 1 日孵出的鸡，其生长后期处于日照逐渐缩短或日照较短的时期，对防止蛋鸡过早开产是有利的，完全可以利用自然光照，而不必人工控制光照；利用人工控制光照，每年9月1日至翌年4月15日孵出的鸡，其生长后期处于日照逐渐增加或日照较长的时期，对防止蛋鸡过早开产是不利的，必须采取渐减的光照控制方案，方法是：以母雏长到20周龄时的自然日照时数为准，然后加5小时，如母雏长到20周龄时的自然日照时数为15小时，则加5小时，总共20小时（自然光照时间+人工光照时间）作为孵出时的光照时间，以后每周减少15分钟，减至20周龄时刚好是自然日照时间，在整个生长期形成一个光照渐减的环境，可有效防止蛋鸡过早开产。

在蛋鸡产蛋阶段，从21周龄开始，在20周龄日照时数的基础上，每周增加15~30分钟人工光照，直到每日光照时数达16小时为止，并维持到产蛋期结束。

③光照强度的控制。光源可选15~60瓦的白炽灯，安装高度为2米，灯泡行间距3.6米，保证照度均匀。

为达到光照强度标准，舍内每平方米面积所需灯泡瓦数为：出壳至第1周2.5~3瓦；第2~20周1.5瓦；第21周后3.5~4瓦。产蛋期每周擦拭灯泡，以保证正常发光效率，及时更换损坏的灯泡。

5. 产蛋鸡的日常管理

（1）经常观察鸡群　观察鸡群的目的在于掌握鸡群的健康与食欲状况，检出病、死、淘汰鸡，检查饲养条件是否合适。观察鸡群最好在清晨或夜间进行。夜间鸡群平静，有利于检出呼吸器官疾病，如发现异常应及时分析原因，采取措施。鸡的粪便可反映鸡的健康状况，要认真观察，然后对症处理，如巧克力色粪便，则是盲肠消化后的正常排泄物，绿色下痢可能是消化不良、中毒或鸡新城疫引起，红色或白色可能是蛔虫或绦虫病引起。

（2）及时淘汰病鸡与停产鸡　目前，生产上的产蛋鸡大多只利用1个产蛋年。产蛋1年后，自然换羽之前就淘汰，这样既便于更新鸡群和保持连年有较高的生产水平，也有利于节省饲料、劳力、设备等，降低养殖成本。从以下几个方面可挑出低产鸡和停产鸡。

①看羽毛。产蛋鸡羽毛较陈旧，低产鸡和停产鸡羽毛出现脱落、正在换羽或已提前换完羽。

②看冠、肉垂。产蛋鸡冠、肉垂大而红润，病弱鸡鸡冠、肉垂苍白或萎缩，低产鸡和停产鸡已萎缩。

③看耻骨。产蛋母鸡耻骨间距在3指以上，耻骨与龙骨间距4指以上。

④看腹部。产蛋鸡腹部松软适宜，不过分膨大或缩小。有淋巴白血病、腹腔积水或卵黄性腹膜炎的病鸡，腹部膨大且腹内可能有坚硬的疙瘩，停产鸡和

低产鸡腹部狭窄收缩。

⑤看肛门。产蛋鸡肛门大而丰满，湿润，呈椭圆形。低产鸡和停产鸡的肛门小而皱缩，干燥，呈圆形。产蛋鸡肛门大而丰满，呈椭圆形。

（3）防止应激，保持环境稳定　良好而稳定的环境条件，对正在产蛋的母鸡十分重要。特别是现代优良品种，对环境变化非常敏感，任何环境条件的突然变化都能引起应激反应，如抓鸡、注射、断喙、换料、停水、光照改变、灯影晃动、新奇颜色、飞鸟窜入等，都可能引起鸡群惊乱而发生应激反应。

产蛋母鸡应激反应表现各不相同，突出的表现是产蛋量下降、产软蛋、精神紧张、不吃食、乱撞引起内脏出血而死亡，这些表现常需要数天才能恢复正常。防止应激反应除采取针对性措施外，应制定鸡舍管理程序，包括光照、供水、供料、清洁卫生、集蛋等，并严格实施。鸡舍应固定饲养员，操作时动作要轻、要稳，尽量减少进出鸡舍次数，保持鸡舍环境安静。要注意鸡舍外部的环境变化，减少突然发生的事故。调整饲料要应逐步过渡，切忌突然改变。

（4）做好生产记录　要管理好鸡群，就必须做好鸡群的生产记录。鸡只死亡数、产蛋量、耗料、舍温、防疫、投药等都必须每天（次）记载。通过这些记录，可以及时了解生产、指导生产，发现问题、解决问题。

（5）做好拣蛋　拣蛋次数以每日上午、下午各拣1次（产蛋率低于50%，每日可只捡1次）。拣蛋时要轻拿轻放，尽量减少破损，全年破损率不得超过3%。拣蛋时应注意：将蛋分类、计数、记录、装箱；破蛋、空壳蛋禁止直接喂产蛋鸡；及时处理脏蛋，尽量减少破蛋。

四、蛋鸡立体养殖技术

蛋鸡立体养殖是指具有一定蛋鸡饲养规模、采用立体生产系统的设施养殖模式，与传统平养、阶梯笼养相比，主要有以下特点：单位面积饲养量大，每平方米饲养30~90只，节约土地面积可达30%以上，单位面积产出效率提高2倍以上；劳动效率高，人均蛋鸡饲养量可达3万~5万只，单栋饲养量可达5万~20万只，人均劳动生产率提高3倍以上；自动化程度高，采用密闭式设施养殖，蛋鸡舍内环境可控，能够实现自动饲喂、清粪、集蛋等饲养流程。发展蛋鸡立体养殖，对于提高土地利用效率、做大做强设施农业、增强鸡蛋产品供给保障能力具有重要意义。

（一）养殖工艺

1. 规模

蛋鸡立体养殖宜采用4层或4层以上叠层笼养（表4-10），单位面积饲养量≥30 只/米²，单栋饲养量 5 万只以上，每平方米年产蛋量可达 0.48 吨。

表 4-10 主要饲养工艺及生产性能

主要饲养工艺	单位饲养量 （只/米²）	单栋饲养量 （万只）	单位年产蛋量 （吨/米²）
阶梯笼养	12~18	2~3	0.2~0.3
4~8 层叠层笼养	30~60	5~10	0.48~0.96
10~12 层叠层笼养	75~90	12.5~20	1.2~1.44

2. 笼具

蛋鸡立体养殖笼具笼网和笼架应采用热浸锌或镀镁铝锌合金材料，设备故障率较阶梯笼养降低 10%，设备使用寿命延长 5~6 年。

3. 转群

饲养过程宜采用两阶段养殖工艺：1~9 周龄（第一阶段，育雏育成前期）在育雏育成舍的育雏育成笼中饲养，10 周龄至淘汰（第二阶段，育成后期及产蛋期）在产蛋鸡舍的产蛋笼中饲养。各阶段饲养密度见表 4-11。

表 4-11 各阶段饲养密度

	0~2 周龄	3~9 周龄	10 周龄至淘汰
饲养密度	40~50 只/米²	20~25 只/米²	450~540 厘米²/只

（二）品种与营养

1. 品种

宜采用国产或进口等高产品种，年产蛋量应达 310~320 枚/只，饲养周期应达 500 天以上。

2. 营养

应提供充足全价配合饲料，保障蛋鸡采食量需求和营养物质的摄入，满足蛋鸡生长发育及产蛋阶段的能量、蛋白质、矿物质和维生素等需要。宜采用玉米、豆粕减量替代饲料资源高效利用技术，形成蛋鸡低蛋白日粮精准配制方案并应用精准饲养技术，达到节粮增效的目标，充分发挥高产品种产蛋多、饲料转化率高等遗传潜力。应保证鸡只充足饮水，饮水水质应达到《无公害食品畜禽饮用水水质》（NY 5027—2008）规定的标准。

（三）鸡舍建筑与饲养成套设备

蛋鸡立体养殖应保证鸡舍保温和密闭性能，实现全程自动化饲养。

1. 建筑

应采用装配式钢结构，建议采用单跨双坡型门式钢架结构，梁、柱等截面宜采用工字钢，檩条、墙梁为冷弯卷边 C 型钢，钢柱应沿建筑内墙外侧排布，并做贴面处理。

2. 保温

立体养殖蛋鸡舍应根据当地气候条件设计鸡舍保温结构，冬季生产无须额外加热。以华北地区产蛋鸡舍为例，围护结构材料建议选用夹芯板，墙体厚度≥150 毫米，屋面板厚≥200 毫米，屋脊屋顶板缝隙≤50 毫米，里外做双层脊瓦，拼接空隙应采用聚氨酯发泡胶做密封填充处理，内部做吊顶处理。保温板应采用卡扣拼接处理，保证鸡舍内部平整无突出，防止外界空气通过拼接缝隙渗透。

3. 自动饲喂设备

应采用全自动机械化送料和饲喂系统，包括贮料塔、螺旋式输料机、喂料机、匀料器、料槽和笼具清扫等装备。料塔和中央输料线应带有称重系统，满足鸡舍每日自动送料、喂料需求。以单栋饲养量 10 万只为例，产蛋期蛋鸡采食量为 100~109 克/（天·只），饲喂系统应保证每天至少提供 10 吨饲料，料塔容量应满足鸡只 2 天的采食量。

喂料机通常包括料盘式、行车式和链条式等，建议采用行车喂料系统。笼具各层应设有料槽，行车沿料槽布置方向运行时各层出料口实现同时出料。

4. 自动饮水设备

应采用乳头饮水线式自动饮水系统，包括饮水水管、饮水乳头、加药器、调压器、减压阀、反冲水线系统和智能控制系统。鸡舍水线进水处应设置加药器、过滤器，实现饮水过滤和自动化饮水加药。育雏育成前期，各层靠近笼顶网和料槽一侧，应设有高度可调节饮水管线，各笼布置 2~3 个乳头饮水器，在乳头饮水器下方安装水杯；育成后期和产蛋期，在中间隔网与顶网之间安装饮水管线和"V"形水槽，防止饮水漏至清粪带上。饮水管线等应采用耐腐蚀塑料材质。各层水线应设置水压调压器，保证各层水线前端和尾端充足供水。

5. 自动清粪设备

应采用传送带式清粪系统，包括纵向、横向、斜向清粪传送带、动力和控制系统。每层笼底均应配备传送带分层清理，由纵向传送带输送到鸡舍尾端，各层笼底传送带粪便经尾端刮板刮落后落入底部横向传送带，再经横向和斜向传送带输送至舍外，保证"粪不落地"，适当提高清粪频率，建议粪便日产日清。清粪传送带宜采用全新聚丙烯材料，具备防静电、抗老化、防跑偏功能。为避免鸡只接触清粪传送带粪便，应在每层笼上方设置顶网。

6. 自动集蛋设备

应采用自动化集蛋系统，包括集蛋带、集蛋机、中央输蛋线、蛋库和鸡蛋分级包装机。集蛋过程应将各层鸡蛋自动传送到鸡笼头架，进而通过中央集蛋线将鸡蛋从鸡舍集中传送到蛋库进行后续包装。包装过程应采用鸡蛋分级包装机进行自动鸡蛋分级、装盘，鸡蛋分级包装机效率须根据场区实际生产情况进行配置，通常处理速度为3万~18万枚/小时。蛋带应采用PP5以上级别的高韧性全新聚丙烯材料。

（四）自动化环境控制

立体养殖应采用全密闭式鸡舍，通过鸡舍风机、湿帘、通风小窗和导流板等环控设备实现自动调控。

1. 高温气候环控模式

夏季应采用湿帘进风、山墙风机排风的通风降温模式，外界高温空气通过湿帘降温经导流板导流后进入鸡舍，保证舍内温度处于适宜范围。湿帘质量应符合《纸质湿帘性能测试方法》（NY/T 1967—2010）规定的标准。建议采用湿帘分级控制，防止开启湿帘后湿帘端温度骤降。

2. 寒冷气候环控模式

鸡舍采用依靠侧墙小窗进风、山墙风机排风的通风模式，根据鸡舍内部二氧化碳浓度、温度等环境参数进行最小通风，以保障舍内空气环境质量（控制二氧化碳浓度、粉尘、氨气浓度）的同时，减少舍内热量损失，最终满足寒冷气候不加温条件下鸡舍温度控制。应根据鸡舍笼具高度、顶棚高度等调整湿帘和侧墙小窗进风口导流板开启角度，保证入舍新风进入鸡舍顶部空间形成射流，使舍内外空气达到较好的混合效果，避免入舍新风直接吹向笼具内造成鸡群冷热应激。

3. 自动化控制装备

应实现以智能环控器为核心的环境全自动化调控，依据鸡舍空间大小和笼具分布布置温湿度、风速、氨气、二氧化碳等环境传感器，依据智能环控器分析舍内环境参数，自动调控侧墙小窗、导流板、风机和湿帘等环控设备的开启和关闭，实现鸡舍内环境智能调控。对鸡舍不同位置的鸡群环境进行均匀性和稳定性调控，保证笼内风速能够达到0.5~1.5米/秒，整舍最大局部温差小于3℃，温度日波动小于3℃。

（五）数字化管控

蛋鸡立体养殖应具备智能化、信息化特点，实现鸡场数字化管控，提高养殖管理效率。

1. 机器人智能巡检

蛋鸡舍智能巡检机器人能实现鸡舍环境、鸡只状态无人化巡检，监测鸡舍不同位置各层笼具内的温度、相对湿度、光照强度和有害气体浓度等环境数据，智能识别各层鸡只状态、定位死鸡分布点，并上传数据至蛋鸡养殖数字化平台，减少捡死鸡等高强度、低效率工作的人工投入。巡检定位精度应≤25毫米，巡检速度达1米/秒。

2. 物联网管控平台

鸡场宜建设物联网管控平台，实现鸡舍不同来源数据的互联互通，能够实时预警多单位多鸡场管理、养殖异常现象、推送环控方案及汇总分析生产数据，远端实时显示鸡舍环境状况、鸡舍运行状态、鸡只健康水平等数据，辅助管理人员智能化决策。

（六）生物安全防控

蛋鸡设施立体养殖模式单栋饲养量大、养殖密度高，其规划应符合场区布局规范，同时应构建完整的生物安全防控体系，以保障蛋鸡健康高效养殖。

1. 鸡场规划与布局

场区分区布局应遵从鸡舍按主导风向布置的原则。生活与办公区、辅助生产区、生产区和粪污处理区应根据蛋鸡场地势高低及水流方向依次布置，其占地面积标准应符合表4-12。

表4-12　养殖场占地及建筑面积 （米²/万只）

饲养工艺	占地面积	总建筑面积	生产建筑面积	辅助生产建筑面积	公用配套建筑面积	生活管理建筑面积
6层叠	2 000~2 800	350~400	220~280	80~130	8~15	18~25
8层叠	1 400~2 500	250~350	200~250	20~30	5~10	10~20

鸡舍应以单列平行排列为主，净污分区，鸡场采用整场全进全出工艺，或至少实施分区布局按区全进全出。鸡舍采用纵向通风，为防止排风粉尘在舍间交叉传播，排气风机应全部集中安装在处于场区下风向的鸡舍一端的山墙上，排风端山墙后须配置除尘间，并对舍内排出空气中的羽毛粉尘颗粒物等进行处理。

2. 鸡场生物安全防控体系

应根据养殖场区自身实际，制定相应的防疫要求，形成规模化蛋鸡场生物安全防控体系，包括防控生物和非生物媒介。建立养殖场来往"人流、物流、车流"消毒技术与规范，做好防鼠、防鸟、防蝇虫等工作，切断外界病原微生物传播途径。定期进行鸡舍内外环境卫生消毒工作，包括湿帘循环水净化消毒、带鸡空气消毒、设施设备（墙壁、地面、笼具、料槽等）表面清洁和鸡舍排出空气过滤与净化等，保障鸡舍及场区环境洁净卫生，净化舍内颗粒物和氨气平均去除率需≥70%，鸡舍排出空气颗粒物和氨气平均去除率需≥70%。

（七）鸡粪贮存与无害化处理

蛋鸡设施养殖叠层笼养模式饲养量大、产生粪污集中，应根据自身特点选择适宜的粪污无害化处理工艺。

1. 鸡粪贮存

设置粪便贮存设施，总容积不低于场内 1~2 天所产生的粪便总量。贮存设施的结构具有防渗漏功能，不得污染地下水。贮存设施应配备防止降雨（水）进入的设施。

2. 鸡粪无害化处理

应采用好氧发酵工艺进行鸡场粪便无害化处理，无处理能力的应交由有资质的第三方进行处理，有条件的可利用风机排风热能对鸡粪直接风干处理。好氧堆肥流程需对鸡粪和秸秆、锯末、稻壳、谷壳、木屑等进行混合处理，并采用机械翻堆后发酵。在堆肥过程中，应提供充足的氧气，以满足好氧微生物的活动，提供适当的碳氮比，堆肥温度控制在 60~70℃，相对湿度控制在 40%~50%，建议采用聚四氟乙烯等材质覆盖膜密封料堆。

五、蛋鸡养殖全程质量安全风险防控

近年来，关于鸡蛋中抗生素检出的问题频繁出现，引起了政府的高度关注和消费者的担忧。影响鸡蛋产品质量安全的关键控制点是场地选择、引种、疫病控制、饲料及饲料添加剂和药物残留控制等。为保证蛋鸡产业健康发展，必须采取综合措施，对鸡蛋产品质量安全风险进行全方位防控。

（一）场地选择

鸡舍选址应符合本地畜禽养殖"三区"规划方案，距离生活饮用水源地、居民区和主要交通干线 500 米以上，其他畜禽养殖场 1 000 米以上；距离动物隔离场所、无害化处理场所 3 000 米以上；水质良好、供电稳定和交通便利的地方。

鸡场周围环境质量应符合 NY/T 388—1999 的规定，鸡场环境要符合《中华人民共和国动物防疫法》有关要求，大气质量应符合 GB 3095—2012 的规定，养殖用水水质量应符合 NY 5027—2008 的规定，污水、污物处理应符合 GB 18596—2001 要求。

鸡场入口处应设置相应的车辆、人员消毒通道和设施，生产区内净道与污道分离，互不交叉。

（二）引种

商品代雏鸡应来自通过省（市）以上畜牧主管部门验收并持有"种畜禽生产经营许可证"的父母代种鸡场或专业孵化场。

雏鸡不应带鸡白痢、鸡脑脊髓炎、禽白血病和霉形体等经蛋垂直传染性疾病。

不应从禽流感、鸡马立克氏病、新城疫等烈性传染病的疫区购买雏鸡。

（三）疫病控制

1. 全进全出制度

取按区或按栋全进全出制的饲养制度；同一饲养场所内不得混养不同类的家禽，或者将宠物、禽鸟、其他畜禽产品带进养殖场内。

2. 正确消毒

聘任与生产规模相适应的管理人员和技术人员，使用消毒药品对鸡舍、饲喂器械、其他用品、人员、养殖环境以及鸡苗、青年鸡、产蛋鸡的日常消毒和不定期消毒；除空舍使用甲醛熏蒸消毒外，消毒药品严禁使用酚类和醛类消毒剂。消毒的重点和方式包括以下几种。

（1）环境消毒 鸡舍周围环境每 2 周用 2% 的火碱液消毒或撒布生石灰 1 次；场周围及场内污染池、排粪坑、下水道出口，每 1~2 个月用漂白粉消毒 1 次。在大门口设消毒池，使用 2% 火碱、来苏儿或新洁尔灭溶液。所用消毒液至少 1 周更换 1 次，鸡舍门口设消毒盆，使用碘类消毒液；所用消毒液至少每 2 天更换 1 次。

（2）人员消毒 工作人员进入生产区要更换经过消毒的专用工作服、工作鞋，戴口罩，并在紫外线灯下消毒 10 分钟以上。

（3）鸡舍消毒 进鸡或转群前将鸡舍彻底清扫干净，然后用高压水枪冲洗，再用 0.1% 的新洁尔灭或 4% 来苏儿或 0.2% 过氧乙酸或次氯酸盐、碘伏等消毒液全面喷洒，然后关闭门窗，再用甲醛熏蒸消毒，熏蒸后至少密闭 3 天；

熏蒸消毒的浓度要依本场及周围疫病流行情况而确定。

（4）用具消毒　定期对蛋箱、蛋盘、喂料器等用具进行消毒，可先用0.1%新洁尔灭或0.2%~0.5%过氧乙酸消毒，然后在密闭的室内用甲醛二级熏蒸消毒30分钟以上。

（5）带鸡消毒　定期进行带鸡消毒，有利于减少环境中的微生物和空气中的可吸入颗粒物；常用于带鸡消毒的消毒药有0.3%过氧乙酸、0.1%新洁尔灭、0.1%的次氯酸钠等；带鸡消毒要在鸡舍内无鸡蛋时进行，以免消毒剂喷洒到鸡蛋表面。

3. 严格检疫、药物预防和免疫

购进的鸡苗或半成品鸡，要附有产地检疫、动物检疫合格、运输工具消毒和无特定动物疫病的证明；在外购鸡进入场区时，应先进行检疫消毒，到场后二次消毒。

从事生产的饲养、管理人员应身体健康，并定期进行体检；进入生产区应消毒，更换场区清洗和消毒的工作服和工作鞋。

鸡舍的疫病预防、疫病监测、疫病控制和净化执行NY/T 473—2016规定；每日粪便应杀虫卵、灭菌和消毒，及时清运至指定地点无害化处理，符合GB 18596—2001的要求，病死或淘汰鸡的尸体执行农业部关于印发《病死及病害动物无害化处理技术规范》（2017版）的规定。

做好日常消毒、保健、预防工作，减少常见疾病发生；疑似病鸡立即转入隔离区饲喂，并做好每日消毒。

蛋鸡场应根据《中华人民共和国动物防疫法》及其配套法规的要求，结合当地实际情况，科学制定免疫程序。

蛋鸡场常规免疫疫病应包括：马立克氏病、新城疫、鸡痘、传染性法氏囊病、传染性支气管炎和产蛋下降综合征；除上述疫病外，还可根据当地实际情况，选择其他一些必要的疫病进行免疫接种。

（四）饲料及饲料添加剂

鱼粉蛋白是蛋鸡饲养过程中较好的蛋白质来源，对蛋鸡的产蛋率和鸡蛋品质均具有积极的影响。但是，大部分鱼粉多用淡水养殖鱼虾加工后的下脚料和小杂鱼等制成，而在淡水养殖过程中，氟苯尼考、恩诺沙星等抗菌药物是允许使用的，鱼粉中抗菌药物的残留会导致鸡蛋中抗菌药物残留，导致鸡蛋产品药物残留超标。

蛋鸡产蛋期使用的鱼粉，需要严格进行恩诺沙星、氟苯尼考、磺胺类等常用抗菌药物的检测，确保鱼粉中不含产蛋期不允许使用的抗菌药物。使用的饲料不得添加抗生素以及化学合成类的抗微生物药物，不应使用霉败、变质、生虫或被污染的饲料。

饲料原料应符合中华人民共和国农业部公告第 1773 号规定。目前，现行《饲料原料目录》中列出了 117 种药食同源的可饲用天然植物，《饲料添加剂品种目录》中列出了杜仲叶提取物等 14 种植物提取物、约氏乳杆菌等 35 种微生物添加剂、植酸酶等 20 种酶制剂产品，并不断增补和修订，可不同程度填补促生长药物饲料添加剂退出后的技术空白。同时，通过评审批准使用的新饲料和新饲料添加剂产品，均由农业农村部以公告形式向社会公开其关键信息，包括产品通用名称、产品类别、产品组分、生产工艺、产品功能、使用范围、使用方法和质量标准等，便于其他饲料企业和研发机构了解最新产品的审批情况，减少同类产品重复研发投入，也有助于养殖场户选择和使用。

（五）药物残留控制

根据最新的风险评估结果：如果需要保证初生蛋中无抗菌药物的残留，需要在蛋鸡理论开产期的前 50 天停止使用各类抗菌药物。

雏鸡、距离理论开产期前 50 天的育成鸡（距离理论开产期），药物的使用可以参照肉鸡相关规定执行（NY/T 5030—2016），产蛋期以及蛋鸡理论开产前的 50 天停止使用各类抗生素，建议采用中兽药进行相关疾病的防治。

中兽药制剂购买和使用应符合 NY/T 5030—2016 规定，其质量应符合《中华人民共和国兽药典》要求；购买中药制剂时选择正规的生产厂家，并进行中药质量监控，防止中药中隐性添加化学药物成分影响产品质量安全；微生态制剂应符合《饲料添加剂品种目录》的规定。

农业农村部制定发布了《全国兽用抗菌药使用减量化行动方案（2021—2025 年）》，明确了兽用抗菌药全链条监管、加强兽用抗菌药使用风险控制、支持兽用抗菌药替代产品应用、加强兽用抗菌药使用减量化宣传培训、构建兽用抗菌药使用减量化激励机制等 5 个方面 12 项重点任务。广大养殖场户要积极参与养殖减抗行动，在规范用药的基础上，积极推广使用经农业农村部批准的兽用抗菌药替代产品。

第二节　蛋种鸡的养殖技术

饲养种鸡的目的是提供优质的种蛋和种雏。因此，在种鸡的饲养管理方面，重点应放在保持种鸡良好的种用体况和旺盛的繁殖能力上，以确保种鸡尽可能多地生产合格种蛋，并保证较高的种蛋受精率、孵化率和健雏率。

一、后备种鸡的养殖技术

（一）选择适宜的饲养方式

后备种鸡有地面平养、网上平养和笼养等方式，在生产实践中，为了便于管理、卫生防疫和人工授精等操作，种鸡多采用网上平养或笼养。

（二）保持合理的饲养密度

种鸡的饲养密度要比商品蛋鸡低。合理的饲养密度有利于鸡的正常发育，也有利于提高鸡的均匀度和成活率。随着日龄的增加，饲养密度也应相应降低，可在断喙、免疫接种的同时，调整饲养密度并将强弱分开、公母分开饲养。育雏育成鸡的饲养密度见表4-13。

表4-13　育雏育成期不同饲养方式饲养密度　　　　　　（只/米²）

类型	周龄	全垫料	40%垫料+60%网面	网上平养	笼养
轻型鸡	0~6	13	15	17	25
	7~20	6.3	7.3	8	12
中型鸡	0~6	11	13	15	20
	7~20	5.6	6.5	7	10

（三）加强卫生管理

为了培育合格健壮的种用后备鸡，除要求按商品鸡的标准控制温度、湿度等环境条件外，更应强调卫生消毒工作。在进雏或转群前，对鸡舍及设备用具一定要严格消毒，有条件时可进行消毒效果监测。对鸡舍周围的环境也要定期进行卫生消毒。从育雏的第2天开始，就应进行带鸡消毒，一般每周可带鸡消毒1~2次。如果长期使用一种消毒剂，鸡只易产生耐药性，消毒剂的刺激性太强，易诱发鸡的呼吸道疾病，另外，腐蚀性较强的消毒剂对鸡体和笼具都有损伤，在选择消毒剂时应考虑上述因素。

（四）控制光照

无论是商品蛋鸡还是蛋用种鸡，在其育雏育成期都要采用人工控制光照技术，以控制其体重与性成熟。在育雏的前3天，连续每天24小时光照，以保证雏鸡饮水、开食和熟悉环境，以后要根据鸡舍类型、育雏季节等，制订光照计划。蛋用种鸡光照管理方案见表4-14和表4-15。

表4-14 密闭式鸡舍光照管理方案（恒定渐增法）

周龄	光照时间（小时/天）	周龄	光照时间（小时/天）
0~3	24	23	12
4~19	8~9	24	13
20	9	25	14
21	10	26~64	16
22	11	65~68	17

表4-15 开放式鸡舍光照管理方案

周龄	出雏时间	
	4月上旬至9月上旬	9月中旬到翌年3月下旬
0~3	24小时	24小时
4~7	自然光照	自然光照
8~19	自然光照	按日照最长时间恒定
20~64	每周增加1小时，直到16小时	每周增加1小时，直到16小时
65~68	17小时	17小时

（五）提高体重整齐度

现代鸡种要能充分发挥其最大的遗传潜力，就必须符合其标准体重要求，而且鸡群体重整齐度要高，尤其是种鸡比商品蛋鸡的要求更高、更严格，除要求母鸡要有适宜的体重和整齐度外，种公鸡的体重也要保持在适宜的水平上，对后备种鸡要进行严格的限制饲养，以控制好体重和整齐度，只有这样才能充分发挥种鸡的种用价值。

二、产蛋期种母鸡的饲养管理

（一）适时转群

由于蛋种鸡比商品鸡通常晚开产1~2周，所以，转群时间可比商品蛋鸡推迟1~2周。但如果蛋种鸡是网上平养，则应提前1~2周转群，目的是让育成母鸡对产蛋舍有认识和熟悉的过程，以减少窝外蛋、脏蛋的产生，提高种蛋合格率。

后备种鸡在育成期公母鸡多数是分开培育，以便分别控制公母鸡的体重，而进入配种期，要公母合群，确定适宜的配种时机。公母合群最好在晚上进行，以减少鸡群应激。将公鸡均匀放入舍内，最好先将公鸡隔开，单独饲养1~2周，待相互熟悉后再混入母鸡群中。

（二）确定合理的公母比例

种鸡群中公鸡过多，不仅会浪费饲料，还会因争抢母鸡，干扰交配，而降低种蛋受精率，反之，公鸡过少，每只公鸡的配种任务过大，影响精液品质，种蛋受精率也不会高，因此必须保持合理的公母比例。在大群自然交配的情况下，适宜的公母比例是：轻型蛋种鸡1∶（12~15），中型蛋种鸡1∶（10~12）。人工授精时公母比例一般以1∶（20~30）为宜。

（三）控制开产日龄

种鸡开产过早，前期蛋重小，蛋重小于50克时不能作种用，而且开产过早的鸡群停产也早，势必影响全期种蛋数量。因此，必须控制种鸡开产日龄，一般要求种鸡的开产日龄比商品蛋鸡晚1~2周为宜。

（四）加强种蛋的收集与管理

母鸡刚开产时蛋重较小，蛋形不规则，种蛋受精率较低，一般不宜孵化。现代优良蛋种鸡一般在25~27周龄时开始留用种蛋，平均蛋重应在50克以上。在自然交配时，应提前1周放入公鸡。在人工授精时，应提前2天连续输精。为了提高种蛋合格率，应注意勤拣蛋，一般要求每天拣蛋4~6次，上午拣蛋不应少于3次。拣蛋前用消毒药液洗手消毒，种蛋应使用专用蛋托和蛋箱存放，拣蛋时应把合格种蛋放入蛋托内，钝端朝上，将不合格蛋拣出另放。夏季要防止阳光直射种蛋，冬季要防止种蛋受冻。每次拣完蛋后立即对种蛋进行熏蒸消毒，然后及时送入蛋库保存。

（五）搞好防疫，做好疫病净化工作

饲养蛋用种鸡的目的是获得量多质优的雏鸡，而健康的鸡群是实现这一目的的前提条件，因此，必须做好种鸡的疫病净化工作，对一些可以通过种蛋垂直传播的疾病（如鸡白痢、大肠杆菌病、支原体病、淋巴细胞性白血病、传染性贫血、禽脑脊髓炎等）做好检疫与净化，通过检疫淘汰阳性个体，要求种鸡群内白痢阳性率不超过0.5%。

三、种公鸡的饲养管理

（一）满足种公鸡的营养需要

1. 能量和蛋白质的需要

在繁殖期种公鸡的营养需要量低于种母鸡，日粮代谢能水平一般为10.87~12.12兆焦/千克，粗蛋白质水平8周龄前不低于18%，9周龄至种用期保持在12%~14%为宜。如果种用期配种任务大，采精频率高，可适当提高日粮粗蛋白质水平，同时注意蛋白质的品质，保证必需氨基酸的平衡。在配种期日粮中添加精氨酸，可有效提高公鸡精液品质。

2. 钙、磷的需要

繁殖期种公鸡日粮中钙0.9%~1.2%，有效磷0.65%~0.8%为宜。

3. 维生素的需要

种公鸡饲料中的维生素对精液品质、种蛋受精率和雏鸡质量等都有很大的影响，尤其是维生素A、维生素D、维生素E和维生素B_{12}等维生素与种公鸡的繁殖性能关系极为密切，必须保证充足供给。繁殖期种公鸡对维生素的需要量为：每千克日粮中维生素A 10 000~20 000单位，维生素D 2 000~3 850单位，维生素E 20~40毫克，在具体应用时，可参照各品种育种公司提供的营养标准。

在生产实践中，应让公鸡单独采食。在平养时，为了不让母鸡采食到公鸡饲料，可采取公母分槽饲喂办法，将公鸡料桶吊高，使母鸡吃不到公鸡饲料。

（二）严格选择种公鸡

种公鸡的质量对种蛋受精率和后代的生产性能都有很大影响，因此，必须加强对种公鸡的选择。在实际生产中，对种公鸡的选择一般分3次进行。

1. 第一次选择

在6~8周龄时进行。具体要求在符合本品种外貌特征的前提下，选留体重大、发育良好、体况健康、行动敏捷、精神活泼的公鸡。淘汰外貌有缺陷的，如喙、胸部和腿部弯曲，嗉囊大而下垂，关节畸形，有胸部囊肿等个体，对体重过轻和雌雄鉴别有误的应予以淘汰。留种比例按公母1：（7~8）为宜。

2. 第二次选择

在18~20周龄结合转群时进行。具体要求应选留身体健壮、发育匀称、体重符合标准、雄性特征明显、外貌符合本品种特征要求的公鸡。用于人工授精的公鸡，还应考虑其性欲是否旺盛，性反射是否良好。留种比例按自然交配公母 1 :（9~10），人工授精公母 1 :（15~20）为宜。被选留的公鸡，用于人工授精的应单笼饲养，用于自然交配的应于母鸡转群后开始收集种蛋前 1 周放入母鸡群中。

3. 第三次选择

一般在公母混群交配后 10~20 天时进行。淘汰性欲差、过于胆怯、交配能力低以及常常呆立一旁的公鸡。在人工授精时，还应结合公鸡的训练调教情况和精液品质等情况进行选择，选留性反射良好、乳状突充分外翻、大而鲜红、有一定精液量的公鸡。经过多次训练按摩，精液量少、稀薄如水或无精液、无性反射的公鸡应予以淘汰。留种比例按自然交配公母 1 :（10~15），人工授精公母 1 :（20~30）为宜。

（三）剪冠

种公鸡生长到成年时鸡冠会非常发达，既妨碍视线，影响采食、饮水、活动和配种，也容易被啄伤、擦伤和冻伤，所以，在育雏早期可对种用公雏进行剪冠，多数在 1 日龄时进行剪冠，操作方法是左手握雏，拇指和食指固定鸡头两侧，右手持医用弯剪贴冠基由前向后将鸡冠一次剪掉。操作时要谨慎小心，防止剪破头顶皮肤。在南方炎热地区，可只把冠齿剪掉，以免影响散热。

（四）断趾

为防止种公鸡在配种时抓伤母鸡的后背或人工授精时损伤操作人员的手臂，可对初生种公雏进行断趾。方法是用断喙器或烧红的烙铁烧烙断第一、二趾（即内侧趾和后侧趾）的最外关节指甲根部，即鸡爪根部。

（五）单笼饲养

为了避免应激，防止公鸡相互打斗、爬跨而影响精液量和精液品质，笼养方式人工授精时种公鸡必须单笼饲养。

（六）环境控制

环境温度在 20~25℃ 条件下，公鸡精液品质最佳，环境温度高于 30℃ 时可抑制精子的产生，而环境温度低于 5℃ 时，公鸡的性活动降低。

光照时间为每天 12~14 小时，公鸡可产生优质的精液，少于 9 小时光照，精液品质下降。光照度保持在 10 勒克斯，能维持公鸡正常的生理活动。

（七）检查体重

在繁殖期，为保证种公鸡的健康，保证具有充足的精液量和优良的精液品质，应每月检查一次公鸡体重，对体重降低 100 克以上的公鸡，应暂停采精或延长采精间隔时间，并另行饲养，以便使公鸡尽快恢复体质。

第三节　肉鸡的养殖技术

一、快大型肉鸡的养殖

（一）快大型肉鸡生产的特点

1. 生长速度快，饲料转化率高

快大型肉鸡出壳时体重大约 40 克，正常饲养 5~6 周后体重可达 2 500 克以上，是出壳体重的 60 倍多。快大型肉鸡的饲料转化率可达 1.6∶1，高者可达到 1.5∶1，料肉比明显高于其他动物。

2. 饲养周期短，资金周转快

我国快大型肉鸡一般饲养 5~6 周龄可达上市标准体重。鸡出场后用 2 周左右的时间打扫、消毒鸡舍，再进下一批鸡，一间鸡舍一年可生产 6~7 批，这样既大大提高了鸡舍和设备的利用率，又加快了资金的周转速度。

3. 饲养密度大，饲养规模化

快大型肉鸡性情安静、不好动，很少出现打斗、跳跃，可规模化饲养。若采用垫料平养，每平方米可饲养 12 只左右；一个现代化、自动化程度较高的养殖场，每个劳动力在 1 个饲养周期可养殖 1.5 万~2.5 万只鸡。

4. 屠宰率高、肉质好

肉鸡屠宰率高，可达 85%。肉鸡生长期短、肉嫩、易加工成各种美味佳肴，而鸡肉中蛋白质含量较高，是非常好的肉质食品。

5. 快大型肉鸡抗逆性较差、疾病较多

快大型肉鸡生长速度快，骨骼组织发育相对较慢，体重大活动量少，较易出现胸部和腿部疾病，机体抵抗力相对较低。

（二）快大型肉鸡的饲养方式

1. 厚垫料平养

该饲养方式是在舍内地面上铺设垫料，常用的垫料有稻壳、刨花、锯末，甘蔗渣等。垫料必须具有新鲜、干燥、无灰尘、无霉菌、吸水力强的特点，须保持有 20%~25% 的含水率，厚度一般为 10~12 厘米，雏鸡从入舍到出栏一直生活在垫料上面。

该方式的优点是设备简单，投资少，垫料可以就地取材；鸡活动量大，体质健壮，适合快大型肉鸡的生长发育特点；快大型肉鸡的腿病、龙骨弯曲、胸囊肿等发病率低，鸡的残次品少等。缺点是占用面积大，饲养密度小；垫料容易被漏水的水线潮湿，这样鸡的舒适度降低；鸡和粪便直接接触，易发生球虫病，而且劳动强度大。

2. 网上平养

网上平养一般采用网孔为 2~2.5 厘米的铁丝网或塑料网，网高出地面 50~60 厘米。饲料粉末、粪便可以通过网孔漏到地面上，1 个饲养周期清粪 1 次即可。网孔一般为 2.5 厘米×2.5 厘米，前 2 周为防止雏鸡脚爪从空隙漏下，可在网上铺上小孔网、硬纸或 1 厘米左右厚度的稻草、麦秸等。为防止粪便中水分的蒸发和减少氨气的排放，可在地面上铺厚度为 5 厘米左右的垫料，目的是吸收水分、吸附有害气体，减少疾病的发生。

该养殖方式的优点是鸡粪落入网下，鸡与粪便接触少，卫生条件好，不易发生疾病；鸡粪利用价值高。缺点是一次性投资较多，对环境管理要求较高，须加强通风换气，还必须保证饲料全价，否则容易出现微量元素和维生素缺乏等疾病。

3. 笼养

笼养是鸡饲养在 3~5 层的笼内。笼养饲养密度大，提高了房舍的利用率，便于管理，节省饲料，可提高劳动效率，减少球虫病的发生率，便于公母分群。

缺点是一次性投资大，对环境条件要求较高，须加强通风换气，胸腿病发病率高。

（三）快大型肉鸡的饲养管理技术要点

1. 实行"全进全出"饲养制度

肉仔鸡饲养周期短，一般采用全年多批次饲养，为保证鸡群健康和正常周转，实行"全进全出"的饲养制度，即在同一生产区内只饲养同批同日龄或相近日龄的快大型肉鸡，采用统一的饲养程序和管理措施，并且在同一时间全部出栏。出栏后对生产区、鸡舍、设备进行彻底清扫和严格消毒，提高下一批饲养鸡群的生产安全性。

2. 保证雏鸡质量

从非疫区引进肉仔鸡，要求健康且无身体缺陷。

3. 饲养环境控制

（1）温度　雏鸡出壳后体温调节能力很差，入舍后要严格控制育雏温度。快大型肉鸡不同时期的适宜温度见表 4-16。

表4-16　快大型肉鸡不同时期的适宜温度

时间	育雏方式		
	保温伞育雏		直接育雏（℃）
	保温伞温度（℃）	雏舍温度（℃）	
1~3 天	33~35	27~29	33~35
4~7 天	30~32	27	31~33
2 周	28~30	24	29~31
3 周	26~28	22	27~29
5 周以后	21~24	18	21~24

衡量育雏温度是否合适，除了观察温度计外，更主要的是看鸡施温，即观察鸡群精神状态和活动表现。温度适宜时，雏鸡均匀分布在育雏室内，活泼好动，食欲良好，饮水适度，羽毛光亮整齐，休息时睡姿伸展、舒适，伸腿伸头；温度过高时，雏鸡远离热源，张口喘气，饮水量增加，张翅下垂，食欲下降；温度过低时，雏鸡互相拥挤、扎堆，靠近热源，羽毛蓬乱，不安静休息，并不断发出"唧唧"叫声，采食减少；育雏室内有贼风时，雏鸡大多密集于贼风吹入口方向的两侧。

一般掌握供温的原则是：弱雏要求温度高，强雏低；夜间高，白天低；大风降温雨天时要求高，正常晴天要求低；冬春育雏时要求高，夏秋时要求低；小群育雏密度小的要求高，大群育雏密度大的要求低。育雏期间要组织专人值班，特别在后半夜，气温最低时，避免因人困乏，顾不上照看热源而造成雏鸡受凉、压死的现象。温度的改变要逐步进行，严防育雏温度忽高忽低，造成雏鸡感冒、白痢，影响正常生长发育。

（2）湿度合适　第1周要求舍内湿度为70%，以后要求为50%~70%。育雏前期雏鸡体内含水量较大，舍内温度又高，湿度过低容易造成雏鸡脱水，影响鸡的健康和生长。

（3）通风透气　通风换气的目的是始终为鸡舍内提供新鲜空气，排出有害气体，但又确保舍内温度和湿度变化不影响雏鸡正常活动。无论是开放式鸡舍还是封闭式鸡舍，都应安装换气扇，尤其是15日龄内绝不能为了保温而忽视通风。

（4）光照　肉用仔鸡的光照目的是刺激其采食和饮水，尽量减少运动。所以在肉鸡的饲养过程中，采用尽可能弱的人工光照强度和尽可能长的光照时间，以达到鸡群的采食量最大、生长速度最快和鸡群最安静。在现代快大型肉鸡的饲养过程中主要有以下两种光照制度。

①连续光照法。即白天利用自然光照，夜间用 1 盏灯照明。

②间歇光照法。不同的地区又有差别，常见的有如下 3 种方式。

第一种方式，每天光照 23 小时，黑暗 1 小时。这种方法是为了使雏鸡适应黑暗环境，以防止出现照明故障时鸡只惊群。

第二种方式，雏鸡 1~3 日龄 24 小时光照，从 4 日龄起每天光照 18 小时，黑暗 6 小时。这种方法可使肉仔鸡有充足的休息时间，饲料利用率高，肉仔鸡生产速度适当，可大大降低肉仔鸡腹水症及猝死症的发病率。

第三种方式，育雏第 1 周采用 23 小时光照，1 小时黑暗，从第 2 周开始实行夜间间断照明，即开灯喂料，鸡只采食饮水后熄灯休息。采用此法须注意每次开灯要使鸡只有足够的采食时间，防止因间断照明而影响采食量，导致鸡群生产发育不匀，弱雏增加。

需要注意的是，灯的上方要安装反光罩，并且要经常清洁灯泡和灯罩，以保持其最大功效。

（5）合理密度　控制肉仔鸡饲养密度的目的是保证雏鸡有一个最佳的环境条件，自由饮水，自由采食。

有两种方法可确定每平方米饲养的鸡数：一是依活体重确定，体重大占地面积也大，饲养密度应减小，见表 4-17；二是随周龄增大降低饲养密度，见表 4-18。

表 4-17　不同活体重肉仔鸡的饲养密度　（只/米²）

体重	性别			管理方式	
	公母混养	公鸡	母鸡	厚垫料平养	网上平养
1.4 千克	18	18	18	14	17
1.8 千克	14	12	14	11	14
2.3 千克	11	10	12	9	11
2.7 千克	9	8	10	7.5	9
3.2 千克	8	7	8	6.5	8

表 4-18　肉仔鸡在不同周龄的饲养密度　　（只/米²）

周龄	1	2	3	4	5	6	7	8	9
密度	40	35	30	25	20	16	13	9~11	8~10

4. 公母鸡分群饲养

公母鸡性别不同，其生理基础代谢不同，因而对环境、营养条件的要求和反应也不同。主要表现在以下几点：生长速度不同，公鸡生长快，母鸡生长慢，56 天体重相差 27%；羽毛的生长速度不同，公鸡长得慢，母鸡长得快；沉积脂肪能力有差异，母鸡沉积脂肪能力比公鸡沉积脂肪能力强；对饲料要求不同，公母鸡分群后按公母鸡生理特点调整日粮营养水平，饲喂高蛋白质、高氨基酸日粮能加快公鸡生长速度。

5. 限制饲养

快大型肉鸡吃料多、增重快，鸡体代谢旺盛，组织耗氧量大。当饲养管理及环境控制技术不合理时，鸡易发生腹水症，降低商品合格率。在肉鸡早期进行限制饲养，可减少腹水症的发生。限制饲养方法有两种：一种是限量不限质法；另一种是限质不限量法，这是一个切实可行的早期限饲方案。

6. 观察鸡群

通过观察鸡群，可以了解鸡群的健康水平，熟悉鸡群情况，及时发现鸡群的异常表现。以便采取相应技术措施。

二、肉鸡立体养殖技术

肉鸡产业是畜禽养殖中规模化程度最高的产业。发展肉鸡立体高效养殖模式，以节地、节粮、节能、高效、生态为目标，集成集约化、数智化、精准营养、生物安全和循环绿色等高效养殖技术，对于提升我国肉鸡综合生产能力和市场竞争力，建设生产高效、资源节约、环境友好的现代肉鸡产业具有重要意义。该技术模式通过优化配置肉鸡立体养殖设施设备，可提高单位土地面积产出；配套数字化、智能化鸡舍环境控制装备系统，能够改善肉鸡饲养环境和生存条件；集成肉鸡饲养管理技术、节粮饲料技术、疾病防控技术，有助于提高肉鸡健康水平和生产性能；集成粪污收集和资源化利用技术，实现种养循环、节能减排。相比传统网上平养模式，肉鸡立体高效养殖单栋鸡舍饲养量可从 1 万~2 万只提高至 3 万~6 万只，单人饲养量可从 0.5 万只增加至最高 10 万只。目前该技术模式在白羽肉鸡生产中已覆盖 70% 以上的规模养殖场，在黄羽肉鸡和小型白羽肉鸡生产中推广应用潜力巨大。

（一）养殖工艺

1. 养殖规模和饲养密度

肉鸡立体养殖全进全出一段式养殖工艺，单栋舍饲养规模一般为 3 万~6 万只，单场养殖规模 30 万~50 万只。每只成鸡的占位面积不低于 0.05 米²，即每平方米笼底面积的饲养量应小于 20 只，保证直至出栏前的适宜空间需求。高温季节应适当地降低饲养密度。

2. 舍内布局和笼具要求

鸡舍建筑需要具有良好的封闭、保温性能，采用密闭式鸡舍设计，以便控制舍内环境，达到节能降耗的目的。标准设计鸡舍总长 80~90 米，宽 15~18 米。建议采用装配式钢结构，并根据当地气候条件设计鸡舍保温方案，拼接处应做好密封填充处理，防止外界空气通过拼接缝隙渗透。

笼具宜采用叠层式笼具，一般 3~5 层为宜。材质镀锌防锈，结构稳定，使用寿命大于 15 年。每组笼具间设置 0.9~1.5 米过道；单组笼具两列中间须设置 0.35~0.5 米的通风道；单个笼宽度为 0.7~0.9 米，长度为 1.1~1.4 米。

3. 配置成套饲养设备

（1）饲喂设备　舍内采用自动化行车式喂料系统，配备故障急停和报警装置。喂料系统应采用可调式加料漏斗和分料漏斗，可根据肉鸡不同生长期体型变化进行喂料量的调整，避免饲料浪费，减少粉尘，提高采食均匀度。笼具采食口应可调节，以适应不同日龄肉鸡采食，降低人工喂料的劳动强度，减少人工操作造成鸡只应激反应。每栋鸡舍配套可储存 2 天以上饲料量的独立料塔。以单栋饲养量 5 万只为例，饲养后期采食量为每只鸡 150 克/天，饲喂系统应保证每天至少提供 7.5 吨饲料，料塔容量应在 15 吨以上。

（2）饮水设备　配套充足且洁净的供水系统，水质应符合《无公害食品畜禽饮用水水质》（NY 5027—2008）的要求。供饮水系统包含供水设备、水表、过滤器、自动加药器、饮水管、360°饮水乳头、接水槽（杯）、调压阀、水管高度调节器等，水线液位显示等。鸡舍水线进水处应设置加药器、过滤器，实现饮水过滤和自动化饮水加药。水线设计安装时要方便消毒清洗，避免细菌和藻类滋生；水线高度要可随时调整，保证整个养殖周期中鸡只饮水有舒适的高度。

（3）清粪设备　应采用传送带式清粪系统，包括纵向、横向、斜向清粪传送带、动力和控制系统，实现高效及时清理粪尿，防止粪便在舍内滞留。每层笼底均应配备传送带分层清理，由纵向传送带输送至鸡舍尾端，各层笼底传送带粪便经尾端横向和斜向传送带输送至舍外，保证"粪不落地"。清粪传送带宜采用全新聚丙烯材料，具备防静电、抗老化、防跑偏功能。为避免鸡只接触清粪传送带粪便，应在每层笼上方设置顶网。应适时调整清粪频率，建议粪便日产日清，并集中传输到鸡舍外专用运输车转运出场。根据肉鸡生长期，清粪频率由初始的 2 天 1 次逐渐增加至每天 2~4 次。粪便及时清除可以避免舍内有害气体和粉尘积累，减少环境污染，还便于鸡舍集中无害化处理。

（二）鸡舍环境控制和管理

1. 环境控制设备

立体养殖采用的环境控制设备大体上与平养模式类似，都包括风机、湿帘、加温系统（风暖或水暖）、通风小窗、导流板和环控仪等。但层叠式笼养时养殖密度大幅提高，配制设备的复杂度大幅提高。需要根据具体饲养量及鸡群体重，按照环境参数细致计算各种设备需要的数量以及安装位置。需要对饲养鸡群所需要的最大和最小通风量、风速、通风阻力等进行仔细计算，还需要兼顾考虑进风位置、新进空气温度、通风死角、温差大的问题。配置的环控仪最好是具备智能调控功能的程控仪。

鸡舍多施行负压通风，每栋鸡舍后部需配备多组高效风机，推荐使用拢风筒风机，提高通风效率。两侧墙体安装通风小窗，规格约为 30 厘米×60 厘米，在提高通风量的同时保证舍内气流稳定。根据不同日龄的通风需要，通过控制小窗角度调整侧面进风量。夏季采用湿帘进风降温时，建议采用湿帘分级控制，防止湿帘开启后湿帘端温度下降过快。应根据鸡舍笼具高度、顶棚高度等调整湿帘和侧墙小窗进风口导流板开启角度，保证入舍新风进入鸡舍顶部空间形成射流，使舍内外空气达到较好的混合效果，避免入舍新风直接吹向笼具，造成鸡群冷热应激。

育雏供暖可使用地暖或者暖风机均匀供热方式，应用多排联控保温门，降低能耗，提高保温性能。冬季较为寒冷的地区，建议在鸡舍加装墙体阳光棚和热回收装置，可以大幅度降低供暖能耗。

2. 自动化环境控制管理

应实现以智能环控器为核心的环境全自动化调控，依据鸡舍空间大小和笼具分布布置温湿度、风速、氨气、二氧化碳等环境传感器，依据智能环控器分析舍内环境参数，自动调控侧墙小窗、导流板、风机和湿帘等环控设备的开启和关闭，实现鸡舍内环境智能调控。对鸡舍不同位置的鸡群环境进行均匀性和稳定性调控，整舍最大局部温差和日波动应小于 3℃。

在养殖周期内，立体笼养肉鸡舍温度变化范围为 33.8~24.2℃；舍内相对湿度一般维持在 45%~60%；风速变化范围为 0.05~2.04 米/秒。饲养初期鸡苗脆弱，需要注意保温、减少通风，随着日龄增加，保温要求逐渐降低。在饲养中后期，随着肉鸡羽毛覆盖、饲养密度增大、新陈代谢增强，鸡舍内通风换气量加大，保证足够的氧气供应（舍内氧气浓度不应低于 19.5%）；同时开启湿帘、人工加湿等方式降温增湿，保持舍内温湿度平衡。

在内部环境控制方面，总结肉鸡高密度立体养殖的温度、相对湿度、光照环境条件控制曲线及空气质量控制参数见表 4-19。

表 4-19　白羽肉鸡健康高效生产舍内空气质量控制参数

环境因子	常规气体		有害气体			粉尘		
	氧气	二氧化碳	甲烷	氨气	硫化氢	PM2.5	PM10	TSP
参数标准	≥19.5%	≤3 500 毫克/千克	≤30 毫克/千克	≤10 毫克/千克	≤0.5 毫克/千克	≤800 微克/米³	≤1 250 微克/米³	≤3 000 微克/米³

（三）饲料与营养

应采用全价配合饲料，保障肉鸡采食量需求和营养物质的摄入，满足鸡体生长发育各个阶段的能量、蛋白质、矿物质和维生素等需要。宜采用玉米、豆粕减量替代饲料资源高效利用技术配制的饲料。

肉鸡设施化立体养殖全程所用饲料，可按照三阶段或四阶段进行饲料配制。三阶段分别为育雏期（1~14 日龄）、育成期（15~28 日龄）和育肥期（29 日龄至出栏）；四阶段则分别为育雏期（1~9 日龄）、育成Ⅰ期（10~20 日龄）、育成Ⅱ期（21~29 日龄）和育肥期（30 日龄至出栏）。对白羽肉鸡来说，为充分发挥其生长快、饲料转化率高的遗传潜力，建议采用四阶段进行饲料配制。还推荐通过外源 NSP（非淀粉多糖）酶的添加，有效提高能量及蛋白质消化利用率，降低粪便排出量，减少有害气体排放。

（四）立体高效养殖数智化管控

肉鸡立体养殖应具备智能化、信息化特点，实现鸡场数字化管控，提高养殖管理效率。可通过建立鸡舍全自动环境控制系统、在线高效信息化管理系统、肉鸡生产全程与产品质量追溯管理系统，在"单舍控制-全场管理-全链条监控"3 个维度上对肉鸡立体养殖实现"自动化、信息化和智能化"管理。

1. 肉鸡立体养殖数智化生产

规模较大的设施化养殖场，宜以物联网、4/5G、NB-IoT（窄带物联网）技术为支撑，建设肉鸡养殖环境远程监测和管理系统，实现鸡舍环境数据的实时传输，通过监控记录饲料量、水量，室内外温度、电压、湿度、压力、风速，舍内二氧化碳、硫化氢、氨气浓度等各项养殖参数，并根据环境控制系统内嵌的不同生长时期的标准环境参数曲线，实施全程自动控制和远程非接触式操作，实现投料、清粪，以及调整通风、温度、光照等操作。

2. 高效信息化管理系统

可通过物联网、云平台、人工智能等新一代信息技术，集成视频监控、远程通信、短信报警、远程诊断系统等，建立从总部到全场，再到单舍的全链条、多层次跟踪监控信息化管理系统。运用云计算技术对数据进一步存储、分析、处理、运算，可实现自动收集环境数据，实时统计分析各个场、栋的饲养情况和生产成绩数据，建立大数据平台。可通过该平台集团企业（或合作社）创建并利用企业数据库，实现各部门、各岗位的数据化、精准化高效管理，提高效率，减少人工成本。

3. 数智化产品质量追溯管理

建立生产监测与产品质量可追溯平台，包含企业管理、政府管理、追溯管理3个子平台的追溯与监管。对饲料、用药、疫苗、死淘数、屠宰、加工、储运、销售等信息全程进行追溯与监管，实现肉鸡疫情预警与质量安全预警，做到来源可查、去向可追、责任可究的全过程生产监测与质量安全管理与风险控制。

（五）生物安全防控

1. 鸡场规划与布局

鸡场选址和环境质量应符合《畜禽场环境质量标准》 （NY/T 388—1999）的要求，污水、污物处理应符合国家环境的要求。养鸡场需要按照不同功能严格划分为生活区和生产区，设置一定的间隔和障碍。场区分区布局应遵从鸡舍按主导风向布置的原则。生活与办公区、辅助生产区、生产区和粪污处理区应根据鸡场地势高低及水流方向依次布置。

生产区与生活区通过消毒通道等分开，做好人员、生产物资、车辆等的消毒工作。严格按照国家规定的病死鸡无害化处理流程处理，并做好相应记录。鸡舍应以单列平行排列为主，净污分区，鸡场采用整场全进全出工艺，或者至少按鸡舍实施单日全进全出、全场进雏和出栏最大间隔不应超过5天。

2. 生物安全防控体系

生产区的人员、物资进出须严格遵守生物安全防控措施。在生产区中再设立隔离区，集中尸体和粪便方便后续转运处理。

养殖场根据自身情况制订商品代肉鸡免疫程序，在达到防控主要疫病要求的前提下，选择适合疫苗产品，降低免疫频率和免疫疫苗种类。入舍前能在孵化场完成的免疫，尽量在孵化场进行。鸡入舍后的免疫也尽量采用喷雾免疫的方式进行，减少注射免疫的次数。

建立养殖场来往人流、物流、车流消毒技术与规范，做好防鼠、防鸟、防蝇虫等工作，切断外界病原微生物传播途径。除做好肉鸡出栏后的空舍消毒外，还须定期进行鸡舍内外环境卫生消毒工作，包括湿帘循环水净化消毒、带鸡空气消毒、设施设备（墙壁、地面、笼具、料槽等）表面清洁等，保障鸡舍及场区环境洁净卫生。

适应立体养殖要求，养殖场结合自身情况配置智能巡检机器人，实现鸡舍环境、鸡只状态无人化巡检，监测鸡舍不同位置各层笼具内的温度、相对湿度、光照强度和有害气体浓度等环境数据，智能识别各层鸡只状态、定位死鸡分布点，减少人员进出鸡舍次数。

三、优质商品肉鸡的养殖

（一）饲养阶段划分

根据优质肉鸡的生长发育规律及饲养管理特点，大致可划分为育雏期（0~6周龄）、生长期（7~9周龄）和肥育期（10周龄后或出栏前2周）。但在实际饲养过程中，饲养阶段的划分又受到鸡品种和气候条件等因素的影响。例如，在寒冷季节，优质肉鸡育雏期往往延长至7周龄后，羽毛生长比较丰满、抗寒能力较强时才脱温；而气候温暖的季节，育雏期可提前至4周龄，甚至更短的时间。养殖户应根据实际情况灵活掌握。

（二）饲养方式

优质肉鸡的饲养方式通常有放牧饲养、地面平养、网上平养和笼养4种。

（三）主要管理措施

1. 光照管理

给予商品优质肉鸡光照的目的是延长肉鸡采食时间，促进其快速生长。光照时间通常为每天23小时光照、1小时黑暗，光照强度不可过大，否则会引起啄癖。开放式鸡舍白天应限制部分自然光照，这可通过遮盖部分窗户来达到目的。随着鸡日龄的增大，光照强度则由强变弱。

2. 饲喂方案

优质肉鸡新陈代谢旺盛，生长速度较快，必须供给高蛋白、高能量的全面配合饲料，才能满足机体维持生命和生长发育的需要。优质肉鸡的整个生长过程均应采取自由采食方式。

3. 饲喂方式

饲喂方式可分为两种：一种是定时定量，就是根据鸡日龄大小和生长发育要求，把饲料按规定的时间分为若干次投给的饲喂方式。另一种是自由采食的方式，就是把饲料放在饲料槽内任鸡随意采食。一般每天加料 1~2 次，终日保持料槽内有饲料。

4. 防止啄癖

优质肉鸡活泼好动，喜追逐打斗，特别容易引起啄癖。啄癖的出现不仅会引起鸡的死亡，而且影响以后的商品外观，必须引起注意。

5. 优质肉鸡的断喙

断喙多在雏鸡阶段进行，一般在 1 日龄或 6~9 日龄进行。因初生雏的喙短而小，难以掌握深浅度，一般都选择 6~9 日龄进行。

6. 减少优质肉鸡残次品的管理措施

①避免垫料潮湿，增加通风，减少氨气，提供足够的饲养面积。

②训练抓鸡工人，在抓鸡时务必要小心。在抓鸡、运输、加工过程中操作要轻巧，勿惊扰鸡群，减少碰伤。

③在抓鸡时，鸡舍使用暗淡灯光。

第四节　肉种鸡的养殖技术

一、肉种鸡生长发育曲线及模式

0~27 天均匀地达到标准体重，此间骨骼、免疫、消化和心血管系统及羽毛快速生长发育；通过良好的育雏管理，培养雏鸡的食欲；确保充足有效的采食和饮水位置；检查嗉囊的饱满度；观察鸡只行为；保持最适宜的温湿度和通风；从 14~21 天开始个体称重并计算变异系数，开始监测每周体重。

10 天时，在遮黑的条件下，减小照度至 5~10 勒克斯。28~63 天继续生长发育阶段，均匀地达到标准体重；28 天分群，分栏后控制各栏鸡群的饲喂和生长，使其在 63 天时达到重新制定的体重标准；63 天时各栏鸡群之间不再进行调整；63 天时比较实际体重和标准体重，如需要重新制定目标体重。

64~105 天调整饲喂量使鸡群均匀地达到标准体重，80~95 天时，鸡只90%的骨骼发育已基本完成。体重低于标准的鸡群应专门设定生长曲线，使其在 105 天时重归标准体重；体重高于标准的鸡群应按照重新设定且平行于标准体重的曲线生长，这段时期鸡群的体重不应有任何下降。106~161天促进鸡群生长和增重，使鸡群做好性成熟和混群的准备；按照体重标准增加料量水平，刺激生长速度，使鸡只做好性成熟的准备；每周检查和评估种母鸡的耻骨间距，监测性成熟的程度；计划加光前1周评估鸡群的均匀度，如果鸡群体重到达标准且均匀度良好（变异系数小于10），根据建议的程序给予光照刺激；如果鸡群体重未达到标准或均匀度不好（变异系数大于10），至少推迟7天加光。147天公母混群；确保种公母鸡性成熟一致；定期观察鸡群的采食行为，监测公母分饲和饲料分配情况。162~210天输卵管、卵巢、睾丸快速发育；光照刺激10~14天种鸡开始性成熟；按要求饲喂种母鸡，刺激提高产蛋率和蛋重的增长及生长发育。产蛋率达到5%之前，将育成料换成产蛋料。按要求饲喂种公鸡，使其获得良好的生长发育，提高受精率。执行种公鸡淘汰程序，按要求评估种公鸡的体况、腿部和脚趾、丰满度、面部颜色、泄殖腔状态。环境控制鸡舍，光照时间不超过14小时，照度30~60勒克斯。

二、鸡群体况

体况是由骨架、体重、胸肌及脂肪等构成。获得适当的体况需要合适的骨架，正确的体重与体重增长曲线，适当的胸肌发育与脂肪沉积，现代肉种鸡产肉性能越来越好，脂肪沉积相对较少，为鸡群获得良好的体况带来新机遇。

（一）骨架

骨架发育始于早期阶段，育雏育成期主要根据鸡群的体重与骨骼发育（骨架大小与胫长）评估鸡群的体况，但是了解鸡群的胸肌发育、健康状况、机敏性和活跃性也非常重要。整个种母鸡群体骨架大小的差异是鸡群均匀度差的外部指征，如鸡群均匀度差，应查找原因如饲料分配不均、采食位置不足或疾病等。早期生长发育对骨架影响最大，开始小，后期也小；开始大，后期也大，早期合理的体重控制是控制好成年母鸡骨架的关键。

种公鸡较大的骨架有利于交配成功以及公母分饲等，但种母鸡不需要较大的骨架。同样达到标准体重的鸡群，骨架大，体况会差；骨架小，胸肌会过度发育，因此这两种体况都不利于产蛋性能，会造成光照刺激反应差或过度，产蛋高峰低，维持不好，产蛋期死亡率高。公鸡12周发育完成90%左右，但母鸡骨架发育早于公鸡，因此，早期体重控制特别是前2~4周对于母鸡适当的体型和体况非常关键。

（二）体重和体重增长曲线

4周前采取周中称重（2周中和3周中），确保4周体重达标。育成期不同阶段的周增重应符合要求。通过分栏饲养调整体重，在大多数情况下，鸡群的变异系数在12%左右时就应进行分栏，变异系数小于12%时分成两栏，变异系数大于12%时分成3栏，每一鸡群的临界体重如表4-20。

表4-20　分栏时的体重分界点　（%）

均匀度变异系数	分栏后体重大中小各部分所占的百分比		
	大体重	中体重	小体重
10	0~2	80（78~82）	18~20
12	5~9	70（66~73）	22~25
14	12~15	58（55~60）	28~30

分栏后每栏的变异系数应小于8%。4周时如果鸡群的平均与标准体重相差90克以上应进行纠正，将鸡群按照不同的平均体重分成2~3栏饲养。在4周体重超标准100克时，应调整周增重每周比标准少20克，在10周时达到标准体重；低100克时，应调整周增重每周比标准多20克，在10周时达到标准体重。10周体重超标准100克时，应调整周增重每周比标准少20克，在15周时达到标准体重；低100克时，应调整周增重每周比标准多20克，15周时达到标准。15周体重超标准100克时，应保持标准周增重不变，在24周时保持比标准体重超100克；低100克时，应调整周增重每周比标准多20克，20周时达到标准。在20周体重超标准100克时，应保持标准周增重不变，在24周时保持比标准体重超100克；低100克时，应保持标准周增重不变，在24周时体重比标准小，可适当推迟加光。无论如何分栏，分栏后各栏的饲养密度应保持一致，栏间的隔网应便于移动和固定，能及时调整各栏的大小，确保其饲养密度、喂料和饮水位置基本一致；同时隔网应坚固，进出各栏的门应便于开关，防止鸡串栏，以保持各栏鸡数的准确。

（三）影响体况的其他因素

饲料营养（如能量、粗蛋白质和氨基酸）的平衡性、鸡舍环境温度、应激等也影响体况。在实际生产中，应为种鸡提供全价营养，确保适宜的环境条件，减少各种应激因素的发生，避免体况出现两极分化，以免影响鸡群正常的生长发育。

三、种母鸡的均匀度

现代肉鸡品种具有食欲好、采食快、生长快、耗料少、饲料转换率好等优点，在饲料分配上面临诸多挑战，均匀且适当的饲料营养摄入更加困难。种母鸡的均匀度高，生产性能就高。均匀度好（变异系数 CV 为 8%~10%）的鸡群，种蛋均匀度好，雏鸡均匀度好；均匀度差（CV>10%）的鸡群，种蛋均匀度差，雏鸡均匀度差。均匀度的高低直接影响鸡群的产蛋水平，一般均匀度每提高 5%，每只入舍母鸡累计多产合格种蛋 2~3 枚。调控均匀度的主要方面包括雏鸡开始的均匀性、均匀的饲料摄入量和及早分群提高体重均匀性 3 个方面。

（一）雏鸡开始的均匀性

为雏鸡准备生物安全条件良好、干净卫生的鸡舍。合理布置育雏设备，确保雏鸡入舍后便于找到水和料。确保饲料选用筛滤过且无粉尘的颗粒破碎料。雏鸡入舍后第一个 24 小时内应在 1 米范围内就能找到水或料。开食盘和雏鸡饮水器应放置在常规的饲喂和饮水系统附近。雏鸡入舍前应预温鸡舍，确保雏鸡入舍时温度和相对湿度稳定，尽快将雏鸡入舍放入育雏区域，给雏鸡一个良好的育雏开端，为雏鸡提供较好的环境条件，使其容易吃料和饮水，舍内光照强度应大于 20 勒克斯，刺激其活动，尽快达到均匀一致的嗉囊饱满度。雏鸡入舍后应让其安顿 1~2 小时，然后观察雏鸡行为。最初饲养密度 40 只/米²；每千只鸡需要育雏面积 25 米²，配备 12 个开食盘、8 个普拉松饮水器、12 个钟形饮水器、1 个乳头 8~12 只雏鸡；整个房间或 90% 的地面铺上垫纸。通过观察鸡群的表现，监测雏鸡的分布情况和行为、监测肛门温度等，评估开水开食的效果。

1. 温度

在相对湿度 60%~70% 的条件下，肉种鸡理想的鸡舍空气温度要求是在饲料与饮水区域雏鸡高度达到 30℃、垫料（垫纸）温度达到 28~30℃。如果相对湿度超出目标范围，舍内最佳温度应作相应调整，见表 4-21。

表 4-21　不同相对湿度条件下达到目标体感温度所对应的干球温度

日龄（天）	不同相对湿度条件下的干球温度（℃）			
	40%	50%	60%	70%
1	36	33.2	30.8	29.2
3	33.7	31.2	28.9	27.3
6	32.5	29.9	27.7	26
9	31.3	28.6	26.7	25

育雏温度适宜与否的最佳指征是经常并仔细观察雏鸡的行为。温度适宜时鸡群分布均匀；温度低时雏鸡拥挤在一起、大声鸣叫；温度高时雏鸡张口喘气、低头、翅膀下垂、远离热源或靠墙边。在区域育雏时，如温度适宜，雏鸡在育雏区域内分布均匀。雏鸡分布不均匀，表明温度不正确或有贼风。在整舍育雏时，由于没有明显的热源，观察雏鸡行为不太容易，雏鸡的叫声也许是雏鸡不舒服的唯一表现；只要有机会，雏鸡会聚集在温度最接近它们要求的区域；如温度适宜，雏鸡一般 20~30 只为一个群体且不同群间的雏鸡相互运动，雏鸡会持续采食与饮水。

2. 相对湿度

在孵化后期，出雏器内的相对湿度一般较高，大约为 80%。整舍供暖鸡舍且采用乳头饮水系统时，鸡舍的相对湿度可能会低于 50%。有较多传统设备的鸡舍如使用育雏伞，燃烧后产生副产品会增加湿气，以及具有开放式水面的钟形饮水器相对湿度会高很多，一般会超过 50%，但还是低于 80% 的相对湿度。为减少对雏鸡的突然应激，育雏前 3 天的相对湿度应保持在 60%~70%，这非常重要。保持合适的湿度范围，减少雏鸡的脱水问题，育雏开端和均匀度会更好。每天应使用湿度计检查鸡舍的相对湿度，如果前 1 周鸡舍相对湿度低于 50%，则鸡舍环境会比较干燥且灰尘也较多，雏鸡也会开始脱水，这时应采取措施增加湿度。可通过雾化器或采用肩背式喷雾器将雾滴喷洒在鸡舍的侧墙上来增加舍内的湿度。

3. 通风

鸡舍需要一定的通风（不要有贼风），为鸡舍提供新鲜空气，同时排出废气、多余的湿气和热量。育雏期由于通风不足而造成空气质量差会对雏鸡的肺脏表面组织造成伤害，鸡群更易感染呼吸道疾病。幼龄鸡更易产生风冷效应，因此，尽可能使鸡舍内地面高度的风速降低到 0.15 米/秒以下。育雏期任何形式的通风都不应影响鸡只的温度。

4. 温度与湿度的相互影响

鸡只对温度的感觉取决于干球温度和相对湿度。鸡只通过呼吸道蒸发水分以及通过皮肤散热（非蒸发），将体内热量散发到环境当中。但在高湿的情况下，由于蒸发散热量的减少，导致动物体表温度增加。在某一特定干球温度条件下，相对湿度高会增加体表温度，相反，相对湿度低会降低体表温度。

5. 监测湿度和温度

育雏前 5 天每天应检查两次鸡舍的温度与湿度，5 天后每天检查 1 次。测定温度和相对湿度的位置应与雏鸡高度一致或略高于鸡只头部。经常用常规温度计来核对自动控制系统电子传感器的准确性。在雏鸡高度位置用人工检测的方法检查自动温度控制系统。

6. 检查嗉囊饱满度

雏鸡一旦开食，易于吃饱喝足。如雏鸡采食饮水得当，其嗉囊会充满饮水和饲料。第一个 24 小时内可以轻柔触摸雏鸡嗉囊检查雏鸡的嗉囊饱满度，查明雏鸡进食情况。雏鸡入舍 2 小时后抽样检查雏鸡状况，确保所有雏鸡都已找到饮水和饲料。在舍内 3~4 个不同的位置抽样 30~40 只雏鸡检查其嗉囊状况。2 小时 75%、8 小时 80%、12 小时 85%、24 小时 95%、48 小时 100% 的雏鸡嗉囊应饱满。

（二）均匀的饲料摄入量

1. 采食位置

实际生产中主要有槽式和盘式饲喂系统两种模式，无论采用何种饲喂模式，都应为种鸡提供足够有效的采食位置。

每只鸡的采食位置由鸡只体型决定，并随日龄的增长而增加。采食位置需注意两个方面：一是每只鸡的具体采食空间；二是料线或料盘之间的间距，应经常观察鸡群的采食情况进行评判。

2. 饲料分配

饲料分配时间应在 45 分钟以内，采用合适的饲喂程序如每日、隔日、四三、五二、六一等提高采食的均匀性，并注意饲料形状如颗粒破碎或粉料也会影响饲喂程序的选择。还可通过检查嗉囊饱满的均匀度和槽式饲喂系统的速度进行评估。

3. 料线间距

建议链槽式和盘式饲喂系统安装时料线间距至少应在 1 米以上，确保鸡只方便且均匀地采食。

4. 饲喂后检查嗉囊大小均匀度

监测采食后嗉囊的变化特别是转群前后的饲喂管理更为重要，应小心避免均匀度出现两极分化。观察鸡群的采食行为，在第一次饲喂后 30 分钟或转群后 24 小时在不同的位置抽取公母鸡各 50 只检查嗉囊饱满度情况，发现问题及时解决。

（三）及早分群提高体重均匀性

7~10 天预分群，4 周龄全群分成 3~4 个群体加上以后每周挑鸡相结合，之后每隔 3~4 周再次分群。在 28~35 天根据体重进行分级，为达到目标体重对大中小鸡施以不同的料量，通过饲料量的调整，把大中小鸡培育成均匀一致的群体，不能减少能量摄取量。

确保正确的饲养密度、料量和采食饮水空间，以提高体重和体型的均匀性。

（四）均匀度是养出来的

均匀度调控是生产周期内相当长的一段时间内的一项重要工作，应坚持均匀度是养出来的，不是调、挑出来的，分群和挑鸡只是调控均匀度的有效补充。肉种母鸡均匀度的调控始于育雏第1天，从雏鸡开始做好基础工作，包括鸡数准、称料准、加料准、称重准，确保鸡群健康。只有这样，调控均匀度才会有成效，也才能取得更好的生产成绩。

四、公母分饲

从1天至147~168天混群，种公鸡与种母鸡应分开育雏、育成，但在育雏、育成阶段，除了体重和饲喂程序不同外，种公鸡与种母鸡管理原则相同。种公鸡在整个种鸡群所体现的价值能达到50%，因此种公鸡和种母鸡同样重要。与种母鸡一样，种公鸡的管理要求也要特别注意管理细节。公母分开育雏、育成能确保分别控制种公鸡和种母鸡的生长发育和均匀度；能更有效地控制各自体重和丰满度。

五、正确进行光照刺激

光照刺激需要考虑的方面，日龄不是关键，最主要的是体重、均匀度、体况（包括脂肪沉积和胸肌发育）和耻骨开口大小（表4-22）及脂肪沉积。评估鸡群体况及耻骨开口大小，鸡群中85%以上的鸡只耻骨开口达到4厘米（2指）或以上，耻骨上有适当的脂肪覆盖，如果没有达到要求，推迟光照刺激。第一次光照刺激增加3~4小时，由8小时增加到11~12小时，以后每周增加1小时，建议25周最长光照时间13~14小时，超过14小时光照时间对生产性能不会有更多的好处，会造成成年鸡光照不应期提前，后期产蛋持续性维持不好。同时照度从3~5勒克斯增加至50勒克斯以上。

表4-22 不同日龄耻骨间距的变化

日龄	84~91天	119天	见蛋前21天	见蛋前10天	开产
耻骨间距	关闭	1指	1.5指	2~2.5指	3指

六、进入产蛋高峰期的饲喂

15 周龄开始，饲喂量应快速增加，支持 16~25 周的增重要求，也要考虑 15 周之前饲喂的影响，15~22 周料量应快速增加，23~25 周料量增加幅度应减慢，以控制鸡群开产后的增重，该期间应避免过度饲喂，以免造成很多问题。15~21 周，加料幅度加快为 5~7 克/周；22~24 周，料量增加适当减缓，为 2~5 克/周；控制 24 周龄基础料量以控制开产后到产蛋高峰期间的增重。进入产蛋期饲喂应注意预产料和产蛋料的饲喂问题，避免开产前及产蛋高峰前过度饲喂。

（一）预产料的使用

预产料为过渡饲料，主要不同的是钙含量的变化，由 0.9% 上升至 1.2%，增加骨骼中钙的储备，但预产料的饲喂也用于改善体况，能量水平比育成料高。预产料饲喂有 3 种选择，一是不用预产料，育成料直接用至 5% 产蛋率换成产蛋料；二是如果育成料能量水平正常，19 周至 5% 产蛋率使用预产料；三是如果使用较低能量水平的育成料，16 周至 5% 产蛋率使用预产料。鸡只进入开产前不需要很高的钙，太早从育成料或预产料换成产蛋料可能会造成钙抽搐症而导致开产后高死亡率问题，建议产蛋率 5% 时换成产蛋 1#料。

（二）避免过度饲喂

16~22 周鸡群需要较高的料量以满足体重快速增长的要求，但是必须非常小心，在 23~25 周不能给予过多的料量以及过快给到高峰料量以避免过度刺激鸡群。开始产蛋前及高峰前过度饲喂会造成双黄蛋比例高、脱肛、卵黄性腹膜炎、排卵异常、高峰低、死亡率高等问题。

（三）高峰料的饲喂

产蛋率至 5% 时换成产蛋料，产蛋率 5% 时开始增加高峰料量，先慢后快；高峰料量需要 1.91~1.93 兆焦的能量和 24~25 克蛋白质，也可根据历史鸡群的情况进行调整。

（四）高峰后及时减料

提供足够的能量维持产蛋率，减料应考虑的因素有产蛋率在下降，但体重和蛋重在增长，维持需要在增加，控制蛋重，改善蛋壳质量；感觉温度、湿度和风速；羽毛覆盖变差，饲喂量在减少等。

（五）产蛋 2#和 3#料的使用

产蛋率的变化对能量需求有一定的影响，产蛋率每变化 1%（相同蛋重），母鸡的能量需求变化大约 1.85 千卡[①]/（只·天）。如产蛋率 80%、蛋重 65 克，产蛋重（产蛋重是监测种鸡何时减料最重要的参考指标，产蛋重＝产蛋率×蛋重）为 52 克；如果产蛋率下降至 79%，蛋重不变则产蛋重为 51.3 克，即产蛋重下降了 1.35%；能量需求减少＝0.0135×140 千卡/蛋＝1.89 千卡/（只·天）；假设饲料能量水平为 11.72 兆焦/千克，则饲料量应减少 0.67 克/（只·天）。同时体重每增加 227 克大约需增加 10 千卡的能量，如平均体重 3.63 千克与 3.4 千克的鸡群相比，饲喂量需增加 3.6 克/（只·天）（假设饲料能量水平为 11.72 兆焦/千克）。高峰期蛋白摄入量 24~25 克/（只·天），注意观察蛋重。产蛋期采用一阶段饲喂程序是能够获得较好的种鸡生产性能，但是需要很好的管理以及关注更多的细节以控制好体重（因为从开产到淘汰，粗蛋白质和氨基酸水平是不变的）。由于产蛋 1#、2#和 3#料的粗蛋白质和氨基酸水平由高到低逐渐下降、钙逐渐增加（表 4-23），因此饲喂产蛋 2#和 3#料会更好，这会确保鸡群不会摄入过多的粗蛋白质特别是赖氨酸，从而更好地控制体重以及适当的钙摄入量，有利于控制蛋重并提高蛋壳质量。

表 4-23　使用产蛋 2#和 3#料控制蛋重

饲料	产蛋 1#料	产蛋 2#料	产蛋 3#料
代谢能（兆焦/千克）	11.72	11.72	11.72
粗蛋白质（%）	15	14	13
钙（%）	3	3.2	3.4
使用阶段	5%产蛋率至 35 周	35~50 周	50 周至淘汰

七、肉用种公鸡的饲养管理

（一）体重

2~4 周体重应达标，1 天时加料为 14~15 克，以后每天增加 3 克，到 55~60 克停止日加料。第 2~3 周延长光照，根据体重控制光照和饲料量。控制饲料粉率，体重没达到标准，不要采用无料日的限饲方法，便于提高饲料转化率。第 6 周体重目标最低要达到标准，建议高出 100~200 克，14 周超出标准 50 克，24 周时的体重为 3 650~3 750 克，24 周的基础料量为 125~127 克。前 24 周的管理固然重要，后 40 周的管理更重要。可用胫骨长度代表骨骼的发育

[①]　1 千卡约为 4.19 千焦，全书同。

程度，胫骨长度与受精率的关系是胫骨长，受精率高。胫骨1~5周发育50%，5周增长5.1厘米。胫骨6~12周发育40%（累计90%），7周增长4.2厘米。21周骨骼发育基本结束，胫骨长度达到13.5厘米，9周增长了1厘米。因此，第2~4周体重达标具有重要意义。

（二）饲料量与体重的调整

由经验得知，体重每低50克，在恢复到正常加料水平之前，每只鸡每天需额外增加13千卡的能量，才能在1周内恢复到标准体重。15~24周生殖系统发育加速，饲料量的调整应依据自己的经验确定。

（三）混群

一般在20~22周，过早混群均匀度分化会比较严重。确切的混群时间取决于公鸡、母鸡相应的性成熟情况。公鸡的性成熟早于母鸡，应逐渐混入。未性成熟的公鸡决不能与性成熟的母鸡混群特别是补充公鸡时。混群时全群称重，保证单栋公鸡体重差异≤250克。保证体重范围的3个措施：保持公母比例，提高选择压；提高均匀度；全群称重分为3个级差。混群时公母比例为9.5%~10.5%。及时淘汰不能使用的公鸡。

（四）定群时间

在24周末，多余的公鸡转群或做统计处理，防止影响产蛋期公鸡的死淘率。

（五）有效公鸡

对泄殖腔不足3分的公鸡，重点做好3件事：一是体重控制、育成期的均匀度、混群时的体重差异、产蛋期的体重分化；二是减少脚垫，做好饮水器、垫料管理，定期清理板铺上的鸡粪，防止机械性外伤，正确使用消毒药，如带鸡消毒的醛类；三是对脸白、脸色刚要变浅及对泄殖腔不足2分的公鸡及时补料。

第五章 水禽养殖技术

第一节 鸭养殖技术

一、雏鸭养殖技术

(一) 做好育雏前的准备工作

1. 鸭舍的清洗和检修

育雏前，要对鸭舍周围、鸭舍内部及设备进行彻底清洗。打扫鸭舍周围环境，做到无鸭粪、羽毛、垃圾，粪便应送到离鸭舍500米外的地方堆积发酵作肥料。

清洗前，先关闭鸭舍的总电源，将饲喂和饮水设备搬到舍外或提升起来，之后将上批鸭生产过程中产生的粪便、垫料清理干净，用扫帚将网床、墙壁、地面上的垃圾彻底清扫出去；然后用高压水枪对鸭舍的屋顶、墙壁、地面、网床、风扇等进行冲洗，彻底冲刷掉附着在上面的灰尘和杂物，最后清扫、冲洗鸭舍地面。清洗后，将鸭舍的门窗全部打开，充分通风换气，排出湿气。

如果是旧育雏舍，在清洗结束后，要检查鸭舍的墙壁、地面、排水沟、门窗以及供电、供水、供料、加热、通风、照明等设施设备是否完好，能否继续正常工作；检查大棚墙壁有无缝隙、墙洞、鼠洞；如果是用烧煤的炉子保温，还要检查炉子是否好烧，鸭舍各处受热是否均匀，有无漏烟、倒烟现象。如有问题，及时检修。

2. 鸭舍的消毒

消毒的目的是杀死病原微生物。不同的地方、不同的设施设备，要采用不同的消毒方法。

火焰消毒用火焰喷灯地面消毒、金属网、墙壁等处。注意不要与可燃或受热易变形的设备接触，要求均匀并有一定的停留时间。

药液浸泡或喷雾消毒用百毒杀等消毒药按规定浓度对所需的用具、设备，包括饲喂器具、饮水用具、塑料网、竹帘等，进行浸泡或喷雾消毒，然后用2%~3%的烧碱溶液喷洒地面消毒。如果采用地面平养育雏，则在地面干燥后，再铺设5~10厘米厚的垫料。如果采用笼育或网上平养育雏，则应先检修好，然后进行喷雾消毒。消毒时要注意药物的浓度与剂量，药物不要与人的皮肤接触。

熏蒸消毒根据鸭场所处的地理环境条件及当地疫病流行情况，选用合适的消毒级别。一级消毒，每立方米空间用甲醛14毫升、高锰酸钾7克、开水14毫升；二级消毒，每立方米空间用甲醛28毫升、高锰酸钾14克、开水28毫升；三级消毒，每立方米空间用甲醛42毫升、高锰酸钾21克、开水42毫升。注意在熏蒸之前，先把窗口、通气口堵严，舍温升高到25℃以上，湿度在70%以上。

消毒鸭舍需封闭24小时以上，如果不急于进雏，则可以待进雏前3~4天打开门窗通气。熏蒸消毒最好在进雏前7~10天进行。

在鸭舍门口设立消毒池，消毒液2天换1次。

3. 垫料、网床的准备和铺设

采用地面平养时，要备好干燥、无霉变、柔软、吸水性强的垫料，并经太阳暴晒后才能使用。雏鸭进舍前3天，先在鸭舍地面上铺一层薄薄的干燥、干净沙土或生石灰粉，进雏前1天在上面铺一层厚度约7厘米的垫料。第一次铺设的垫料只铺第1周鸭群活动的范围，其余地方先不铺。第2周在扩群、减小密度时，提前1天把扩展范围内的地面上铺上垫料，同时在第1次铺的垫料上面再铺一些垫料以保持其干净、柔软。以后鸭群每次扩群，都这样把垫料提前铺好。

如果采用网上平养方式，要在菱形孔塑料网铺设好以后进行细致检查，重点检查床面的牢固性，塑料网有无漏洞，连接处是否平整，靠墙和走道处的围网是否牢固，饲喂和饮水设备是否稳当等。将床面用塑料网或三合板隔成小区，每个小区的面积约10米^2。

在饲养用具中，食槽或料桶、饮水器或饮水槽、照明设施、温度计、湿度表、水桶、水舀子、注射器、围栏等要准备充足。

4. 饲养人员的安排以及饲料和常用药品的准备

雏鸭饲养是一项耐心细致、复杂而辛苦的工作。饲养开始前要慎重选好饲养人员。饲养人员要具备一定的养鸭知识和操作技能，热爱这项事业，有认真负责的工作态度。

根据饲养规模的大小，确定好人员数量。在上岗前要对饲养管理人员进行必要的技术培训，明确责任，确定奖罚指标，调动其生产积极性。

要按照雏鸭的日龄和体重增长情况，准备足够的自配粉料和成品颗粒饲料，保证雏鸭一进入育雏舍就能吃到营养全面的饲料，而且要保证整个育雏期的饲料供应充足、质量稳定。

要为雏鸭准备一些必要的药品，如高锰酸钾等。

5. 鸭舍的试温与预温

无论采用哪种方式育雏和供温，进雏前 2～4 天（根据育雏季节和加热方式而定）都要对舍内保温设备进行检修和调试。采用地下火道或地上火笼加热方式的，在冬季和早春要提前 4 天预温，其他季节提前 3 天预温；其他加热方式一般提前 2 天进行预温。在雏鸭转入育雏舍前 1 天，要保证舍内温度达到育雏所需要的温度，在距离床面 10 厘米高处 33℃，并注意加热设备的调试，以保持温度的稳定。试温的主要目的在于提高舍内空气温度，加热地面、墙壁和设备，同时要保持鸭舍内相对干燥。试温期间要在舍温升起来后打开门窗通风排湿，舍内湿度高会影响雏鸭的健康和生长发育，因此新建的鸭舍或经过冲洗的鸭舍，雏鸭进舍前必须采取措施调整舍内湿度。

6. 准备好记录本和表格

准备好必要的记录本和表格，以记录每天的饲料消耗量、死亡鸭数量、用药情况、使用疫苗情况。

（二）选择合适的育雏方式

育雏方式一般分为平养和立体网养两种。

1. 平养育雏

这是一种农户或小规模饲养常采用的饲养方式。

（1）垫料育雏　雏鸭养在铺有垫料的地面上，由于厚厚的垫料发酵而产热，使得室温提高；垫料内微生物可以产生维生素 B_{12}；雏鸭经常会扒拉垫料，使得雏鸭的运动量增加，从而增加食欲和新陈代谢，促进其生长发育。垫料可使用稻壳、麦秸、木屑等作原料。饲养时应勤更换发霉变质的垫料，并注重消毒，保持良好的通风和适宜的密度。

（2）网上平养育雏　将雏鸭饲养在远离地面的网上。优点是节省大量垫料，雏鸭不与粪便接触，减少疾病传播的机会。

2. 立体网养育雏

这种育雏方式的优点是可以提高单位面积育雏数和鸭舍的利用率，方便管理，提高劳动生产率，减少饲料浪费，降低工人劳动强度，减少疾病感染机会，提高成活率。它适合大中型养鸭场及科研单位。

（三）掌握雏鸭的育雏技术

1. 饮水

雏鸭出壳后第 1 次饮水称为开饮。开饮通常在雏鸭绒毛较干，能够站立和行走时进行，时间在雏鸭出壳后 24~26 小时。雏鸭一边饮水，一边嬉戏，雏鸭受到水的刺激后，生理机能处于兴奋状态，促进新陈代谢，促进胎粪的排泄，有利于开食和生长发育。给雏鸭开饮可使用较浅的圆盘或方盘，盘中盛放约 1 厘米深的水，水温在 15~20℃为宜。将雏鸭放入盘中，自由饮水和冲洗绒毛。待雏鸭在盘中饮水、嬉戏 3~5 分钟后，将它提起放入围栏内，让其自由理毛。开饮后雏鸭可自由饮水。

2. 喂料

（1）开食　第 1 次给雏鸭喂食称为开食。在雏鸭饲养过程中，适时开食非常重要。开食过早，一些体弱的雏鸭活动能力差，本身无吃食要求，往往被吃食好的雏鸭挤压而受伤，影响今后开食；而开食过迟，因不能及时补充雏鸭所需的营养，致使雏鸭因养分消耗过多、疲劳过度而成"老口"，降低雏鸭的消化吸收能力，造成雏鸭难养，成活率也低。雏鸭开食一般放在开饮后进行。在现代集约化饲养中，为节约时间与人力，开食与开饮通常同时进行，但通常建议开饮后 3 小时开食。给雏鸭开食时要注意雏鸭的消化生理特点。雏鸭出壳后消化器官发育还不健全，消化系统还未受到饲料的刺激和锻炼，消化器官肌肉还不强健，贮存和消化饲料的能力都较差，所以开食一定要选用易消化、营养丰富的饲料。传统喂法是用焖熟的大米饭或碎米饭，或用蒸熟的小米、碎玉米、碎小麦粒。食物往往较为单一。应提倡用配合饲料制成颗粒料直接开食，最好用破碎的颗粒料，更有利于雏鸭的生长发育和提高成活率，现在大型鸭场多使用雏鸭料开食。饲料撒放要均匀，面积要足够大，以保证每个雏鸭都能吃到充足的饲料。对于体质弱小的鸭，要耐心诱食，必要时可以捉出来隔离饲养或人工喂食。

（2）喂料　在第 1 周内，雏鸭相对生长速度最快，应为雏鸭提供充足的饲料和饮水，让其自由采食和饮水。这一时期提倡少食多餐。料槽内不能断料，但饲料也不宜过多，避免饲料发生霉变。如果饲料发生腐败或被粪便等脏物污染，应及时铲除并更换。

雏鸭每日饲喂次数可根据雏鸭生长发育状况进行适当调整。考察雏鸭生长发育的方法很多，其中较为实用易行的是根据雏鸭外形变化来判别。如果育雏期前 3~5 天雏鸭颈部开始出现食管膨大，腹部开始下垂，尾部开始上翘，说明雏鸭的饲喂和生长发育良好。否则，就说明雏鸭饲喂不好，应及时查明原因，加以纠正。

3. 育雏密度

饲养密度是否恰当，与雏鸭发育和充分利用鸭舍有很大关系。饲养密度过大，舍内空气污浊潮湿，影响雏鸭生长，严重时雏鸭容易发生挤压而受伤；饲养密度过小，单位面积上雏鸭饲养数减少，鸭舍利用率低，成本高，生产上不经济，不宜采用。饲养密度一般根据鸭日龄大小、饲养方式、饲养条件、品种、季节等进行调整，不同日龄、不同饲养条件的雏鸭饲养密度如表5-1所示。

表5-1 雏鸭饲养密度 （只/米²）

周龄	地面平养	网上饲养
1	20~25	30~40
2	10~15	15~25
3	6~10	10~15

4. 开青和加腥

"开青"即开始喂给青绿饲料。饲养量少的养鸭户为了节约维生素添加剂的支出，往往采用补充青料的办法弥补维生素的不足。青料一般在雏鸭"开食"后3~4天喂给。雏鸭可吃的青料种类很多，如各种水草、青菜、苦荬菜等。一般单独饲喂经切碎的青料，也可拌喂，以单独喂给好，以免雏鸭先挑食青料，影响精饲料的采食量。

俗话说："鹅要青，鸭要腥"，要及时给雏鸭"加腥"。所谓"加腥"，是指给雏鸭加喂动物性蛋白质饲料。雏鸭生长速度很快，需要大量的蛋白质以满足生长发育。动物性蛋白质饲料的蛋白质含量高，氨基酸组成较好，易被雏鸭消化吸收。此外，动物性蛋白质饲料矿物质含量也很丰富，适口性好，雏鸭十分爱吃。常用的动物性蛋白质饲料除鱼粉外，通常还包括蚕蛹、鱼虾、蚯蚓、螺蛳、河蚌等。在饲喂这类动物性蛋白质饲料时，一定要注意保持饲料新鲜，不能选用腐败变质的，以免雏鸭食后引发消化道疾病。

一般在5日龄左右就可加腥，先以黄鳝、泥鳅为主，日龄稍大些以小鱼、螺蛳和蛆为主。给雏鸭加腥通常每天2次，开始时每100只雏鸭每天可喂150~250克，以后随雏鸭的生长可逐渐加大饲喂量。在河蚌丰富的地区，不宜给雏鸭饲喂过量的河蚌，时间也不宜过长，否则可能会引起雏鸭维生素缺乏。

5. 饲喂次数及饲喂量

10 日龄内的雏鸭每昼夜饲喂 5~6 次，白天喂 4 次，晚上 1~2 次；11~20 日龄的雏鸭白天喂 3 次，夜晚喂 1~2 次；20 日龄以后，白天喂 3 次，夜晚喂 1 次。如果是放牧饲养的雏鸭，则应视觅食情况而定。放牧地野生饲料多，中餐可以不喂，晚餐可以少喂，早晨放牧前适当补点精料即可。

若没有专门的雏鸭料，则每 1 000 只雏鸭第 1 天喂 2.5 千克的夹生饭；第 2 天喂 5 千克碎米，第 3 天喂 7.5 千克配合饲料。以后每天增加 2.5 千克，直到 50 日龄为止。到 50 日龄时，每 1 000 只鸭，每只每天消耗配合饲料 125 千克。以后维持这一水平，不再增加。

6. 放牧管理

从雏鸭可以自由下水的 6 日龄起，就可以进行放牧训练。放牧训练的原则是：距离由近到远，次数由少到多，时间由短到长。放牧的时间应从短到长，逐步锻炼。开始放牧 20~30 分钟，以后逐渐延长，最长不能超过 1.5 小时。开始放牧宜在鸭舍周围，不能走远，时间不能太长，每天放牧 2 次，每次 20~30 分钟，就让雏鸭回育雏室休息。随着日龄的增加，待雏鸭适应后，放牧时间可以延长，放牧路程也慢慢延长，次数也可以增加。放牧次数一般上、下午各 1 次，中午休息。放牧后雏鸭宜在清水中游洗一下，以后上岸梳理羽毛并入舍休息。选择水草茂盛、昆虫滋生、浮游生物多的场地放牧。作物长高封垄的稻田，不宜放鸭进去。适合雏鸭放牧的场地有稻秧田、慈姑田、荸荠田、水芋头田以及浅水沟、塘等，这些场地水草丰盛，浮游生物、昆虫较多，便于雏鸭觅食。放牧的稻秧田必须等稻秧返青活苗以后，在封行之前、封行后，不能放牧。其他水田作物也一样，茎叶长得太高后，不能放牧。施过化肥、农药的水田、场地均不能放牧，以免中毒。

7. 及时分群

雏鸭分群是提高成活率的重要一环。雏鸭在开饮前，根据出雏的迟早和强弱进行第 1 次分群。笼养雏鸭，将弱雏放在笼的上层、温度较高的地方；平养则根据保温形式来进行，强雏放在近门口的育雏室，弱雏放在一栋鸭舍中温度最高处。

第二次分群是在"开食"以后，一般吃料后 3 天左右，可逐只检查，将吃食少或不吃食雏鸭放在一起饲养，适当增加饲喂次数，比其他雏鸭的环境温度提高 1~2℃。同时，查看是否有疾病，对有病的个体要对症采取措施，如将病雏分开饲养或淘汰。再是根据雏鸭各阶段的体重和羽毛生长情况分群，各品种都有自己的标准和生长发育规律，各阶段可以抽称 5%~10% 的雏鸭体重，结合羽毛生长情况，未达到标准的要适当增加饲喂量，超过标准的要适当扣除部分饲料。

8. 卫生管理

随着雏鸭的日龄增大，粪便不断增多，极易污染垫料。在污秽、潮湿的环境下，雏鸭的绒毛易沾潮、弄脏，病原微生物也容易繁殖。因此，必须及时清除粪便，勤换垫草，保持舍内干燥清洁。喂料用具每次喂饲后清洗干净，晒干后备用。保持饮水卫生。育雏舍周围的环境也要经常打扫，四周的排水沟必须畅通，以保持干燥、清洁、卫生的良好环境。

二、育成鸭养殖技术

（一）育成鸭的饲养

1. 营养需要

根据育成鸭的发育特点，其营养要求相应要低些，目的是使成鸭得到充分锻炼，使蛋鸭长好骨架，而不求长得肥胖。育成鸭的能量和蛋白质水平宜低不宜高，饲料中代谢能 11~11.5 兆焦/千克，蛋白质为 15%~18%，钙为 0.8%~1%，磷为 0.45%~0.5%。日粮以糠麸为主，动物性饲料不宜过多，舍饲的鸭群在日粮中添加 5%的沙砾，以增强肠胃功能，提高消化能力。有条件的养殖场，可用青绿饲料代替精料和维生素添加剂，青绿饲料占整个饲料的 30%~50%。青绿饲料可以大量利用天然饲草，蛋白质饲料占 10%~15%。若采用全舍饲或半舍饲，运动量不如放牧饲养，为了抑制育成鸭性腺过早成熟，防止沉积过多的脂肪，影响产蛋性能和种用性能，在育成期饲养过程中应采用限制饲喂。限制饲喂一般从 8 周龄开始，至 16~18 周龄结束。

2. 饲养

（1）饲料更换　育雏结束，鸭的体重达标，可以更换育成鸭料，但更换必须有一个过渡期，使鸭逐渐适应新的饲料。更换的方法为：第 1 天 4/5 的雏鸭料，1/5 的育成鸭料；第 2 天 3/5 的雏鸭料，2/5 的育成鸭料；第 3 天 2/5 的雏鸭料，3/5 的育成鸭料；第 4 天 1/5 的雏鸭料，4/5 的育成鸭料；第 5 天全部换成育成鸭料。

（2）饲喂　根据育成鸭的消化情况，一昼夜饲喂 4 次，定时定量。若投喂全价配合饲料，可做成直径 4~6 毫米，长 8~10 毫米的颗粒状。或者用混合均匀的粉料，用水拌湿，然后将饲料分在料盆内或塑料布上，分批将鸭赶入进食。鸭在吃食时有饮水洗喙的习惯，鸭舍中可设长形的水槽或在适当位置放几只水盆，及时添换清洁饮水。

（3）限制饲养　后备鸭限制饲养的目的在于控制鸭的发育，不使其太肥，在适当的周龄达到性成熟，集中开产，开产体重控制在该品种标准体重的中上为好。这样，既可降低成本，又可使其食量增大，耐粗饲而不影响产蛋性能。舍饲和半舍饲鸭则要重视限制饲喂，否则会造成不良后果。放牧鸭群由于运动量大，能量消耗也较大，且每天都要不停地找食吃，整个过程就是很好的限饲过程。限制饲养方法是用低能量日粮饲喂后备鸭，一般从8周龄开始至16～18周龄止。当鸭的体重符合本品种的各阶段体重时，可不需要限饲；如发现鸭体重过于肥大，则可进行限制饲养。可降低饲料中的营养水平，适当多喂些青饲料和粗饲料。

（4）饲喂沙砾　为满足育成鸭生理中机能的需要，应在育成鸭的运动场上，专门放几个沙砾小盘，或在精料中加入一定比例的沙砾，这样不仅能提高饲料转化率，节约饲料，而且能增强其消化机能，有助于提高鸭的体质和抗逆能力。

（二）育成鸭的日常管理

1. 脱温

育雏结束，要根据外界温度情况逐渐地脱温。如在冬季和早春育雏时，由于外界温度低，需要采用升温育雏饲养，待育雏结束时，外界温度与室温相差往往较大，一般超过5～8℃，盲目地去掉热源，脱去温度，舍内温度会骤然下降，导致雏鸭遭受冷应激，轻者引发疾病，重者甚至引起死亡。所以，脱温要逐渐进行，让鸭有适应环境温度的过程。

2. 转群移舍

育雏育成舍，育雏结束后要扩大育雏区的饲养面积，即转群；专用育雏鸭舍，育雏结束要移入育成舍或部分移入育成舍，即移舍。转群移舍对鸭都是较大的应激，操作不当会影响到鸭的生长发育和健康。转群移舍必须注意：一是要准备好育成舍。转群前对育成舍进行彻底的清洁和消毒，安装好各种设备和用具；二是要空腹转舍。转群前必须空腹方可运出；三是逐步扩大饲养面积。若采用网上育雏，则雏鸭刚下地时，地上面积应适当圈小些，待中鸭经过2～3天的锻炼，腿部肌肉逐步增强后，再逐渐增大活动面积。因为育成舍的地面积比网上大，雏鸭一下地，活动量逐渐增大，一时不适应，容易导致鸭子气喘、拐腿，重者甚至引起瘫痪。

3. 保持适宜的环境

育成鸭容易管理，虽然要求圈舍条件比较简易，但要尽量维持适宜的环境。一要做好防风、防雨工作；二要保持圈舍清洁干燥；三要保持适宜的温度。冬天要注意保温，夏天要注意防暑降温，运动场要搭凉棚遮阴；四要保持适宜密度。随鸭龄增大，不断调整密度，以满足中鸭不断生长的需要，不至于过于拥挤，从而影响其摄食生长，同时也要充分利用空间。其饲养密度因品种、周龄而异。5~8周龄每平方米15只左右；9~12周龄，每平方米12只左右；13周龄起，每平方米10只左右。

4. 分群饲养

分群可以使鸭群生长发育一致，便于管理。在育成期分群的另一个原因是，育成鸭对外界环境十分敏感，尤其是在长血管时期，群体过大或饲养密度较高时，互相挤动会引起鸭群骚动，使刚生长出的羽毛轴受伤出血，甚至互相践踏，导致生长发育停滞，影响今后的产蛋。因而，育成鸭要按体重大小、强弱和公母分群饲养。对体重较小、生长缓慢的弱中鸭应强化培育，集中喂养，加强管理，使其生长发育能迅速赶同龄强鸭，使鸭群均匀整齐。一般放牧时，每群为500~1 000只，而舍饲鸭每栏200~300只。

5. 控制光照

光照是控制性成熟的方法之一。育成鸭的光照时间宜短不宜长。有条件的鸭场，育成鸭于8周龄起，每天光照8~10小时，照度5勒克斯。如利用自然光照，以下半年培育的秋鸭最为合适。但是，为了便于鸭子夜间饮水，防止老鼠或鸟兽走动时惊群，鸭舍内应通宵弱光照明。30米^{2}的鸭舍，可以亮一盏15瓦灯泡。遇到停电时，应立即用其他照明用具代替，决不可延误，否则会造成很大伤亡。

6. 建立稳定的工作程序

圈养鸭的生活环境比放牧鸭稳定。要根据鸭子的生活习性，定时作息，制定操作规程。形成作息制度后，尽量保持稳定，不要经常变更，减少鸭群的应激。

另外，注意观察育成鸭的行为表现、精神状态和采食、饮水以及粪便情况，及时发现问题；注意鸭舍和环境的卫生、消毒及鸭群的防疫，避免疾病的发生；搞好记录工作，填写各种记录表格，加强育成成本的核算。

（三）育成鸭的放牧管理

1. 农田放牧

利用农区的水稻田、稻麦茬地和绿肥田，觅食农田的遗谷、麦粒、昆虫和农田杂草，绿肥田在翻耕时可提供蚯蚓、蝼蛄等动物性饲料。这种饲养方式既可降低饲养成本，又可起到对农田中耕除草、消灭害虫和施肥的作用。

由于育雏期和放牧前雏鸭采用配合饲料喂给，从喂给饲料到放牧生活需要有一个训练和适应过程。除了继续育雏期的"放水"、放牧训练外,主要训练鸭觅食稻谷的能力。其方法是,将稻谷洗净后,加水于锅里用猛火煮一下,直至米粒从谷壳中爆开,再放在冷水中浸凉。待鸭子感到饥饿后,将稻谷直接撒在席子上或塑料布上供鸭采食。待鸭子适应采食稻谷后,就要将稻谷逐步撒在地上,让鸭适应采食地上的稻谷,然后将稻谷撒在浅水中,任其自由采食,训练鸭子水下、地上觅食稻谷能力。当鸭子放牧时,就会寻找落谷,达到放牧的目的。

2. 湖荡、河塘、沟渠放牧

这种放牧形式的选择是在农田茬口连接不上时采用。主要是利用这些地方浅水处的水草、小鱼、小虾和螺蛳等野生动、植物饲料。这种放牧形式往往与农田放牧结合在一起,二者互为补充。

在这些场地放牧的鸭群,主要是调教吃食螺蛳的习惯。在调教雏鸭吃螺蛳肉的基础上,改成将螺蛳轧碎后连壳喂。待吃过几次后,就直接喂过筛的小嫩螺蛳,培养小鸭吃食整个螺蛳的习惯。然后,将螺蛳撒在浅水中,让鸭子学会在水中采食螺蛳。经过一段时间的锻炼,育成鸭就可以在河沟中放牧采食天然的螺蛳。

在这些场地放牧时,一般鸭种都要选择水较浅的地方放牧。在沟渠中放牧应逆水觅食,这样,才容易觅到食物。在河面上放牧,遇到有风时,应顶风而行,以免鸭毛被风吹开,使鸭受凉。

3. 海滩放牧

海滩有丰富的动、植物饲料。尤其是退潮后,海滩上的小鱼、小虾、小蟹极多,可提供大量动物性饲料,使养鸭成本大大降低。海滩放牧的场地要宽阔平坦,过于狭窄、高低不平、坡度太大的场地都不适于放牧。放牧的海滩附近必须有淡水河流或池塘,可供放牧鸭群喝水和洗浴。鸭群在下海之前要先喝足淡水,放牧归来要让鸭群在淡水中洗浴,晚上收牧前要在淡水中任其洗浴、饮水。不能让鸭群长期泡在海水中和长期饮用海水,以免发生慢性食盐中毒。

不论采用哪种放牧饲养方式都要选择好放牧路线。每次放牧路线要远近适当,鸭龄从小到大,路线由近到远,逐步锻炼,不能使鸭过度疲劳。在放牧途中,要选择1~2个可避风雨的阴凉地方,在中午炎热或遇雷阵雨时,都要把鸭赶回阴凉处休息。晚上归牧后,要检查鸭群吃食情况。若放牧未吃饱,要适当补喂饲料,以满足青年鸭快速生长发育的营养需要。

三、产蛋鸭养殖技术

母鸭从开始产蛋，直到淘汰，均称产蛋期。一般蛋用型麻鸭150～500天，为第1个产蛋年，经过换羽后可以再利用第2年、第3年，但生产性能逐年下降，所以生产中一般多利用1个产蛋年。

（一）产蛋鸭饲养方式

1. 地面平养

产蛋鸭的地面平养是指在铺有垫料的地面上进行蛋鸭饲养的方法，多用于雏鸭的育雏。地面可包括土地面、砖地面、水泥地面或火坑地面等，在实际生产过程中可根据预饲养设施条件灵活选用。

地面平养的优点是投资小、方法简单易行，只要室内设有料槽、饮水器及供暖设备即可。地面平养的缺点也比较突出，即：地面所铺设的垫料因潮湿须经常更换，增加工作量；蛋鸭的粪便、废物直接与蛋鸭接触，容易感染球虫病等多种疫病，从而影响蛋鸭的健康和生长发育，成活率低。

2. 笼养

将鸭养在用竹片、木片或铁丝网构建成木笼或铁笼。鸭笼共设四排梯架式双层，南北靠墙各一排，中间两排。先用直径4厘米以上的木杆搭成笼底面离地30～35厘米梯形支架，通常制双层梯架式。4个单笼为1组，每组鸭笼长190厘米、宽35厘米、前高37厘米、后高32厘米，料槽安装前面，底板片顺势向外延伸20厘米为集蛋槽，笼底面坡度4.2度，使鸭蛋能顺利滚入集蛋槽。上下笼要错开，不要有重叠，应相隔20厘米。每个单笼饲养蛋鸭1～3只，每单只笼面积0.3米^2。每个单笼配自动饮水乳头1个。

笼养不需要运动场和水面，管理方便，劳动生产效率提高，有利于疫病的预防控制和生产效益提高，生产的鸭蛋干净，延长保鲜时间，并解决气候寒冷地区养鸭难的问题，适宜于北方寒冷和缺乏水塘、水池地区。

（二）产蛋鸭转群入舍

1. 做好入舍的准备

（1）检修鸭舍和设备　转舍前对鸭舍进行全面检查和修理。认真检查喂料系统、饮水系统、供电照明系统、通风排水系统以及各种设备用具，如有异常立即维修，保证鸭入舍后完好正常使用。

（2）清洁消毒　淘汰鸭后或新鸭入舍前2周对蛋鸭舍进行全面清洁消毒。其清洁消毒步骤是：先清扫。清扫干净鸭舍地面、屋顶、墙壁上的粪便和灰尘，清扫干净设备上的垃圾和灰尘；再冲洗。用高压水枪把地面、墙壁、屋顶和设备冲洗干净，特别是地面、墙壁和设备上的粪便；最后彻底消毒。如鸭舍能密封，可用甲醛和高锰酸钾熏蒸消毒。如果鸭舍不能密封，用 5%～8% 火碱溶液喷洒地面、墙壁，用 5% 的甲醛溶液喷洒屋顶和设备。对料库和值班室也要熏蒸消毒。用 5%～8% 火碱溶液喷洒距鸭舍周围 5 米以内的环境和道路。运动场可使用 5% 的火碱溶液或 5% 的甲醛溶液进行喷洒消毒。

（3）物品用具准备　所需的各种用具、必需的药品、器械、记录表格和饲料要在入舍前准备好，进行消毒；饲养人员安排好，定人定舍（或定鸭）。

2. 转群入舍

（1）入舍时间　蛋鸭开产日龄一般为 150 天，在 110 天左右就已见蛋，最好在 90～100 天转入蛋鸭舍。提前入舍可使青年鸭在开产前有一段时间熟悉环境，适应环境，互相熟悉，形成和睦的群体，并留有充足时间进行免疫接种和其他工作。如果入舍太晚，会推迟开产时间，影响产蛋率上升，已开产的母鸭由于受到转群惊吓等强烈应激也可能停产，甚至造成卵黄性腹膜炎，增加产蛋期死淘数。

（2）选留淘汰　选留精神活泼、体质健壮、长发育良好，均匀整齐的优质鸭。剔除过小鸭、瘦弱和无饲养价值的残鸭。

（3）分类入舍　即使育雏育成期饲养管理良好，由于遗传因素和其他因素使鸭群里仍会有一些较小鸭和较大鸭，如果都淘汰掉，成本必然增加，造成设备浪费。所以入舍时，分类入舍，将较小的鸭和较大鸭分别放在不同的群体内，采取特殊管理措施。如过小鸭放在温度较高、阳光充足和易于管理的区域，适当提高日粮营养浓度或增加喂料量，促进其生长发育；过大鸭可以进行适当限制饲养。入舍时每个群体一次入够，避免先入为主而打斗。

（4）减少应激　转群入舍、免疫接种等工作时间最好安排在晚上，捉鸭、运鸭等动作要轻柔，切忌太粗暴。入舍前在料槽内放上料，水槽中放上水，并保持适宜光照，使鸭入舍后立即能饮到水、吃到料，有利于尽快熟悉环境，减弱应激；饲料更换有过渡期，即将 70% 前段饲料与 30% 后段饲料混合饲喂 2 天后，50% 前段饲料与 50% 后段饲料混合饲喂 2 天，30% 前段饲料与 70% 后段饲料混合饲喂 2 天后全部使用后段饲料，避免突然更换饲料引起应激；舍内环境安静，工作程序相对固定，光照制度稳定；地面要铺细沙，设产蛋窝。开产前后应激因素多，可在饲料或饮水中加入抗应激剂。开产前后每千克饲料添加维生素 C 25～50 毫克或加倍添加多种维生素；入舍和防疫前后 3 天内在饲料中加入延胡索酸，剂量为每千克体重 30 毫克，或前后 3 天在饮水中加入速补-14、速补-18 等抗应激剂。

（三）产蛋鸭的一般饲养管理

优良的蛋鸭品种，如绍鸭、金定鸭、麻鸭、卡基-康贝尔鸭等，在150日龄时产蛋率已达50%，至200日龄时，可达产蛋高峰。这时，如饲养管理得当，高峰可维持到450日龄以上，才开始有所下降。根据蛋的变化情况和鸭的体重变化情况，将产蛋期分为产蛋初期（150~200日龄）、产蛋前期（201~300日龄）、产蛋中期（301~400日龄）和产蛋后期（401~500日龄）4个阶段，各个阶段的饲养管理方法各有侧重。

1. 产蛋初期（150~200日龄）和前期（201~300日龄）的饲养管理

新鸭开产以后，此时身体健壮，精力充沛。这是蛋鸭一生中较为容易饲养的时期。产蛋初期和前期产蛋率逐渐上升到高峰（一般至200日龄左右，产蛋率可以达到90%，以后继续上升到90%以上）、蛋重逐渐增加（初产蛋只有40克，至200日龄可达到全期蛋种的90%，250日龄可以达到标准蛋重）和鸭的体重稍有增加，对营养和环境条件要求比较高，饲养管理的重点是保证充足的营养、维持适宜的环境，使鸭的产蛋率尽快上升到最高峰，避免由于饲养管理不当而影响产蛋率上升。

（1）饲料饲养　及时更换产蛋饲料。15~16周将青年鸭饲料更换为产蛋鸭饲料。饲料中蛋白质含量18%~22%，补足矿物质饲料。每天饲喂3~4次，让蛋鸭自由采食，吃好吃饱，并注意喂夜餐。在喂料时，一定要同时放盛水的水槽，并及时清理水槽中残渣，做到吃食、饮水、休息各三分。保证饮水充足洁净。

（2）注意观察　通过观察及时发现饲养和管理中的问题，随时解决。

①观察蛋重。在产蛋初期和前期，蛋重处在不断增加中，越产越大，蛋重增加快，说明饲养管理好，增重慢或下降，说明饲养管理有问题。

②观察蛋形。正常蛋是卵圆形，蛋壳光滑厚实，蛋壳薄而透亮。如果蛋的大端偏小，是欠早食。小头偏小是偏中食。有沙眼或粗糙，甚至软壳，说明饲料质量不好，特别是钙质不足或维生素D缺乏，应添喂骨粉、贝壳粉和维生素D。

③观察产蛋时间。正常产蛋时间为深夜2时至早晨8时，推迟产蛋时间，甚至白天产蛋，蛋产得稀稀拉拉，说明营养不足，应及时补喂精料。

④观察体重。一般来说，体重变动是蛋鸭产蛋状况的晴雨表，因此观察蛋鸭体重变化，根据其生长规律控制体重是一项重要的技术措施。一般开产日期体重要求在1 400~1 500克的占85%以上。对刚开产的鸭群，产蛋至210天日

龄、240 日龄、270 日龄以及 300 日龄的鸭群进行称重。称重在早晨空腹进行，每次抽样应占全群的 10%。若体重维持原状或变化不大，说明饲养管理得当；若体重较大幅度地增加或下降，都说明饲养管理有问题。

⑤观察产蛋率。产蛋前期的产蛋率是不断上升的，早春开产的鸭，上升更快，最迟到 200 日龄时，产蛋率应达到 90% 左右，如产蛋率高低波动，甚至出现下降。要从饲养管理上找原因。

⑥观察羽毛。羽毛光滑、紧密、贴身，说明饲料质量好；如果羽毛松乱，说明饲料差，应提高饲料质量。

⑦观察食欲。无论圈养或放牧，产蛋鸭（尤其是高产鸭）最勤于觅食，早晨醒得早，放牧时到处觅食，喂料时最先抢食，表现食欲强，宜多喂。否则，就是食欲不振，应查明原因，采取措施，促其恢复正常。

⑧观察精神。健康高产的蛋鸭精神活泼，行动灵活，放牧出去，喜欢离群觅食，单独活动，进鸭舍后就逐个卧下，安静地睡觉。如果精神不振，反应迟钝，则是体弱有病，应及时从饲料管理上进行补救和采取适当治疗措施，使其恢复健康。

⑨观察嬉水。如有水上运动场，健康的、高产的蛋鸭，下水后潜水时间长，上岸后羽毛光滑不湿。鸭怕下水，不愿洗浴，下水后羽毛沾湿，甚至沉下，上岸后双翅下垂，行动无力，是产蛋下降预兆，应立即采取措施，增加营养，加喂动物性饲料，并补充一些鱼肝油，以喂水剂鱼肝油较好，拌入粉料中喂，按每只每日给 1 毫升，喂 3 天停 3 天，按每只每日喂 0.5 毫升，连续喂 10 天，以挽救危机，使蛋鸭保持较高的产蛋率。

（3）细心管理

①对鸭群每日采食量做到心中有数，一般产蛋鸭每日喂配合料 150 克左右，外加 50~150 克青绿饲料，如采食量减少，应分析原因，采取措施，不然连续 3 天采食量下降，第 4 天就会影响产蛋量。

②粪便的多少、形状、内容物、气味等给人以许多启示，也应熟悉。如排出的粪便全为白色，说明动物性饲料未被吸收。把粪便放在水中洗一下呈蓬松状，白的不多显示出动物性饲料喂量恰当。

③检查产蛋状况更为重要，早上拣蛋时留心观察鸭舍内产蛋窝的分布情况，鸭子每天产蛋窝的多少一般有规律可循，每天产蛋的个数和重量要心中有数，最好记录在册，并绘成图表与标准相对照，以便掌握鸭群的产蛋动向。

（4）增加光照 改自然光照为人工补充光照。从产蛋开始，每日增加光照 20 分钟，直至 16 小时或 17 小时；照度 5 勒克斯，每平方米鸭舍 1.4 瓦或每 18 米² 鸭舍一盏 25 瓦、有灯罩的电灯，安装高度 2 米；灯泡分布均匀，交叉安置，且经常擦洗清洁，晚间点灯只需采用朦胧光照即可。不要突然关灯或缩短光照时间，以免引起惊群和产畸形蛋，如果经常断电，要预备煤油灯或其他照明用具。

（5）保证饲养管理稳定　蛋鸭生活有规律，但富神经质，性急胆小，易受惊扰。因此在饲养过程中要注意以下几点。

①饲料品种不可频繁变动，不喂霉变、质劣的饲料。

②操作规程和饲养环境尽量保持稳定，养鸭人员也要固定，不常更换。

③舍内环境要保持安静，尽力避免异常响声，不许外人随便进出鸭舍，不使鸭群突然受惊，特别是刚产头几个蛋时，使之如期达到产蛋高峰。

④饲喂次数与饲喂时间相对不变，如本来 1 天喂 4 次，突然减少饲喂次数或改变饲喂时间均会使产蛋量下跌。

⑤要尽力创造条件，提供理想的产蛋环境，特别注意由气候剧变所带来的影响。因此要留心天气预报，及时做好准备工作；每天要保持鸭舍干燥，地面铺垫稻草，鸭子每次放水归巢之前，先让其在外梳理羽毛，待毛干后再放入舍内；保持光照强度的稳定。

⑥在产蛋期间不随便使用对产蛋率有影响的药物，也不能注射疫苗，不驱虫。

（6）公母合理搭配　搭配合理的公鸭，每天入群嬉水促"性"，鸭"性"头越大，产蛋越多。一般的种鸭，公、母比 1 ：（15～20），用于产蛋的商品鸭群按 2%～5% 比例投入公鸭。尽管公鸭不产蛋，但对母鸭有性刺激作用，可促进母鸭高产。

2. 产蛋中期（301～400 日龄）的饲养管理

当产蛋率达 90% 以上时，即进入盛产期，经过 100 多天的连续产蛋后，体力消耗非常大，健康状况已经不如产蛋初期和前期，所以对营养的要求很高。若营养满足不了需求，产蛋量就要减少，甚至换毛，这是比较难养的阶段。本阶段饲养管理的重点是维持高产，力求使产蛋高峰达到 400 日龄以后。

在此期间应提高饲料质量，增加日粮营养浓度，喂给含 19%～20% 蛋白质的配合饲料，每只鸭每日采食量为 150 克左右，并适当增喂颗粒型钙质和青饲料，此时蛋鸭用料可通过观察蛋鸭所排出的粪便、蛋重、产蛋时间、壳势、鸭身羽毛等变化进行调整。盛产期间蛋鸭保持产蛋率不变，蛋重 8 个/500 克，且稍有增加，体重基本不变，说明用料合理，此时体重如有减轻，增喂动物性饲料；体重增大，可将饲料的代谢能降下来，适当增喂青饲料，控制采食量，但动物性饲料保持不变。为降低饲料成本，应积极利用当地工业副产品，如啤酒糟、味精糟等，鱼粉要注意质量，如始终向信誉较好、质量稳定的卖主购入，防止其饲料掺假掺杂，影响产蛋变化。

另外，如有条件应加强鸭群的放牧，让其在田间、沟渠、湖泊中觅食小鱼、小虾、河蚌、螺蛳和蚯蚓等动物性饲料。然后再适当补喂植物性饲料，以满足蛋鸭对各种营养成分的需要。如果舍饲，须给蛋鸭补喂10%的鱼粉和适量的"蛋禽用多种维生素"。

3. 产蛋后期（401～500日龄）的饲养管理

经过8个多月的连续产蛋以后，到后期产蛋高峰就难以保持下去，但对于高产品种（如绍鸭），如饲养管理得当，仍可维持80%左右的产蛋率。具体说，450日龄以前，产蛋率达85%左右，470日龄时产蛋率为80%左右，500日龄时产蛋率为75%左右。要达到这样的水平，后期的饲养管理工作要认真做好，如稍不谨慎，产蛋量就会减少，并换毛。此后要停产3个月，甚至更长，缺期内就无法再把产蛋率提上去。

（1）要根据体重和产蛋率确定饲料的质量和喂料量　如果鸭群的产蛋率仍在80%以上，而鸭子的体重却略有减轻的趋势，此时在饲料中适当增加动物性饲料；如果鸭子体重增加，身体有发胖的趋势，但产蛋率还有80%左右，这时可将饲料中的代谢能降下来或适当增喂粗饲料和青饲料，或者控制采食量；如果体重正常，产蛋率亦较高，饲料中的蛋白质水平应比上阶段略有增加；如果产蛋率已降到60%左右，此时已难以上升，无须加料。

（2）适当增光　每天保持16小时的光照时间，不能减少。如产蛋率已降至60%时，可以增加光照时数至17小时直至淘汰为止。

（3）减少应激　操作规程要保持稳定，避免一切突然刺激而引起应激反应。注意天气变化，及时做好准备工作，避免气候变化引起应激。

（4）注意观察　观察蛋壳质量和蛋重的变化。如出现蛋壳质量下降，蛋重减轻，可增补鱼肝油和无机盐添加剂。

（5）分群管理　在鸭产蛋一段时间后，可能有部分鸭换羽不产蛋，应将产蛋鸭和不产蛋鸭分开，淘汰不产蛋鸭或进行强制换羽后再利用。没有饲养价值的过小鸭、残疾鸭等淘汰，发育良好健康的鸭可进行强制换羽，待开始产蛋后再放入产蛋群中集中管理。产蛋鸭和不产蛋鸭的区别见表5-2。

表 5-2 产蛋鸭和停产鸭的区别

项目	产蛋鸭	停产鸭
羽毛	整齐无光泽或膀尖有锈色羽毛收紧	羽毛松散，不整齐，有光泽
颈	颈羽紧、脖子细	颈羽松、脖子粗
喙	浅白色或带有黑色素	橘红色
臀部	下垂接近地面	不下垂
行动	行动迟缓，不怕人	行动灵活，怕人
耻骨	间距大，3 指以上	间距小，3 指以下

（四）蛋鸭不同季节的管理要点

1. 春季管理要点

这时气候由冷转暖，日照时数逐日增加，冬至以后，每日光照时间增加，气候条件对产蛋很有利，要充分利用这一有利因素，创造稳产高产的环境。

首先要加足饲料，从数量上和质量上满足需要。在此季节，优秀个体的产蛋率有时超过 100%，所以不要怕饲料吃过头，要设法提供充足的饲料。

前期偶有寒流侵袭，要注意保温，春夏之交，天气多变，要因时制宜，区别对待，保持鸭舍内干燥、通风。搞好清洁卫生工作，定期进行消毒。如逢阴雨天，要适当改变操作规程，缩短放鸭时间。舍内垫料不要过厚，要定期清除，每次清除垫草时，要结合进行消毒。清除垫料，要在晴天进行。

2. 梅雨期管理要点

春末夏初，南方各省大都在 5 月末和 6 月出现梅雨季节，常常阴雨连绵，温度高、湿度大，低洼地常有洪水发生，此时是蛋鸭饲养的难关，稍不谨慎，就会出现停产、换毛。

梅雨季节管理的重点是防霉、通风。措施有如下。

①敞开鸭舍门窗，草舍可将前后的草帘卸下，充分通风，排除鸭舍内的污浊空气，高温高湿时，尤要防止氨中毒。

②勤换垫草，保持舍内干燥。

③疏通排水沟，运动场不可积有污水。

④严防饲料发霉变质，每次进料不能太多，饲料要保存在干燥处，运输途中要防止雨淋，发霉变质的饲料绝不可投喂。

⑤定期消毒鸭舍，舍内地面最好铺砻糠灰，既能吸潮，又有一定的消毒作用。

⑥及时修复围栏、鸭滩。运动场出现凹坑，要及时垫平。

⑦鸭群进行1次驱虫。

3. 盛夏时期管理要点

6月底至8月，是一年中最热的时期，此时管理不好，不但产蛋率下降，而且还要死鸭。如精心饲养，产蛋率仍可保持80%以上。这个时期的管理重点是防暑降温。措施如下。

①鸭舍屋顶刷白，周围种丝瓜、南瓜，让藤蔓爬上屋顶，隔热降温。运动场（鸭滩）搭凉棚，或让南瓜、丝瓜的藤蔓爬上去遮阴。

②鸭舍的门窗全部敞开，草屋前后墙上的草帘全部卸下，加速空气流通，有条件时可装排风扇或吊扇，以通风降温。

③早放鸭，迟关鸭，增加中午休息时间和下水次数。傍晚不要赶鸭入舍，夜间让鸭露天乘凉休息，但需在运动场中央或四周点灯照明，防止老鼠、野兽危害鸭群。

④饮水不能中断，保持清洁，最好饮凉井水。

⑤多喂水草等青料，提高精饲料中的蛋白质含量，饲料要新鲜，现吃现拌，防腐败变酸。

⑥适当疏散鸭群，降低饲养密度。

⑦防止雷阵雨袭击，雷雨前要赶鸭入舍。

⑧鸭舍及运动场要勤打扫，水盆、料盆吃1次洗1次，保持地面干燥。

4. 秋季管理要点

9—10月正是冷暖空气交替的时候，气候多变，如果养的是上一年孵出的秋鸭，经过大半年的产蛋，身体疲劳，稍有不慎，就要停蛋换毛，故群众有"春怕四，秋怕八，拖过八，生到腊"的谚语。所谓"秋怕八"，就是指农历八月是个难关，既有保持80%以上产蛋率的可能性，也有急剧下降的危险。此时的管理要点如下。

①补充人工光照，使每日光照时间（自然光照加补充光照）不少于16小时，光照强度达到每平方米5~8勒克斯。

②克服气候变化的影响，使鸭舍内的小气候变化幅度不要太大。

③适当增加营养，补充动物性蛋白质饲料。

④操作规程和饲养环境尽量保持稳定。

⑤适当补充无机盐饲料，最好鸭舍内另置无机盐盆，任其自由采食。

5. 冬季管理要点

12月至翌年2月上旬，是最冷的季节，也是日照时数最少的时期，产蛋条件最差，常常是产蛋率最低的季节。当年春孵的新母鸭，只要管理得法，也可以保持80%以上的产蛋率；若管理失策，也会使产蛋率再降下来，使整个冬季都处于低水平。但8月间孵化的秋鸭，此时都已经开产，产蛋率处于上升阶段，只要管理得当，适当保温，仍可使产蛋率不断提高。

冬季管理工作的重点是防寒保温和保持一定的光照时数。措施如下。

①提高饲料中代谢能的浓度，达到每千克12~12.5兆焦的水平，适当降低蛋白质的含量，以17%~18%为宜。

②提高单位面积的饲养密度，每平方米可饲养8~9只。

③舍内厚垫干草，绝对保持干燥。

④关好门窗，防止贼风侵袭，北窗必须堵严，气温低时，最好屋顶下加一个夹层，或者在离地面2米处，横架竹竿，铺上草帘或塑料布，以利保温。

⑤饮水最好用温水，拌料用热水。

⑥早上迟放鸭，傍晚早关鸭，减少下水次数，缩短下水时间，上下午阳光充足的时候，各洗澡1次，时间10分钟左右。

⑦补充光照，每日光照总时间保持16小时。

⑧每日放鸭出舍前，要先开窗通气，再在舍内噪鸭活动5~10分钟，促使多运动。

四、快大肉鸭养殖技术

肉鸭有大型肉鸭和中型肉鸭两类。大型肉鸭也称快大肉鸭或肉用仔鸭，一般养到50天，体重2~3千克，中型肉鸭一般饲养65~70天，体重1.7~2千克。

（一）肉仔鸭养殖技术

1. 环境条件及控制

（1）温度 雏鸭体温调节能力较差，对外界环境条件需要逐步适应，保持适当的温度是育雏成败的关键。肉鸭适宜的育雏温度见表5-3。

表5-3　肉鸭适宜的育雏温度　（℃）

日龄	温度		
	加热器下	活动区域	周围环境
1~3天	45~42	30~29	30
3~7天	42~38	29~28	29
7~14天	38~36	27~26	27

（续表）

日龄	温度		
	加热器下	活动区域	周围环境
14~21 天	36~30	26~25	25
21~28 天	30	24~22	22
28~40 天	遵照冬季环境标准逐步脱温	20	22~18
40 天以上		18	17

（2）湿度 若舍内高温低湿会造成干燥的环境，很容易使雏鸭脱水，羽毛发干。但湿度也不能过高，高温高湿易诱发多种疾病，这是养禽最忌讳的环境，也是球虫病暴发的最佳条件。地面垫料平养时特别要防止高温。因此育雏前 1 周应该保持稍高的湿度，一般相对湿度为 65%，以后随日龄增加，要注意保持鸭舍的干燥。要避免漏水，防止粪便、垫料潮湿。第 2 周湿度控制在 60%，第 3 周以后为 55%。

（3）密度 密度是指每平方地面或网底面积上所饲养的雏鸭数。密度要适当，密度过大，雏鸭活动不开，采食、饮水困难，空气污浊，不利于雏鸭成长；过稀则房舍利用率低，多消耗能源，不经济。适当的密度既可保证高的成活率，又能充分利用育雏面积和设备，从而达到减少肉鸭活动量，节约能源的目的。育雏密度依品种、饲养管理方式、季节的不同而异。一般每平方米饲养 1 周龄雏鸭 25 只，2 周龄 15~20 只，3~4 周龄 8~12 只，每群以 300~500 只为宜。

（4）光照 光照可以促进雏鸭的采食和运动，有利于雏鸭的健康生长。出壳后的前 3 天内采用 23~24 小时光照；4~7 日龄，可不必昼夜开灯，给予每天 22 小时光照，便于雏鸭熟悉环境，寻食和饮水。每天停电 1~2 小时保持黑暗的目的，在于使鸭能够适应突然停电的环境变化，防止一旦停电造成应激扎堆，致大量雏鸭死亡。

光的强度不可过高，过于强烈的照明不利于雏鸭生长，有时还会造成啄癖。通常光照强度在每平方米 10~15 勒克斯。一般开始白炽灯每平方米应有 5 瓦强度（10 勒克斯，灯泡离地面 2~2.5 米），以后逐渐降低。到 2 周龄后，白天就可以利用自然光照，在夜间 23 时关灯，早上 4 时开灯。在早、晚喂料时，只提供微弱的灯光，只要能看见采食即可，这样既省电，又可保持鸭群安静，防止因光照过强引起啄羽现象，也不会降低鸭的采食量。但值得注意的是，采用保温伞育雏时，伞内的照明灯要昼夜亮着。因为雏鸭在感到寒冷时要到伞下取暖，伞内照明灯有引导雏鸭进伞的功效。

采用微电脑光照控制仪，可从黄昏到清晨采用间隔照明，即关灯 3 小时让鸭群休息，之后开灯 1 小时让鸭群采食、饮水和适当运动，每 4 个小时为 1 个周期。黄昏时将料箱或料桶内添加足量的饲料，饮水器内保证有充足的饮水，以满足夜间雏鸭的需要。

（5）通风　雏鸭的饲养密度大，排泄物多，育雏室容易潮湿，积聚氨气和硫化氢等有害气体。因此，保温的同时要注意通风，以排出潮气等，其中以排出潮湿气更为重要。

适当的通风可以保持舍内空气新鲜，夏季通风还有助于降低鸭的体感温度。因此良好的通风对于保持鸭体健康、羽毛整洁、生长迅速非常重要。开放式育雏时维持舍温 21～25℃，尽量打开通气孔和通风窗，加强通风。如在窗户上安装纱布换气窗，既可使室内外空气对流，并以纱布过滤空气，使室内空气清新，又可防止贼风，效果会更好。

冬季和早春，要正确处理保温与通风的矛盾。肉鸭在养殖的前 2 周，管理的要点是保温，因为这个阶段，雏鸭的体温调节机能尚不完善，需要有较高的环境温度，2 周龄后即可在晴暖天气打开窗户进行适当通风换气。这个季节，进风口要设置挡板，以防进入鸭舍的冷风直接吹到鸭身上导致受凉感冒。如果能够使用热风炉，将加热后的空气送到舍内，则能够有效解决这个季节通风换气和保温的矛盾。

夏季，10 日龄内的雏鸭，夜间仍需要适当保温，待环境温度不低于 23℃时，才不需要保温和加热，并注意通风换气。3 周龄后，需要加强通风换气，缓解热应激，有条件的规模肉鸭场，还可使用湿帘风机等降温设备。

春秋季节气温不太稳定，要注意 2 周龄内雏鸭的保温，天气暖和时兼顾通风，2 周龄后防止气温突降而没有减少通风量，导致舍内温度急剧下降等情况的发生。

2. 饲养技术关键点

（1）选择　肉用商品雏鸭必须来源于优良的健康母鸭群，种母鸭在产蛋前已经免疫接种过鸭瘟、禽霍乱、病毒性肝炎等疫苗，以保证雏鸭在育雏期不发病。所选购的雏鸭大小基本一致，体重在 55～60 克，活泼，无大肚脐、歪头拐脚等，毛色为蜡黄色，太深或太淡者均淘汰。

（2）分群　雏鸭群过大不利于管理，环境条件不易控制，易出现惊群或挤压死亡，所以为了提高育雏率，进行分群管理，每群 300～500 只。

（3）饮水　水对雏鸭的生长发育至关重要，雏鸭在开食前一定要饮水，饮水又称开水或潮水。在雏鸭的饮水中加入适量的维生素 C、葡萄糖，效果会更好，既增加营养，又提高雏鸭的抗病力。提供的饮水器数量要充足，不能断水，也要防止水外溢。

（4）开食　雏鸭出壳 12~24 小时或雏鸭群中有 1/3 的雏鸭开始寻食时进行第 1 次投料，饲养肉用雏鸭用全价的小颗粒饲料效果较好。如果没有这样的条件，也可用半生米加蛋黄饲喂，几天后改用营养丰富的全价饲料饲喂。

（5）饲喂的方法　第 1 周龄的雏鸭应让其自由采食，保持饲料盘中常有饲料，一次投喂不可太多，防止长时间吃不掉被污染而引起雏鸭生病或者浪费饲料。因此要少喂常添，第 1 周按每只鸭子 35 克饲喂，第 2 周 105 克，第 3 周 165 克。

（6）预防疾病　肉鸭网上密集化饲养，群体大且集中，易发生疫病。因此，除加强日常的饲养管理外，要特别做好防疫工作。饲养至 20 日龄左右，每只肌内注射鸭瘟弱毒疫苗 1 毫升。30 日龄左右，每只肌内注射禽霍乱疫苗 2 毫升，平时可用 0.01%~0.02% 高锰酸钾饮水，效果也很好。

（二）肉鸭育肥期养殖技术

肉用仔鸭从 4 周龄到上市的阶段称为育肥期。

1. 放牧育肥

这是一种较为经济的育肥方法，即肉鸭 40~50 日龄、体重为 2 千克左右时开始到稻田、麦田内采食散落的谷粒和小虫。经 10~20 天放牧，体重达 2.5 千克以上，即可出售。

2. 舍饲育肥

育肥鸭舍要求空气流通，周围环境安静，光线不能过强。适当限制肉鸭的活动，最好喂给全价颗粒饲料，饲料一次加足，任其自由采食，供水不断，这样经过 10~15 天育肥饲养，可增重 0.25~0.5 千克。

3. 人工填饲育肥

肉鸭一般在 40~42 日龄，体重达 1.7 千克以上开始人工填饲。填饲饲料以玉米为主，适当加入 10%~15% 的小麦粉。填饲期一般为 2 周左右，每天填饲 4 次，每隔 6 小时填饲 1 次，每次的填饲量（湿料重量）约为鸭体重的 8%，以后每天增加 30~50 克湿料，1 周后每次可填湿料 300~500 克。生产中常用的填饲方法有手工填饲和机器填饲。

五、放牧肉用仔鸭养殖技术

水禽放牧饲养可合理利用自然资源，是节粮型的畜牧业。放牧肉用仔鸭生产是中国传统的肉鸭养殖方式，这种方式实行鱼鸭结合、稻鸭结合，是典型的生态农业项目，在中国南方广大地区被普遍采用。

品种选择

1. 放牧肉鸭品种的选择

传统稻田放牧养鸭采用的品种主要是中国地方麻鸭品种，如四川麻鸭、建昌鸭等，补饲饲料主要是谷物、玉米、麦类等单一饲料。现在放牧肉用仔鸭的生产主要采用现代快速生长型肉鸭品种（如樱桃谷肉鸭、天府肉鸭、澳白星63肉鸭、北京鸭等）与中国地方麻鸭品种进行杂交，其生产的杂交肉鸭进行放牧饲养，补饲饲料由过去的单一饲料改为配合饲料或颗粒饲料，可以缩短肉鸭出栏时间，增加上市体重，降低养鸭成本，提高经济效益，适合现阶段农村经济发展水平。

2. 放牧肉用仔鸭的饲养方式

（1）放牧饲养 这是中国一种传统的养鸭方式，主要以水稻田为依托，采取农牧结合的稻田放牧养鸭技术。这种方式充分利用天然动植物及秋收后遗落在稻田中的谷物为食，节约粮食，同时投资少，只需要简易的鸭棚子供鸭子过夜。其最大缺点是安全性差，鸭群易受到不良气候和野兽的侵害，疾病也易于传播，发病率较高。

（2）半牧半舍饲饲养 这种养殖方式是在传统放牧养殖的基础上进行改进，肉鸭白天进行放牧饲养，自由采食野生饲料，人工进行适当补饲。晚上回到圈舍过夜，有固定的圈舍供鸭避风、挡雨、避寒、休息，而没有固定的活动场地。这种饲养方式固定投资小，饲养成本低，但肉鸭受外界环境因素的影响仍然较大。

3. 放牧肉用仔鸭的饲养管理

（1）幼雏鸭阶段的饲养管理

①幼雏鸭的育雏方式。幼雏鸭的育雏方式可分为舍饲育雏和野营自温育雏两种方式。舍饲育雏可参考快大肉鸭的饲养管理。我国南方水稻产区麻鸭为群牧饲养，采用野营自温育雏方式。育雏期一般为20天左右，每群雏鸭数多达1 000~2 000只，少则300~500只。

由于雏鸭体质较弱，放牧觅食能力差，因此野营自温育雏首先要选择好育雏营地。育雏营地由水围、陆围和棚子组成，水围包括水面和饲场两部分，供雏鸭白天饮浴、休息和喂料使用。水围要选择在沟渠的弯道处，高出水面50厘米左右；陆围供雏鸭过夜使用，场地应选择在离水围近的高平的地方，附近设棚子供放牧人员寝食、休息、守护雏鸭使用。

②幼雏鸭的饲料与饲喂方式。幼雏鸭的饲料过去常用半生熟的米饭或煮熟的碎玉米，现在提倡使用雏鸭颗粒饲料饲喂。喂料时将饲料均匀撒在饲场的晒席上。育雏期第1周喂料5~6次，第2周4~5次，第3周3~4次，喂料时间最好安排在放牧之前，以便雏鸭在放牧过程中有充沛的体力采食。在每日放牧后，视雏鸭采食情况，适当补饲，让雏鸭吃饱过夜。

育雏期采用人工补饲为主、放牧为辅的饲养方式，放牧的次数应根据当日的天气而定，炎热天气一般早晨和下午4时左右才出牧。白天收牧时将雏鸭赶回水围休息，夜间赶回陆围过夜。育雏数量较大时，应特别加强过夜的守护，注意防止过热和受凉，野外敌害严重应加强防护。用矮竹围篱分隔雏鸭，每小格关雏20~25只，这样可使雏鸭互相以体热取暖，防止挤压成堆。雏鸭过夜管理十分重要，应安排值班人员每隔2~3小时查看1次。

群鸭育雏依季节不同，养至15~20日龄，即由人工育雏转入全日放牧的育成阶段。放牧前为使雏鸭适应采食谷粒，需要采取饥饿强制方法，即只给水不给料，让雏鸭饥饿6~8小时，迫使雏鸭采食谷粒，然后转入放牧饲养。

（2）肉用仔鸭生长—肥育期的饲养管理

①选好放养时间。育雏结束后，鸭只已有较强的放牧觅食能力，南方水稻产区主要利用秋收后稻田中的遗留谷物为饲料。鸭苗放养的时间要与当地水稻的收割期紧密结合，以育雏期结束正好水稻开始收割最为理想。

②选择好放牧路线。放牧路线的选择是否恰当，直接影响放牧饲养的成本。选择放牧路线的要点是根据当年一定区域内水稻栽播时间的早迟，先放早收割的稻田，逐步放牧前进。按照选定的放牧路线预计到达某一城镇时，该鸭群正好达到上市，以便及时出售。

③保持适当的放牧节奏。鸭群在放牧过程中每一天均有其生活规律，在春末秋初每一天要出现3~4次采食高潮，同时也出现3~4次休息和戏水过程。秋后至初春气温低，日照时间较短，一般出现早、中、晚3次采食高潮。要根据鸭群这一生活规律，把天然饲料丰富的放牧地留作采食高潮时进行放牧，这样既充分利用了野生的饲料资源，又有利于鸭子的消化吸收，容易上膘。

④放牧群的控制。鸭子具有较强的合群性，从育雏开始到放牧训练，建立起听从放牧人员口令和放牧竿指挥的条件反射，可以把数千只鸭控制得井井有条，不致糟蹋庄稼和践踏作物。放牧鸭群要注意疫苗的预防接种，还应注意避

免农药中毒。

六、填鸭生产技术

填鸭也称填肥鸭,是肉鸭的一种快速肥育方法,其生产的肉鸭主要用于制作烤鸭。因此,北京鸭多采用这种方法进行育肥,用来制作风味独特的北京烤鸭。其优点是通过填饲,可在短期内快速增长体重,屠体肉质鲜嫩;缺点是屠体脂肪含量高,瘦肉率低。

北京鸭饲养至6~7周龄,体重达1.7千克后,即可转入人工填饲育肥阶段,经过10~15天填饲育肥,体重达到2.7千克左右即可出栏。

(一)填鸭的营养水平和日粮配合

由于填饲育肥期的中雏鸭尚处于发育未成熟阶段,因此填鸭的饲料应含有较高的能量水平(含代谢能12.14~12.55兆焦/千克),而粗蛋白质含量达到14%~15%即可,同时注意矿物质、微量元素、维生素的供给,保持各种营养物质的平衡,这样有利于快速提高体重和沉积一定量的肌间脂肪。

填肥鸭的饲料配方可参考表5-4。

表5-4　填肥鸭的饲料配方　　　　　　　　　　　　　　　　　　　　　(%)

饲料种类	前期		后期	
	1	2	1	2
玉米	45	57	70	75
高粱	5	3	5	—
小麦粉	20	10	10	9
麦麸	5	8	1	—
米糠	5	—	—	—
豆饼	14	19	8	13
鱼粉	3	—	3	—
骨粉	1.6	1.6	1.6	1.6
贝粉	1	1	1	1
食盐	0.4	0.4	0.4	0.4
代谢能(兆焦/千克)	12.14	12.12	12.92	12.91
粗蛋白质(%)	15.12	15.09	12.36	12.49

（二）填鸭饲养技术

1. 开填日龄

通常在雏鸭40~42日龄，体重达1.7千克时开填。开填前应将雏鸭按照性别、体重大小、体质强弱进行分群。同时剪去鸭爪，以免填饲期相互抓伤，降低屠体美观和等级。

2. 填料的调制与填饲量

在填饲前3~4小时按照水料1：1的比例拌成糊状，每天填饲3~4次，可分别安排在上午9时、下午3时、晚上9时、清晨3时。填饲时要根据日龄和体重逐渐增加填饲量，第1天150~160克，第2~3天每天175克，第4~5天每天200克，第6~7天每天225克，第8~9天每天275克，第10~11天每天325克，第12~13天每天400克，第15天450克。

3. 填食方法

填饲时，填饲者左手执鸭的头部，掌心握鸭的后脑，拇指与食指撑开上下喙，中指压住鸭舌，右手握住鸭的食道膨大部，将填食胶管小心送入鸭的咽下部，注意鸭体应与胶管平行，然后将饲料压入食道膨大部，随后放开鸭，填食完成。

采用填食机填食的要点是：使鸭体平，开嘴快，压舌准，进食慢，撤鸭快。

七、骡鸭（半番鸭）生产技术

番鸭又称瘤头鸭、麝香鸭，是著名的肉用型鸭。家鸭（如北京鸭、麻鸭等）起源于河鸭属，瘤头鸭起源于栖鸭属，故家鸭和瘤头鸭是同科不同属、种的两种鸭类。中国饲养的番鸭，经长期饲养已驯化成为适应中国南方生活环境的良种肉用鸭。番鸭虽有飞翔能力，但性情温驯，行动笨拙，不喜在水中长时间游泳，适于陆地舍饲；在东南沿海（如福建、广东、广西、浙江、江西、台湾等地）均有大量繁殖饲养。

公番鸭与母家鸭之间的杂交属于不同属、不同种之间的远缘杂交，所生的第一代无繁殖力，但在生产性能方面具有较大的杂交优势，称半番鸭或骡鸭。这种杂交鸭体格健壮，放牧觅食能力强，耐粗放饲养，具有增重快、皮下脂肪和腹脂少、瘦肉率高等特点。近年来，骡鸭（半番鸭）的生产在国内外发展都很快。

（一）杂交方式

杂交组合分正交（公番鸭×母家鸭）和反交（公家鸭×母番鸭）两种。生产实践证明以正交效果好，这是由于用家鸭作母本，产蛋多，繁殖率高，雏鸭成本低，杂交鸭公母生长速度差异不大，12周龄平均体重可达3.5~4千克。如用番鸭作母本，产蛋少，雏鸭成本高，杂交鸭公母体重差异大，12周龄时，杂交公鸭可达3.5~4千克，母鸭只有2千克，因此，在半番鸭的生产中，反交方式不宜采用。

杂交母本最好选用北京鸭、天府肉鸭、樱桃谷肉鸭等大型肉鸭配套系的母本品系，这样繁殖率高，生产的骡鸭体型大、生长快。

（二）配种方式

骡鸭的配种方式分为自然交配和人工授精。采用自然交配时，每个配种群体可按25~30只母鸭，放6~8只公鸭，公母配种比按1∶4左右进行组群。公番鸭应在育成期（20周龄前）放入母鸭群中，提前互相熟识，先适应一个阶段，性成熟后才能互相交配。增加公鸭只数、缩小公母配比和提前放入公鸭是提高受精率的重要方法。

要进行规模化的骡鸭生产，最好采用人工授精技术。番鸭人工授精技术是骡鸭生产成功与否的关键。采精前要对公鸭进行选择，人工采精的种公鸭必须是易与人接近的个体。过度神经质的公鸭往往无法采精，这类个体应于培育过程中予以淘汰。种公鸭实施单独培育，与母番鸭分开饲养。公番鸭适宜采精时间为27~47周龄，最适采精时期为30~45周龄。低于27周龄或超过47周龄采精，则精液质量低劣。

（三）骡鸭的饲养方法

番鸭与家鸭的生活习性及其种质特性虽有区别，但骡鸭的饲养方法与一般肉鸭相似，可参考肉鸭养殖技术进行饲养管理。

第二节　鹅养殖技术

一、雏鹅养殖技术

一般把0~28日龄的小鹅称为雏鹅。雏鹅保温和体温调节能力较弱，抗病性、抗逆性较差，消化力不强，这些生理特点决定了雏鹅较为难养，对育雏条件要求较高。在生产实践中雏鹅成活率较低，生长速度较慢，为此必须大力推广先进实用的育雏技术，提高养殖效益。

（一）潮口与开食

雏鹅第一次饮水称为潮口。一般应在出壳后 24 小时以内进行，以便于补充水分、肠道消毒和排出胎粪，促进新陈代谢。雏鹅一出生应在 24 小时内送进育雏室，休息半个小时后开始喂 0.02% 的高锰酸钾水。雏鹅冬春寒冷季节，要饮温水（30℃左右）。若鹅苗经过远距离运输，首先喂给 5%~8% 的糖水，有利于提高成活率。

雏鹅第一次喂料称为开食。开食应选择营养丰富、品质优良易消化的饲料。一般饮水后即可开食。开食的饲料以米饭、清水泡透的碎米和洗净切细的鲜嫩菜叶、嫩青草等青绿饲料为好，并加入骨粉和食盐。雏鹅开食后，逐渐喂给配合饲料。喂食时要注意定时定量，少喂勤添，耐心喂养，个别不会采食的雏鹅，可将青菜丝送到雏鹅嘴旁，诱其采食，经数次调教，即会吃食。此时日喂 4~5 次，最后 1 次在晚上 9 时左右。当雏鹅长至 4~5 日龄时，因鹅体水分减少，蛋黄吸收完全，雏鹅羽毛紧贴，体型较出壳时缩小，体重减轻，俗称收身。此时雏鹅的消化能力增强，食欲增加，可以逐渐增加喂料次数和喂量，一般日喂 6~8 次。10 日龄以后，以青料为主，另加碎米，也可用米糠等代替碎米。此时雏鹅开始放牧食草，日饲喂次数可减至 5~6 次，并保证饮水充足。20 日龄后，日粮可适量加入谷粒和甘薯丝等。此时雏鹅长大，消化能力更强，可延长放牧时间，日喂料可减为 4~5 次。

从雏鹅开食后第 1 天即可用托盘适当饲喂些青饲料，可选用鲜嫩的黑麦草、聚合草或其他青菜，喂青料可防止相互啄毛，特别要注意一般是先喂精料再喂青料，以满足营养需要，还可避免吃青料过多而腹泻。

（二）放水与放牧

雏鹅第 1 次放到水里活动称为放水。雏鹅放水和放牧可以促进新陈代谢，促进生长发育。初次放水时间，要根据气候条件和雏鹅的健康状况而定，须选择风和日暖的天气。夏天雏鹅以 3~7 日龄，冬天雏鹅以 10~20 日龄为好。放水的水温在 25℃左右为宜，选择晴朗天气，让雏鹅在水盆或赶到水深 4 厘米左右的浅水中嬉水锻炼，初次放水时间以 6~8 分钟为宜，以后逐日延长放水时间和深度。

放牧应在 1 周龄以后，选择晴天，将小鹅放在平坦的嫩草地上，让其自由采食青草，每次放牧时间 25~30 分钟。此期间应照常喂料，3~4 周龄后，逐渐过渡到全日放牧，并逐渐减少饲喂次数和补喂饲料数量。

（三）保温与防湿

1. 保温

雏鹅绒毛稀少，体温调节机能尚未健全，特别怕冷、怕热。适宜的环境温度为：第 1 周 28~30℃，第 2 周 26~28℃，第 3 周 24~26℃。温度的高低关键是看雏鹅的活动表现，温度太低时雏鹅聚集扎堆并尖叫不断，温度过高时雏鹅张口呼吸，严重时表现为脱水，温度适宜时雏鹅均匀分布，采食正常，休息安静。冬季气温低，大群育雏应在育雏室保温育雏，铺好垫料，不要让雏鹅直接接触地面。在采用自温育雏时，在竹篮内铺垫草，将雏鹅放入篮内，天冷时在竹篮上加盖棉絮保温。天暖后，可在竹篮上加盖纱布，以防蚊子叮咬。如温度适宜，竹篮内雏鹅安静，也无扎堆现象。若竹篮内温度偏高，则雏鹅叫声急促，揭开棉絮后，可见雏鹅分散在竹篮四周，此时应及时拿走棉絮，并赶动雏鹅，使鹅体运动，达到调节温度、蒸发水分的目的。如温度偏低时，雏鹅叫声低沉，聚集扎堆，应立即加棉絮保温。5 日龄后的雏鹅，在室温为 15℃ 以上时，可将其放在铺有柔软清洁垫草的地面小围栏内饲养。20 日龄后，雏鹅耐寒能力增强，可采用大栏饲养。

2. 防湿

潮湿对雏鹅的健康和生长发育不利，因此育雏环境应选择在地势高、干燥、排水良好的地方，栏舍潮湿易使雏鹅患感冒、下痢等疾病。栏舍适宜的湿度为 60%~70%，调节湿度的有效方法是要勤换垫料、常清扫粪便、保持地面和栏舍干燥。

（四）通风与光照

在保温期内，一定要使鹅舍保持适宜的通风，以降低舍内氨气、水蒸气及二氧化碳的含量，一般要控制在人进入鹅舍时不觉得闷气，更没有刺鼻、刺眼的臭味为宜。重点要防止贼风和过堂风，且绝不能让风直接吹到雏鹅身上以防止感冒。雏鹅头几天视力较弱，故前 3 日龄应采取 24 小时光照。一般第 1 周内每 15 米^2 鹅舍用 1 个 40 瓦灯泡进行光照，第 2 周可以换成 25 瓦灯泡，第 3 周后可采取自然光照。

（五）饲养密度

如网上小群育雏，每群以 30~50 只为宜；如地面垫料育雏，每群以 100~150 只为宜。一般 1~5 日龄 30 只/米^2，6~10 日龄 20 只/米^2，11~15 日龄 15 只/米^2，第 3 周后可转为地面散养。在育雏中应按雏鹅个体大小和体质强弱定期调整饲养密度。

（六）雏鹅饲养注意事项

1. 选择好鹅苗

优良健壮的雏鹅应：出壳后即能站立，绒毛蓬松、光滑、清洁，无沾毛、沾壳现象；精神活泼，反应灵敏，叫声洪亮，手提颈部双脚挣扎有力；倒置能迅速翻身；腹部柔软，卵黄吸收和脐部收缩良好，无粪便粘连；胫粗壮，胫、脚光滑发亮。

2. 喂饲要定时、定量，少喂勤添

由于雏鹅体质弱，食量少，消化机能尚未健全，在半月龄内以喂七至八成饱为宜，否则易引起消化障碍。

3. 精料变换须由熟到生，由软到硬

如喂米饭，由洗水到不洗水。碎米由浸水到不浸水，由开口谷到生谷，由湿谷（泡水）到干谷，使鹅有一个锻炼适应过程。

4. 饲料必须清洁新鲜

凡是霉变、腐败变质的饲料，不得用来喂鹅，否则会引起曲霉菌病、肠炎、消化不良或其他疾病，严重者会引起大批死亡。

5. 饲料使用

若不用全价配合料饲喂，应注意补给矿物质，它有助于雏鹅骨骼的生长，防止软骨病的发生。饲料中应加进2%~3%的骨粉或蛋壳粉、贝壳粉及0.5%的食盐。如舍饲时，还应在舍内设置沙盆放上沙粒，让其自由采食。若采用全价配合料饲养，可参考如下配方：玉米60%、小麦麸5%、大豆粕27%、鱼粉5%、磷酸氢钙0.7%、石粉0.93%、食盐0.3%、蛋氨酸0.07%、复合预混料1%。

6. 观察采食情况

喂饲时应注意采食情况，若个别体弱雏鹅采食较慢，应分开饲养，以达到雏鹅生长发育整齐的目的。

二、肥育仔鹅养殖技术

（一）肥育鹅选择

中鹅饲养期结束时，选留种鹅剩下的鹅为肥育鹅群或选择育肥期短、饲养成本低、经济效益高的鹅种。适于肥育的优良鹅种有狮头鹅、四川白鹅、皖西白鹅、溆浦鹅、莱茵鹅等为主的肉用型杂交仔鹅品种，这些鹅生长速度快，75~90日龄的鹅育肥体重达7.5千克，成年公、母鹅体重均在10千克以上，最重达 15 千克。选择作肥育的鹅要选鹅头大、脚粗、精神活泼、羽毛光亮、两眼有神、叫声洪亮、机警敏捷、善于觅食、挣扎有力、肛门清洁、健壮无病、70 日龄以上的中鹅作肥育鹅。新从市场买回的肉鹅，还须在清洁水源放养，观察 2~3 天，并注射必要的疫苗进行疾病的预防，确认其健康无病后再进行育肥。

（二）分群饲养

为了使育肥鹅群生长齐整、同步增膘，须将大群分为若干小群。分群原则是，将体型大小相近、采食能力相似的混群，分成强群、中等群和弱群 3 等，在饲养管理中根据各群实际情况，采取相应的技术措施，缩小群体之间的差异，使全群达到最高生产性能，一次性出栏。

（三）适时驱虫

鹅体内外的寄生虫较多，如蛔虫、绦虫、吸虫、羽虱等，应先进行确诊。育肥前要进行一次彻底驱虫，对提高饲料报酬和肥育效果极有好处。驱虫药应选择广谱、高效、低毒的药物。可口服丙硫苯咪唑每千克体重 30 毫克，或盐酸左旋咪唑每千克体重 25 毫克，以提高肥育期的饲料报酬和肥育效果。

（四）育肥方法选择

肉用仔鹅育肥的方法很多，主要包括放牧加补饲育肥法、自由采食育肥法、填饲育肥法等。在肉用仔鹅的育肥阶段，要根据当地的自然条件和饲养习惯，选择成本低且育肥效果好的方式。

1. 放牧加补饲育肥法

放牧加补饲是最经济的育肥方法。根据肥育季节的不同，放牧野草地、麦茬地、稻田地，采食草籽和收割时遗留在田里的麦粒谷穗，边放牧边休息，定时饮水。如果白天吃的籽粒很饱，晚上或夜间可不必补饲精料。如果肥育的季节赶到秋前（籽粒没成熟）或秋后（放茬子季节已过），放牧时鹅只能吃青草或秋黄死的野草，那么晚上和夜间必须补饲精料，能吃多少喂多少，吃饱的鹅颈的右侧可出现一假颈（嗉囊膨起），吃饱的鹅有厌食动作，摆脖子下咽，头不停地往下点。补饲必须用全价配合饲料，或压制成颗粒料，可减少饲料浪费。补饲的鹅必须饮足水，尤其是夜间不能停水。放牧育肥必须充分掌握当地农作物的收割季节，事先联系好放牧的茬地，预先育雏，制订好放牧育肥计划。

2. 填饲育肥法

采用填鸭式肥育技术，俗称"填鹅"，即在短期内强制性地让鹅采食大量的富含碳水化合物的饲料，促进育肥。此法育肥增重速度最快，只要经过 10 天左右就可达到鹅体脂肪迅速增多、肉嫩味美的效果，填饲期以 3 周为宜，育肥期能增重 50%~80%。如可按玉米、碎米、甘薯面 60%，米糠、麸皮 30%，豆饼（粕）粉 8%，生长素 1%，食盐 1% 配成全价混合饲料，加水拌成糊状，用特制的填饲机填饲。具体操作方法是：由 2 人完成，一人抓鹅，一人握鹅头，左手撑开鹅喙，右手将胶皮管插入鹅食道内，脚踏压食开关，一次性注满食道，逐只慢慢进行。如没有填饲机，可将混合料制成 1~1.5 厘米、长 6 厘米左右的食条，俗称"剂子"，待阴干后，用人工填入食道中，效果也很好，但费人工，适于小批量肥育。其操作方法是，填饲人员坐在凳子上，用膝关节和大腿夹住鹅身，背朝人，左手把鹅喙撑开，右手拿"剂子"，先蘸一下水，用食指将"剂子"，填入食道内，每填一次用手顺着食道轻轻地向下推压，协助"剂子"下移，每次填 3~4 条，以后增加直至填饱为止。开始 3 天内，不宜填得太饱，每天填 3~4 次。以后要填饱，每日填 5 次，从早 6 时到晚 10 时，平均每 4 小时填 1 次。填饲的仔鹅应供给充足的饮水。每天傍晚应放水 1 次，时间约半小时，可促进新陈代谢，有利于消化，清洁羽毛，防止生羽虱和其他皮肤病。

每天应清理圈舍 1 次，如使用褥草垫栏，则每天要用干草更换。若用土垫，每天须添加新的干土，7 天要彻底清除 1 次。

3. 自由采食育肥法

有围栏栅上育肥和地上平面加垫料育肥 2 种方式，均用竹竿或木条隔成小区，料槽和水槽设在围栏外，鹅伸出头来自由采食和饮水。

（1）围栏栅上育肥 距地面 60~70 厘米高处搭起栅架，栅条距 3~4 厘米，也可在栅条上铺塑料网，网眼大小为（1.5 厘米×1.5 厘米）~（3 厘米×3 厘米），鹅粪可通过栅条间隙漏到地面上，便于清粪还不致卡伤鹅脚。这样栅面上可保持干燥、清洁的环境，有利于鹅的肥育。育肥结束后一次性清理。

为了限制鹅的活动，棚架上用竹木枝条编成栅栏，分别隔成若干个小栏，每小栏以 10 米² 为宜，每平方米养育肥鹅 3~5 只。栅栏竹木条之间距离以鹅头能伸出觅食和饮水为宜，栅栏外挂有食槽和水槽，鹅在两竹木条间伸出头来觅食、饮水。饲料配方采用：玉米 35%，小麦 20%，米糠 20%，油枯（菜籽饼、棉籽饼、豆饼、芝麻饼、花生饼等）10%，麸皮 10%，贝壳粉 4%。日喂 3 次，每次喂量以供吃饱为止，最后 1 次在晚间 10 时喂饲，每次喂食后再喂些青饲料，并整天供给清洁饮水。

（2）栏饲育肥 用竹料或木料做围栏按鹅的大小、强弱分群，将鹅围栏饲养，栏高 60~70 厘米，以减少鹅的运动，每平方米可饲养 4~6 只。饲槽和饮水器放在栏外，围栏留缝隙让鹅头能伸出栏外采食饮水。饲料要求多样化，精、青配合，精料可采用：玉米 40%，稻谷 15%，麦麸 19%，米糠 10%，菜枯 11%，鱼粉 3.3%，骨粉 1%，食盐 0.3%，最好再加入硫酸锰 0.019%，硫酸锌 0.017%，硫酸亚铁 0.012%，硫酸铜 0.002%，碘化钾 0.0001%，氯化钴 0.0001%，混匀喂服。饲料要粉碎，最好制成颗粒料，并供足饮水。每天喂 5~6 次，喂量可不限，任鹅自由采食、饮水，充分吃饱喝足。同时保证鹅体清洁，圈舍干燥，每周全舍清扫 1 次。在圈栏饲养中特别要求鹅舍安静，不放牧，限制活动，但隔日可让鹅水浴 1 次，每次 10 分钟，以清洁鹅体。出栏时实行全进全出制，彻底清洗消毒圈舍后再育肥下一批肉鹅。

选择最佳的出栏期能提高肉鹅的养殖效益。选择最佳出栏期，主要应考虑饲料利用效果、育肥膘情和市场价格等综合因素。

三、种母鹅养殖技术

种鹅在产蛋期的饲养管理目标是：体质健壮、高产稳产，种蛋有较高的受精率和孵化率，以完成育种与制种任务，有较好的技术指标与经济效益。

（一）产蛋母鹅的营养需要及配合饲料

种鹅由于连续产蛋和繁殖后代，需要消耗较多的营养物质，尤其是能量、蛋白质、钙、磷等。因此，饲料营养水平的高低、是否均衡直接影响母鹅的生产性能。种鹅在产蛋配种前 20 天左右开始喂给产蛋饲料。由于我国养鹅以粗放饲养为主，南方多以放牧为主，舍饲日粮仅仅是一种补充。因而要根据当地的饲料资源和鹅在各生长、生产阶段营养要求因地制宜并充分考虑母鹅产蛋所需的营养设计饲料配方。

在以舍饲为主的条件下，建议产蛋母鹅日粮营养水平为代谢能 10.88~12.3 兆焦/千克，粗蛋白质 14%~16%，粗纤维 5%~8%（不高于 10%），赖氨酸 0.8%，蛋氨酸 0.35%，胱氨酸 0.27%，钙 2.25%，有效磷 0.3%，食盐 0.5%。根据试验，采用按玉米 40%，豆饼 12%，米糠 25%，菜籽饼 5%，骨粉 1%，贝壳粉 7% 的比例制成的配合饲料饲喂种鹅，平均产蛋量、受精蛋、种蛋受精率分别比饲喂单一稻谷提高 3.1%、3.5% 和 2%。

另外，国内外的养鹅生产实践和试验都证明，母鹅饲喂青绿多汁饲料对提高母鹅的繁殖性能有良好影响。因此，有条件的地方应于繁殖期多喂些青绿饲料。

饲料喂量一般每只每天补充精料 150~200 克，分 3 次喂给，其中 1 次在晚上，1 次在产完蛋后。

（二）饮水

种鹅产蛋和代谢需要大量的水分，所以供给产蛋鹅充足的饮水是非常必要的，要经常保持舍内有清洁的饮水。产蛋鹅夜间饮水与白天一样多，所以夜间也要给足饮水，满足鹅体对水分的需求。我国北方早春气候寒冷，饮水容易结冰，产蛋母鹅饮用冰水对产蛋有影响，应给予 12℃ 的温水，并在夜间换一次温水，防止饮水结冰。

（三）产蛋鹅的环境管理

为鹅群创造一个良好的生活环境，精心管理，是保证鹅群高产、稳产的基本条件。

1. 适宜的环境温度

鹅的生理特点是：羽绒丰满，绒羽含量较多；皮下有脂肪而无皮脂腺，只有发达的尾脂腺，散热困难，所以耐寒而不耐热，对高温反应敏感。夏季天气温度高，鹅常停产，公鹅精子无活力；春节过后气温比较寒冷，但鹅只陆续开产，公鹅精子活力较强，受精率也较高。母鹅产蛋的适宜温度是 18%~25%，公鹅产壮精的适宜温度是 10%~25%。在管理产蛋鹅的过程中，应注意环境温度，特别是做好夏季的防暑降温工作。

2. 适宜的光照时间

光照时间的长短及强弱，以不同的生理途径影响家禽的生长和繁殖，对种鹅的繁殖力有较大的影响。在适宜的环境温度条件下，给鹅增加光照可提高产蛋量。采用自然光照加人工光照，每日应不少于 15 小时，通常是 16~17 小时，一直维持到产蛋结束。目前，许多种鹅的饲养大多采用开放式鹅舍、自然光照制度，光照时间不足，对产蛋有一定的影响。因此，为提高产蛋率，应补充光照，一般在开产前 1 个月开始较好，由少到多，直至达到适宜光照时间。增加人工光照的时间分别安排在早上和晚上。不同品种在不同季节所需光照不同，如我国南方的四季鹅，每个季度都产蛋，所以在每季所需光照也不一样。应当根据季节、地区、品种、自然光照和产蛋周龄，制订光照计划，按计划执行，不得随意调整。

舍饲的产蛋鹅在日光不足时可补充电灯光源，光源强度 2~3 瓦/米^2 较为适宜，每 20 米^2 面积安装 1 只 40~60 瓦灯泡较好，灯与地面距离 1.75 米左右为宜。

3. 合理的通风换气

产蛋期种鹅由于放牧减少，在鹅舍内生活时间较长，摄食和排泄量也很多，会使舍内空气污染，氧气减少，既影响鹅体健康，又使产蛋下降。为保持鹅舍内空气新鲜，除控制饲养密度（舍饲 1.3~1.6 只/米²，放牧条件下 2 只/米²），及时清除粪便、垫草。还要经常打开门窗换气。冬季为了保温取暖，鹅舍门窗多关闭，舍内要留有换气孔，经常打开换气孔换气，始终保持舍内空气的新鲜。

4. 搞好舍内外卫生，防止疫病发生

舍内垫草须勤换，使饮水器和垫草隔开，以保持垫草有良好的卫生状况。垫草一定要洁净，不霉不烂，以防发生曲霉病。污染的垫草和粪便要经常清除。舍内要定期消毒，特别是春、秋两季结合预防注射，将料槽、饮水器和积粪场围栏、墙壁等鹅经常接触的场内环境进行一次大消毒，以防疫病的发生。

（四）母鹅的配种管理

1. 合适的公母比例

为了提高种蛋的受精率，除考虑种鹅的营养需要外，还必须注意公鹅的健康状况和公母比例。在自然支配条件下，合理的性比例和繁殖小群能提高鹅的受精率。一般大型鹅种公母配比为 1：（3~4），中型 1：（4~6），小型 1：（6~7）。繁殖配种群不宜过大，一般以 50~150 只为宜。鹅属水禽，喜欢在水中嬉戏配种，有条件的应每天给予一定的放水时间，以多创造配种机会，提高种蛋受精率。

2. 合适的配种环境

鹅的自然交配多在水上进行，掌握鹅的下水规律，使鹅能得到交配的机会，这是提高受精率的关键。要求种鹅每天有规律地下水 3~4 次。第 1 次下水交配在早上，从栏舍内放出后即将鹅赶入水中，早上公母鹅的性欲旺盛，要求交配者较多，应注意观察鹅群的交配情况，防止公鹅因争配打架影响受精率。第 2 次下水时间在放牧后 2~3 小时，可把鹅群赶至水边让其自由嬉水交配。第 3 次在下午放牧前，方法如第 1 次。第 4 次可在入圈前让鹅自由下水。如舍饲，主要抓好早晚两次配种。配种环境的好坏，对受精率有一定影响，在设计水面运动场时面积不宜过大，过大因鹅群分散，配种机会少；过小，鹅群又过于集中，致使公鹅相互争配而影响受精率。人工辅助配种可提高受精率，但比较麻烦，公鹅需经一段时间的调教，只适合在农家散养及小群饲养情况下进行。

3. 人工辅助授精

在大、小型品种间杂交时，公母鹅体格相差悬殊，自然配种困难，受精率低，可采用人工辅助配种方法，这也属于自然配种。方法是先把公母鹅放在一起，使之相互熟悉，经过反复的配种训练建立条件反射，当把母鹅按在地上、尾部朝向公鹅时，公鹅即可跑过来配种。

人工授精是提高鹅受精率最有效的方法，还可大大缩小公母比例，提高优良公鹅利用率，减少经性途径传播的疾病。采用人工授精，1只公鹅的精液可供12只以上母鹅输精。在一般情况下，公鹅1~3天采精1次，母鹅每5~6天输精1次。

（五）母鹅的产蛋管理

鹅的繁殖有明显的季节性，鹅1年只有1个繁殖季节，南方为10月至翌年的5月，北方一般在3—7月。母鹅的产蛋时间大多数在下半夜至上午10时以前。因此，产蛋母鹅上午不要外出放牧，可在舍前运动场上自由活动，待产蛋结束后再放出放牧。

鹅产蛋有择窝的习性，形成习惯后不易改变。地面饲养的母鹅，大约有60%习惯于在窝外地面产蛋，有少数母鹅产蛋后有用草遮蛋的习惯，蛋往往被踩坏，造成损失。因此，要训练母鹅在窝内产蛋并及时收集产在地面的种蛋。一般在母鹅临产前半个月左右，应在舍内墙周围安放产蛋箱，训练鹅在产蛋箱产蛋的习惯。蛋箱的规格是：宽40厘米、长60厘米、高50厘米，门槛高8厘米，箱底铺垫柔软的垫草。每2~3只母鹅设一产蛋箱。母鹅在产蛋前，一般不爱活动，东张西望，不断鸣叫，这些是要产蛋的行为。发现这样的母鹅，将其捉入产蛋箱内产蛋，以后鹅便会主动找窝产蛋。

种蛋要随下随拣，一定要避免污染种蛋。每天应拣蛋4~6次，可从凌晨2时以后，每隔1小时用蓝色灯光（因鹅的眼睛看不清蓝光）照明收集种蛋1次。在收集种蛋后，先进行熏蒸消毒，然后放入蛋库保存。

产蛋箱内垫草要经常更换，保持清洁卫生，以防垫草污染种蛋。

（六）就巢鹅的管理

我国的许多鹅种在产蛋期都表现出不同程度的抱性，对种鹅产蛋造成严重影响。一旦发现母鹅有恋巢表现时，应及时隔离，转移环境，将其关到光线充足、通风好的地方，进行"醒抱"。可采用以下方法：一是将母鹅围困到浅水中，使之不能伏卧，能较快"醒抱"。二是对隔离出来的就巢鹅，只供水不喂料，2~3天后喂一些干草粉、糠麸等粗料和少量精料，使之体重不产生严重下降，"醒抱"后能迅速恢复产蛋。三是应用药物，如给抱窝鹅每只肌注1针25毫克的丙酸睾丸酮，一般1~2天就会停止抱窝，经过短时间恢复就能再产蛋，但对后期的产蛋有一些负面的影响。

（七）休产期母鹅的饲养管理

母鹅每年产蛋至 5 月左右时，羽毛干枯，产蛋量减少，畸形蛋增多，受精率下降，表明鹅进入休产期，此期持续 4~6 个月。

1. 休产前期的饲养管理

这一时期的工作要点是逐渐减少精料用量、人工拔羽、种群选择淘汰与新鹅补充。停产鹅的日粮由精料为主改为粗料为主，即转入以放牧为主的粗饲期，目的是降低饲料营养水平，促使母鹅体内脂肪的消耗，促使羽毛干枯，容易脱落。此期喂料次数逐渐减少至每天 1 次或隔天 1 次，然后改为 3~4 天喂 1 次。在减少饲喂精料期，应保证鹅群有充足的饮水，促使鹅体自行换羽，同时也培养种鹅的耐粗饲能力。经过 12~13 天，鹅体消瘦，体重减轻，主翼羽和主尾羽出现干枯现象时，则可恢复喂料。待体重逐渐回升，放牧饲养 1 个月后，就可进行人工拔羽。公鹅应比母鹅早 20~30 天强制换羽，务必在配种前羽毛全部脱换好，可保证鹅体肥壮，精力旺盛，以便配种。

人工拔羽就是人工拔掉主翼羽、副主翼羽和主尾羽。处于休产期的母鹅比较容易拔下，如拔羽困难或拔出的羽根带血时，可停喂几天饲料（青饲料也不喂），只喂水，直至鹅体消瘦，容易拔下主翼羽为止。拔羽应选择温暖的晴天在鹅空腹下进行，切忌寒冷雨天进行。拔羽后必须加强饲养管理，一般要求 1~2 天应将鹅圈养在运动场内喂料、喂水、休息，不能让鹅下水，以防毛孔感染引起炎症。3 天后就可放牧与放水，但要避免烈日暴晒和雨淋。

种群选择与淘汰，主要是根据前次繁殖周期的生产记录和观察，对繁殖性能低，如产蛋量少、种蛋受精率低、公鹅配种能力差、后代生活力弱的种鹅个体进行淘汰。为保持种群数量的稳定和生产计划的连续性，还要及时培育、补充后备优良种鹅，一般地，种鹅每年更新淘汰率在 25%~30%。

2. 休产中期的饲养管理

当鹅主副翼换羽结束后，即进入产蛋前期的饲养管理，此期的目的是使鹅尽快恢复产蛋的体况，进入下一个产蛋期。因此，在饲养上，要充分利用种鹅耐粗饲的特点，全天放牧，让其采食野生牧草。农作物收获后的青绿茎叶也可以用作鹅的青绿饲料。只要青粗料充足，全天可以不补充精料。在管理上，放牧时应避开中午高温和暴风雨恶劣天气。在放牧过程中要适时放水洗浴、饮水，尤其要时刻关注放牧场地及周围农药施用情况，尽量减少不必要的鹅群损害。在这一时期结束前，还要对一些残次鹅进行 1 次选择淘汰。

3. 休产后期的饲养管理

这一时期的主要任务是种鹅的驱虫防疫、提膘复壮，为下 1 个产蛋繁殖期做好准备。为保障鹅群及下一代的健康安全，前 10 天要选用安全、高效广谱驱虫药进行 1 次鹅体驱虫，驱虫 1 周内的鹅舍粪便、垫料要每天清扫，堆积发酵后再作农田肥料，以防寄生虫的重复感染。驱虫 7~10 天，根据当地周边地区的疫情动态，及时做好小鹅瘟、禽流感等一些重大疫病的免疫预防接种工作。夏季过后，进入秋冬枯草期，种鹅的饲养管理上要抓好青绿饲料的供应和逐步增加精料补充量。可人工种植牧草，如适宜秋季播种的多花黑麦草等，或将夏季过剩青绿饲料经过青贮保存后留作冬季供应。精料尽量使用配合饲料，并逐渐增加喂料量，以便尽快恢复种鹅体膘，适时进入下一个繁殖生产期。在管理上，还要做好种鹅舍的修缮、产蛋窝棚的准备等。必要时晚间增加 2~3 小时的普通灯泡光照，促进产蛋繁殖期早日到来。

四、鹅肥肝生产技术

（一）肥肝生产鹅的选择

鹅肥肝是用 3 月龄左右，生长发育良好的肉用鹅，在肥育后期用超额的高能量饲料进行一段时间人工强制催肥后所生产的脂肪肝。在通常情况下，鹅肝重 50~100 克，但鹅肥肝重可达 700~900 克，最高达 1 800 克。

肥肝生产鹅选择体型大的品种，以保证肥肝的重量和质量。如法国的朗德鹅是较理想的品种。我国鹅种资源丰富，尤以狮头鹅、溆浦鹅为好。为了提高鹅肥肝的生产潜力，通常采用肥肝性能好的大型鹅品种作父本，用产蛋多的小型鹅品种作母本杂交，杂种鹅生长发育快，适应性增强，有利于肥肝的生产。

（二）肥肝鹅预饲期饲养管理

肉用仔鹅通过选择，经过驱虫和预防接种后，转入预饲期的饲养。预饲期长短应根据品种大小、体重情况、日龄大小和生长均匀度灵活掌握，整齐度高、体况好的可短些，差的可长些。一般为 2~3 周。

1. 预饲期的饲养

预饲期喂给高能量饲料，促进鹅的生长发育，使鹅群迅速增加体重，使其肝细胞建立贮存脂肪的能力，具有良好体况适应填饲。预饲期的饲料：含碳水化合物丰富的黄玉米、碎米占 70%~80%，豆饼或花生饼占 25%~30%，有条件的可加入 0.2% 的蛋氨酸。每天早、中、晚 3 次定时饲喂，自由采食，每只采食量在 200~240 克。预饲期以自由采食青绿饲料为主，促进消化道柔软部膨大，以便强饲期能填入大量饲料。同时还要注意饮水和沙砾的整日供应，以促进消化。

2. 预饲期的管理

预饲期以舍饲为主，逐步减少外出活动和下水时间，上、下午各 1 次，预饲期结束前 3 天停止放牧。使鹅群慢慢习惯填饲阶段的圈养。在这期间，鹅舍应经常清扫与消毒，保持通风干燥。鹅群按品种、公母分圈饲养，每圈鹅数不超过 30 只为宜。一般饲养密度以 3~4 只/米² 为宜。鹅舍采用暗光线，保持安静，避免一切应激因素，为填饲准备良好的环境条件，并做好疾病防疫工作。

（三）肥肝鹅填饲期的饲养管理

1. 填饲期

填饲期是鹅肥肝生产的关键环节。填饲期的长短根据鹅的品种、生理特点、消化能力、肥肝增重规律和外形表现来确定。一般为 3~4 周，大中型鹅 4 周，小型鹅 3 周即可屠宰取肝。

2. 填饲饲料及填饲量

玉米是世界上普遍采用的鹅肥肝生产的理想填饲饲料。用黄玉米填饲肥肝大且纯黄色，商品价值高。粒状玉米用文火煮至八成熟，随后沥去水，加入 0.5%~1% 的食盐，还可加入 1%~2% 猪油，将饲料拌匀即可。大型鹅填饲量每日为 850~1 000 克，中型鹅 700~850 克。填饲量由少逐渐增多，日填饲次数一般为 2~3 次。

3. 填饲方法

肥肝填饲方法有手工填饲和机器填饲两种。人工填饲法由一人独自完成，操作者把肥肝鹅夹在双膝间，头朝上，露出颈部，左手把鹅喙掰开，右手抓料投放到鹅口中，每天填饲 3~4 次。机器填饲法由两人操作，助手固定鹅体，填饲员用右手的拇指和中指固定鹅喙的基部，食指伸入鹅的口腔内按压鹅舌的基部，向上拉鹅头，将填饲管插入鹅口腔，沿咽喉、食道直插至食道膨大部中段，填饲时应注意把鹅颈伸直。为防止填喂时导致鹅窒息，填饲人员应把鹅喙封住，把颈部垂直地向上拉，用食指和拇指把饲料向下捋 3~4 次，直至饲料填到比喉头低 1~2 厘米时就停止填喂。此时鹅头咽部缓慢从填饲管中退出，填饲员松开鹅头，填饲结束，取出鹅轻轻放回圈舍。

4. 填饲期的管理

填饲期内的饲养密度为 3~4 只/米²、每小群 30 只左右为宜。肥肝鹅在填饲期最好采取网养或圈舍饲养，只给适当运动不给下水，以尽量减少其能量消耗。鹅舍要求平坦、干燥、通风，冬暖夏凉，经常打扫圈舍粪便，常换垫料，保持清洁，环境安静，光线宜稍暗。到填饲后期，随着鹅体重增大和肥肝形成，抓鹅时必须轻提、细填、轻放，防止挤伤或惊吓。填饲期内保证充足清洁饮水，以促进鹅消化食物。

5. 屠宰取肝

（1）屠宰　肥肝鹅的屠宰与肉用鹅的方法一样，但放血一定要充分，一般需要 3~5 分钟。

（2）浸烫　将放血后的鹅置于 60~65℃ 的热水中翻动浸烫，时间 3~5 分钟，使身体各部位的羽毛能完全浸透，受热均匀。

（3）拔毛　拔毛不宜用脱毛机，只适合手拔。整个屠宰过程做到轻捉轻放，切不可碰撞或挤压鹅的胸腹部，更不可相互挤压堆放，以免损伤肥肝。

（4）预冷　将刚脱毛屠体洗净腹部向上平放在分层的金属架上，沥干水分后置于温度为 4~10℃ 的冷库预冷 18 小时，使其干燥，脂肪凝结，内脏变硬而又不至于冻结，以防含脂高的肥肝破损。

（5）剖腹　操作间温度最适宜在 4~6℃，保持清洁卫生。将鹅胸腹部朝上，尾部对着操作者。操作者左手按胴体，右手持刀剖腹，可根据需要采用横向、纵向、开胸 3 种剖腹法打开胸腹腔，使内脏暴露。

（6）取肝　用刀仔细将肥肝与其他脏器分离。取肝者双手插入腹腔轻轻托住肥肝，最重要的是保持肥肝的完整性和胆囊不破。胆囊一破应立即用冷水冲洗胆汁，直至干净为止。

（7）整修　取出的肥肝用小刀修除附在肥肝上的神经纤维、结缔组织和胆囊下的绿色渗出物，再切除肥肝中的淤血、出血或破损部分，去掉肝上残留的脂肪，用净水冲洗后将肥肝放入 1% 的盐水中浸泡 10~15 分钟，捞出沥水，再用洁净的布吸干肝表面的水，称重分级。

第六章　家禽的防疫技术

第一节　家禽疫病的发生与流行

一、家禽疫病的发生

家禽在整个生命过程中，可能会受到来自体内外各种病原体的侵袭。病原体感染机体后，可引起机体不同程度的损伤，机体内部与外界的相对平衡稳定状态遭受破坏，机体处于异常的生命活动中，其机能、代谢和组织结构等会发生一定程度改变，从而可出现一系列异常的临床表现即症状，引起家禽疫病的发生。

（一）感染

病原微生物侵入家禽机体，并在一定的部位定居、生长、繁殖，从而引起一系列的病理反应的过程称为感染或传染。

当病原体具有相当的毒力和数量，且机体的抵抗力又相对较弱时，家禽就会表现出一定的临床症状；如果病原体的毒力较弱或数量较少，且机体的抵抗力较强时，病原体可能在机体内存活，但不能大量繁殖，机体也不表现明显的临床症状；当机体抵抗力较强时，体内并不适合病原体的生长，一旦病原体进入家禽体内，机体就动员自身的防御力量将病原体杀死或灭活，从而保持机体生理功能的正常稳定。

（二）感染的类型

病原体与家禽机体抵抗力之间的关系错综复杂，影响因素也很多，造成感染过程的表现形式也多种多样，从不同角度可分为不同的类型。常见的类型如下。

1. 按病原体的来源分

（1）外源性感染　病原体从外界侵入机体引起的感染过程，称为外源性感染。

（2）内源性感染　如果病原体是寄生在动物机体内的条件性致病微生物，在机体正常的情况下，它并不表现出致病性。但当受不良因素影响而使机体抵抗力减弱时，导致病原微生物的活化，毒力增强并大量繁殖，最后引起机体发病，这就是内源性感染。

2. 按病原的种类分

（1）单纯感染（单一感染）　由一种病原微生物引起的感染。

（2）混合感染　由两种以上的病原微生物同时参与的感染。

3. 按病原的先后分

有原发感染和继发感染。

家禽感染了一种病原微生物之后，在机体抵抗力减弱的情况下，又由新侵入的或原来存在于体内的另一种病原微生物引起的感染，这时前一种感染称为原发感染，后一种感染称为继发感染。

4. 按临床表现分

（1）显性感染　将出现该病所特有的明显的临床症状的感染称为显性感染。

（2）隐性感染　在感染后无任何临床症状而呈隐蔽经过的感染称为隐性感染，也称为亚临床感染。

（3）一过型感染　开始症状较轻，特征性症状未出现前即行恢复者称为一过型（或消散型）感染。

（4）顿挫型感染　开始症状较重，与急性病例相似，但特征性症状尚未出现即迅速消退恢复健康者，称为顿挫型感染。

（5）温和型感染　临床表现较轻缓的称为温和型。

5. 按感染的部位分

（1）局部感染　当动物机体的抵抗力较强，病原微生物毒力较弱或数量较少，局限在一定部位生长繁殖，并引起一定病变的感染称为局部感染。

（2）全身感染　如果动物机体抵抗力较弱，病原微生物冲破了机体的各种防御屏障进入血液向全身扩散，则称为全身感染。

6. 按临床症状是否典型分

（1）典型感染　在感染过程中表现出该病的特征性临床症状者，称为典型感染。

（2）非典型感染　在感染过程中表现或轻或重，缺乏典型症状，称为非典型感染。

7. 按发病的严重性分

（1）良性感染　如果该病并不能引起患病家禽的大批死亡，可称为良性感染。

（2）恶性感染　如果该病能引起大批死亡则称为恶性感染。

良性感染、恶性感染的判定方法：患病家禽的病死率。

8. 按病程的长短分

（1）最急性感染　病程最短，常在数小时或 1 天内死亡，症状和病变不典型。

（2）急性感染　病程较短，几天至 2~3 周不等，伴有明显的典型症状。

（3）亚急性感染　病程稍长，病情缓和（与急性相比）。

（4）慢性感染　病程缓慢，常在 1 个月以上，临床症状不明显甚至不表现出来。

9. 病毒的持续性感染和慢病毒感染

（1）持续性感染　是指家禽长期持续的感染状态。有些病毒可长期存活，感染的家禽有的持续有症状，有的间断有症状，有的无症状。如副黏病毒（鸡新城疫病毒）和反转录病毒科病毒（如禽白血病病毒），常会诱发持续性感染。

（2）慢病毒感染（长程感染）　是指潜伏期长达几年甚至数十年，早期临床上多没有症状，后期发病呈进行性且以死亡为转归的病毒感染。

（三）家禽疫病发生的条件

家禽疫病的发生需要一定的条件，其中病原体是引起疫病发生的首要条件，家禽的易感性和环境因素也是疫病发生的必要条件。

1. 具有一定数量和毒力的病原微生物

没有病原微生物，传染病就不可能发生。病原体引起感染，除必须有一定毒力外，还必须有足够的数量。一般来说，病原体毒力越强，引起感染所需数量就越少；反之需要数量就越多。侵入家禽体内的病原体，经一定的生长适应阶段，繁殖到一定的数量，对家禽机体造成一定损伤，动物逐渐出现临床症状，才能导致家禽疫病发生。

毒力是病原体致病能力强弱的反映，人们常把病原体分为强毒株、中等毒力株、弱毒株、无毒株等。病原体的毒力不同，与机体相互作用的结果也不同。病原体须有较强的毒力，才能突破机体的防御屏障引起传染，导致疫病的发生。

2. 适宜的传播途径

病原微生物通过适宜的途径即特定的侵入门户，侵入家禽适宜的部位，并在特定部位定居繁殖，才能使家禽感染。如果病原微生物侵入机体的部位不适宜，也不能引起传染病。

家禽疫病的传播，主要有以下几种途径。

（1）蛋传　有的传染病病原体存在于种禽的卵巢或输卵管内，在蛋的形成过程中进入鸡蛋内。禽蛋经泄殖腔排出时，病原体附着在蛋壳上。还有一些禽蛋通过被病原体污染的各种用具（产蛋箱、孵化器等）和工作人员的手而带菌带毒。

现已知可通过鸡蛋传播的禽病有：鸡白痢、禽伤寒、鸡大肠杆菌病、鸡霉形体病、禽脑脊髓炎、禽白血病、病毒性肝炎、包涵体肝炎、减蛋综合征等。

（2）孵化室传播　主要发生在雏禽开始啄壳至出壳期间。

这时的雏禽开始呼吸，接触周围环境，就会加速附着在蛋壳碎屑和绒毛中的病原体的传播。

通过本途径传播的禽病有：禽曲霉菌病、肝炎、沙门氏菌病等。

（3）空气传播　有些病原体存在于家禽的呼吸道中，通过喷嚏或咳嗽排放到空气中，被健康鸡吸入而发生感染。有些病原体随分泌物、排泄物排出，干燥后可形成微小粒子或附着在尘埃上，经空气传播到较远的地方。

经这种方式传播的疫病主要有：鸡败血霉形体病、鸡传染性支气管炎、鸡传染性喉气管炎、鸡新城疫、禽流感、禽霍乱、鸡传染性鼻炎、鸡痘、鸡马立克氏病、鸡大肠杆菌病、鸡曲霉菌病等。

（4）饲料和饮水传播　禽的大多数疫病，是由被病原体污染的饲料和饮水，经健康家禽摄入体内而感染的。

病禽的分泌物、排泄物及尸体可直接进入饲料和饮水中，也可以通过被污染的加工、贮存和运输工具、设备、场所及工作人员而间接进入饲料和饮水中。

饲料中有些有害物质，如黄曲霉素、劣质的鱼粉、添加的食盐及药物是否超量、饲料存放不当、时间过长等因素，则是禽曲霉菌病等最常见的原因。

（5）粪便传播　病鸡的粪便中含有大量的病原体，含有各种各样病原体的粪便、分泌物和排泄物容易对禽舍造成污染。如鸡马立克氏病病毒、鸡传染性法氏囊病病毒、沙门氏菌、大肠杆菌和多种寄生虫卵等。

如果不及时清除粪便，不但本群的健康难以保证，而且还会殃及相邻的禽群。

（6）羽毛传播　鸡马立克氏病的病毒存在于病鸡的羽毛中，如果加工厂对这种羽毛处理不当，则可能成为该病传播的重要因素。

（7）设备用具传播　养禽场的一些设备和用具，尤其是数个群混用、场内场外共用的设备和用具（饲料箱、蛋箱、装禽箱、运输车等），常成为疫病传播的媒介。特别是工作繁忙时，往往放松了清洁消毒工作，容易造成疫病传播。

经设备和用具传播的疫病主要有：鸡霉形体病、鸡新城疫、禽霍乱、鸡传染性喉气管炎等。

（8）混群传播　在成年家禽中，有的经过自然感染或人工接种而对某些传染病获得了一定免疫力，不表现明显症状，但它们仍然是带菌、带病毒或带虫者，具有很强的传染性。假如把后备群或新购入的家禽与成年群混养，往往会造成许多传染病的混感及暴发流行。

由健康带菌、带病毒或带虫的家禽而传播的疫病主要有：鸡白痢、沙门氏菌病、鸡霉形体病、禽霍乱、鸡传染性鼻炎、禽结核、鸡传染性支气管炎、鸡传染性喉气管炎、鸡马立克氏病、淋巴性白血病、球虫病、组织滴虫病等。

（9）其他动物和人传播　自然界中的一些动物和昆虫，都是家禽疫病的媒介物或中间宿主，它们既可起到机械的传播作用，又可让一些病原体在自身体内寄生繁殖而发挥其传染源的作用。

人常常在疾病传播中起着十分重要的作用，经常接触禽群的人所穿衣服、鞋袜以及体表和手如被病原体污染，就会把病菌（毒）带进健康禽舍，引起疾病暴发。

（10）交配传播　家禽某些疫病（如鸡白痢、禽霍乱等）可通过其自然交配，或人工授精而由公禽传染给健康的母禽，最后引起大批发病。

3. 对某种疫病具有易感性的动物

动物对某一病原微生物没有免疫力（即没有抵抗力）称为易感性，对病原体具有感受性的动物称为易感动物。因此，病原微生物只有侵入到对其有易感性的动物体内时，才能引起疫病的发生。

动物对病原体的感受性是动物"种"的特性，因此动物的种属特性决定了它对某种病原体的传染具有天然的免疫力或感受性，因此动物的易感性受诸多因素影响。不同种类的动物对同一种病原微生物的易感性不同。同一种动物，不同年龄对病原微生物的易感性不同，同年龄的不同个体易感性也不一致，个体营养状况差的动物，易遭受病原微生物的侵袭。

4. 适宜的外界环境因素

（1）对家禽抗病能力的影响　如每年早春季节，青黄不接，饲料缺乏，动物消瘦，抗病能力下降，易感染疫病并引起死亡。

（2）对病原微生物生命力、毒力的影响　如冬季气温低，利于病毒的生存，易发生病毒性传染病。

（3）对生物媒介和中间宿主生命力、分布的影响　蚊子能传播多种疫病。如鸡白冠病、球虫病等，炎热的夏季传播的机会增多。

5. 寄生虫病发生的条件

（1）寄生虫的致病力　寄生虫对宿主是一种"生物刺激物"，一旦侵入宿主体内，自幼虫阶段到发育成熟以及成虫期的形态特征、习性、生理状态和繁殖等，都以不同性质的多种方式影响宿主，从而引起宿主不同"回答"反应，并对宿主产生影响。

（2）宿主对寄生虫的影响　宿主受到寄生虫的影响之后，可能发病，表现有不同的症状，或处于无症状感染，或某一器官、局部组织功能发生障碍，或生长发育迟缓或停滞等。同时，宿主也以"回答"反应显著地影响寄生虫的生活和发育。宿主这种反应表现在宿主的抵抗力、全价营养、年龄因素、带虫免疫等多个方面。

（3）寄生虫的侵入和定居　也就是寄生生活的建立，这是寄生虫病发生的一个重要条件。

宿主遭受到寄生虫感染，其首要条件是周围环境中存在着对该宿主是特异性的寄生虫，即可寄生于这种宿主的寄生虫。并且这种寄生虫是处于感染阶段的虫体（包括感染性虫卵、幼虫、卵囊或其中间宿主）；寄生虫与宿主有接触的机会，而可能传播给新宿主；通过该寄生虫病所必需的感染途径。

（4）外界环境对寄生虫的影响　寄生虫的外界环境是双重的，当它处于寄生状态时，宿主是它们的直接外界环境，对其有着重要的影响；而在它们处于自立状态时，气候、水、土和宿主等是它们的直接外界环境。气候、水、土等自然因素对吸虫、线虫、绦虫等中间宿主体内的虫卵或幼虫都有重要影响。

二、家禽疫病的流行

家禽疫病的流行过程（简称流行）是指疫病在动物群体中发生、发展和终止的过程，也就是从家禽个体发病到群体发病的过程。

（一）家禽疫病流行过程的 3 个基本环节

家禽疫病的流行必须同时具备 3 个基本要素，即传染源、传播途径和易感禽群。这 3 个要素同时存在并互相联系时，就会导致疫病的流行，如果其中任何要素受到控制，疫病的流行就会终止。因此，在预防和扑灭家禽疫病时，都要紧紧围绕这 3 个基本要素来开展工作。

1. 传染源

传染源是指某种疫病的病原体能够在其中定居、生长、繁殖，并能够将病原体排出体外的动物体。包括患病动物和病原携带者。

（1）患病动物　患病动物是最重要的传染源。动物在明显期和前驱期能排出大量毒力强的病原体，传染的可能性也就大。

患病动物能排出病原体的整个时期称为传染期。不同家禽疫病的传染期不同，为控制传染源，隔离患病动物时，应隔离至传染期结束。

（2）病原携带者　病原携带者是指外表无症状但携带并排出病原体的动物体。由于其很难被发现，平时常和健康动物生活在一起，所以对其他动物影响较大，是更危险的传染源。主要有以下几类。

①潜伏期病原携带者。大多数传染病在潜伏期不排出病原体，少数疫病在潜伏期的后期能排出病原体，传播疫病。

②恢复期病原携带者。是指病症消失后仍然排出病原体的动物。部分疫病（如鸡白痢等）感染的动物康复后仍能长期排出病原体，对于这类病原携带者，应进行反复的实验室检查才能查明。

③健康病原携带者。是指动物本身没有患过某种疫病，但体内存在且能排出病原体。一般认为这是隐性感染的结果，如巴氏杆菌病、沙门氏菌病的健康病原携带者是重要的传染源。

病原携带者存在间歇排毒现象，只有反复多次检查均为阴性时，才能排除病原携带状态。

被病原体污染的各种外界环境因素，不适于病原体长期寄居、生长繁殖，也不能排出。因此这些因素不能被认为是传染源，而应称为传播媒介。

寄生虫病的感染来源是指感染某种寄生虫的病禽和带虫者。病禽或带虫者可通过排泄物，把虫卵、幼虫或卵囊排出体外，污染水、土、食物等外界环境，造成易感动物感染，如鸡球虫等。感染来源还包括有：外界环境被寄生虫感染的中间宿主、补充宿主、储存宿主、生物传播媒介及人畜共患寄生虫病中的患者和带虫者。

2. 传播途径

病原体从传染源排出后，通过一定的途径侵入其他动物体内的方式称为传播途径。掌握疫病传播途径的重要性在于人们能有效地切断传播途径，保护易感动物的安全。传播途径可分为水平传播和垂直传播两大类。

（1）水平传播　水平传播是指疫病在群体之间或个体之间以水平形式横向平行传播，可分为直接接触传播和间接接触传播。

①直接接触传播。是在没有任何外界因素的参与下，病原体通过传染源与易感动物直接接触而引起的传播方式。如鸡白痢、禽霍乱等，可通过公母鸡交配传播。

②间接接触传播。是在外界因素的参与下，病原体通过传播媒介使易感动物发生传染的方式。大多数疫病（如鸡新城疫等）以间接接触传播为主要传播方式，同时也可直接接触传播。两种方式都能传播的疫病称为接触性疫病。间接接触传播一般通过以下几种途径传播。

经污染的饲料和饮水传播：这是主要的传播方式。传染源的分泌物、排泄物等污染了饲料、饮水而传给易感动物，如以消化道为主要侵入门户的疫病，如球虫病等，其传播媒介主要是污染的饲料和饮水。因此，在防疫上要特别注意做好饲料和饮水的卫生消毒工作。

经污染的空气（飞沫、尘埃）传播：空气并不适合病原体的生存，但可以短时间内存留在空气中。空气中的飞沫和尘埃是病原体的主要依附物，病原体主要通过飞沫和尘埃进行传播。几乎所有的呼吸道传染病主要通过飞沫进行传播，如鸡传染性喉气管炎。一般冬春季节、动物密度大、通风不良的环境，有利于通过空气进行传播。

经污染的土壤传播：禽球虫病等，带虫禽污染过的饲料、饮水、土壤和用具等，都有卵囊存在。带虫的病禽或者携带者是传播的主要传染源。

经活的媒介物传播：媒介物主要是非本种动物和人类。节肢动物主要有蚊、蝇、蠓、虻、螨、虱等。传播主要是机械性的，通过在患病动物和健康动物之间的刺螫吸血而传播病原体。可以传播鸡住白细胞原虫病等疫病。

野生动物的传播可分为两类。一类是本身对病原体具有易感性，感染后再传给其他易感动物，如飞鸟传播禽流感；另一类是本身对病原体并不具有感受性，但能机械性传播病原微生物。

经用具传播：注射器针头等，用后消毒不严，可能成为多种疫病的传播媒介。

（2）垂直传播　垂直传播指病原微生物通过母体传染给子代的方式。家禽主要指经卵传播。卵子中就携带病原微生物，因此在受精卵形成时即注定它出生后也携带该种病原微生物。主要常见于禽白血病和沙门氏菌病等。

寄生虫感染宿主的途径是指某种寄生虫感染宿主所通过的方式或门户。最为常见的有以下几种。

①经口感染。宿主吞食了被某些寄生虫的感染性虫卵、幼虫或已孢子化的卵囊所污染的饮水、土、饲料、草料或吞食带有幼虫的中间宿主而受感染。

②经皮肤感染。某些寄生于血液中的原虫和一些寄生于血液、体腔及其他组织中的蠕虫（如丝虫）常通过吸血昆虫传播，如住白细胞虫等。

③接触感染。多数寄生于生殖道的寄生虫通过交配而传播。

综上所述，寄生虫就其感染和传播途径来讲，可分为两大类：一类是分布广泛的土源性寄生虫，如球虫等；另一类是具有明显地方性，发育史复杂，需中间宿主的生物源性寄生虫。

3. 易感禽群

易感禽群就是容易感染某种病原体的家禽。家禽的易感性与病原体的种类、毒力、家禽本身的免疫能力、遗传特征等因素有关。有些病原体只针对某种类或某一类家禽，比如鸡马立克氏病毒只感染鸡并且主要针对 20 日龄以上的鸡只。当饲养密度大或者饲养环境较差时也会增加动物的易感性。

外界环境也能影响动物机体的感受性。易感动物群体数量与疫病发生的可能性成正比，群体数量越大，疫病造成的影响越大。影响动物易感性的因素主要有以下几点。

（1）动物群体的内在因素　不同种动物对一种病原体的感受性有较大差异，这是动物的遗传性决定的。动物的年龄也与抵抗力有一定的关系，一般初生动物和老年动物的抵抗力较差，而年轻的动物抵抗力较强。

（2）动物群体的外在因素　生活过程中的一切外界因素都会影响家禽机体的抵抗力。如环境温度、湿度、光照、有害气体浓度以及日粮成分、喂养方式、运动量等。

（3）特异性免疫状态　在疫病流行时，一般感受性高的动物个体发病严重，感受性较低的动物症状较缓和。通过获取母源抗体和接触抗原获得特异性免疫，就可提高特异性免疫的能力，如果动物群体中 70%～80%的动物具有较高免疫水平，就不会引发大规模的流行。

家禽疫病的流行必须有传染源、传播途径和易感动物群 3 个基本环节同时存在。因此，家禽疫病的防治措施必须紧紧围绕这 3 个基本环节进行，施行消灭和控制传染源、切断传播途径及增强易感动物的抵抗力的措施，是疫病防治的根本。

（二）家禽疫病流行过程的特征

1. 家禽疫病发展阶段

（1）潜伏期　从病原微生物进入家禽机体，到开始出现临床症状所经过的时间，称为潜伏期。各种传染病的潜伏期长短不一，就是同一种传染病的潜伏期也有很大的变动范围。

（2）前驱期　指患病家禽表现一般性临床症状，而该病的特征性症状并不明显，是发病的初期，如大多数传染病表现体温升高、精神异常、食欲减退等。

（3）发病期　指感染家禽发病后明显表现该病特征症状的阶段，这一时期是疾病发展的高峰阶段。

（4）转归期　指患病家禽的临床症状逐渐消退、体内的病理变化逐渐减弱及正常生理机能逐渐恢复的阶段。

2. 家禽疫病流行过程的表现形式

（1）散发性　发病家禽数量较少，在较长的时间内零星发生，如破伤风、散发性巴氏杆菌病等。

（2）地方流行性　发病家禽数量较多，但传播范围小，具有区域性特点。

（3）流行性　呈流行性发生的疾病，其传播范围广、发病率高，如不加以防治，可在短时间内传播到广大区域。这种疾病病原的毒力较强，能以多种方式传播，家禽的易感性高。

（4）大流行性　传染病流行范围扩展到全国乃至几个国家或大洲时，称为大流行性，通常都是由传染性很强的病毒引起，如高致病性禽流感等。

3. 家禽疫病流行的季节性和周期性

（1）季节性　某些家禽疫病常发生于一定的季节，或在一定的季节出现发病率显著上升的现象，这称为家禽疫病的季节性。造成疫病季节性的原因较多，主要有以下3点。

①季节对病原体的影响。病原体在外界环境中存在时，受季节因素的影响。

②季节对活的媒介物的影响。如鸡住白细胞原虫病主要通过蚊子传播，所以这些病主要发生在蚊虫活跃的夏秋季节。

③季节对动物抵抗力的影响。季节的变化，主要是气温和饲料的变化，对动物的抵抗力也会产生一定的影响。冬季气候相对比较干燥，呼吸道抵抗力差，呼吸系统疫病较易发生；夏季由于饲料的原因，消化系统疫病较多。

（2）周期性　了解家禽疫病的季节性，对人们防治疫病具有十分重要的意义，它可以帮助我们提前做好这类疫病的预防。

（三）影响疫病流行过程的因素

家禽疫病的发生和流行主要取决于传染源、传播途径和易感动物群3个基本要素，而这3个要素往往受到很多因素的影响，归纳起来主要是自然因素和社会因素两大方面。如果我们能够利用这些因素，就能防止疫病的发生。

1. 自然因素

自然因素对家禽疫病的流行，寄生虫病的存在、分布、发生和发展等有着极为重要的影响。对家禽疫病的流行起影响作用的自然因素主要有气候、气温、湿度、光照、雨量、地形、地理环境等。江、河、湖等水域是天然的隔离带，可对传染源的移动进行限制，形成了一道坚固的屏障。对于生物传播媒介而言，自然因素的影响更加重要，因为媒介物本身也受到环境的影响。这些因素也不同程度地影响着寄生虫的分布。

同时自然因素也会影响动物的抗病能力，动物抗病能力的降低或者易感性的增加，都会增加疫病流行的机会。所以在动物养殖过程中，一定要根据天气、季节等各种自然因素的变化，切实做好动物的饲养和管理工作，以防家禽疫病的发生和流行。

2. 社会因素

影响家禽疫病流行的社会因素包括社会制度、生产力、经济、文化、科学技术水平等多种因素，其中重要的是动物防疫法规是否健全和得到充分执行。各地有关动物饲养的规定正不断完善，家禽疫病的预防工作正得到不断加强，这与国家的政策保障，各地政府及职能部门的重视是分不开的。同时家禽疫病的有效防治需要充足的经济保障和完善的防疫体制，我国的举国体制起到了非常重要的作用。

3. 人为的因素

人的因素对疫病的发生和流行有着重要的影响。人们不科学的、盲目性的社会活动和生活活动往往会促进畜禽和人类疫病的发生与流行。如不科学地开发和利用资源；不良的卫生习惯；粪便管理不严；肉品的检验和管理制度不严等。以上诸因素都在不同程度上有助于各种微生物病原、寄生虫病的发生和发展。合乎科学的改造自然的行动，养成良好的生活卫生习惯，平时采取有效的防控措施，都可减少某些疫病的发生和流行，使之被控制或趋于被消灭。

三、家禽流行病学的调查与统计

（一）家禽流行病学的调查

1. 询问调查

这是流行病学调查中最常用的方法。通过询问座谈，对动物的饲养者、主人、兽医以及其他相关人员进行调查，查明传染源、传播方式及传播媒介等。

2. 现场调查

现场调查重点调查疫区的兽医卫生情况、地理地形、气候条件等，同时疫区的动物存在状况、动物的饲养管理情况等也应重点观察。在现场调查时，应根据传染病的不同，选择观察的重点。如发生消化道传染病时，应特别注意动物的饲料来源和质量、水源卫生情况、粪便处理情况等；如发生节肢动物传播的传染病时，应注意调查当地节肢动物的种类、分布、生态习性和感染情况等。

3. 实验室检查

为了在调查中进一步落实致病因子，常常对疫区的各类动物进行实验室检查。检查的内容主要有病原检查、抗体检查、毒物检查、寄生虫及虫卵检查等，另外也可检查家禽的排泄物、分泌物、饲料、饮水等。

（二）家禽流行病学的统计分析

流行病学调查中涉及许多有关疫情数量的资料，需要找出其特点，进行分析比较，因此要应用统计学方法。在流行病学分析中常用的频率指标有下列几种。

1. 发病率

表示在一定时期内某病的新病例发生的频率。它能较完整地反映出家禽传染病的流行情况，但不能说明整个流行过程，因为常有许多家禽是隐性感染，而同时又是传染源，因此还要计算感染率。

$$发病率（\%）=（某期间内某病新病例数/$$
$$同期内该群家禽的平均数）×100$$

2. 感染率

指用临床诊断法和各种检验法（微生物学、血清学、变态反应等）检查出来的所有感染家禽只数（包括隐性患者），占被检查家禽总数的百分比。它能较深入地反映出流行过程的情况，特别是在发生某些慢性或亚临床型传染病时，进行感染率的统计分析，更具有重要的实践意义。

感染率（%）＝（感染某疫病的家禽只数/被检查的家禽总只数）×100

3. 患病率（流行率、现患率）

是在某一指定时间，禽群中存在某病的病例数的比率。代表在指定时间群中患病数量的一个侧面。

患病率（%）＝（在某一指定时间群中存在的病例数/
在同一指定时间群中家禽总数）×100

4. 死亡率

指某病病死数占某种家禽总数的百分比。它仅能表示该病在群中造成死亡的频率，不能全面反映传染病流行的动态特性，仅在发生死亡数很高的急性传染病时，才能反映出流行的动态。但当发生不易致死的传染病时，虽能大规模流行，而死亡率却很小，则不能表示出流行范围广的特征。因此，在传染病发展期间，除应统计死亡率外，还应统计发病率。

死亡率（%）＝（因某病死亡数/同时期某种家禽总数）×100

5. 病死率（致死率）

指因某病死亡数占该病患病家禽总数的百分比。它能表示某病临床上的严重程度，比死亡率更为具体、精确。

病死率（%）＝（因某病致死数/患该病家禽总数）×100

第二节　消毒、杀虫与灭鼠

一、消毒

消毒是禽病防治工作中最常用、最重要的工作之一，是防止外来有害生物侵入的重要环节。要树立消毒用药强于发病后用药治疗的意识，做好消毒工作，不但能降低疫病的发生概率，而且可在免疫接种后的空白期通过减少病原的污染，确保疫苗接种的效果。

（一）消毒种类

根据疫情的发生和鸡的饲养情况，可将消毒工作分为 3 种类型。

1. 预防消毒

养鸡场未发生传染病时，每月定期对鸡场内的路面、鸡舍内的用具、运输工具和鸡群消毒 1~2 次。若本地区有传染病发生时，则适当地增加 1~2 次消毒，以预防传染病的发生。

2. 紧急消毒

鸡场内的某栋鸡舍发生传染病时，立即对该栋鸡舍进行封锁，进出的物品、鸡群和人员等都要进行消毒处理每天消毒 1~2 次，鸡舍的环境也要进行消毒处理，如清除鸡舍外杂草、喷洒杀虫剂以消灭有害昆虫、驱散鸡舍附近的野鸟、杀灭在鸡舍出没的鼠类等。邻近的鸡舍也要增加消毒次数，将传染病封锁在发病的鸡舍内，防止传染病扩散到其他的鸡舍或场外。

3. 终末消毒

每批鸡饲养结束时，在粪便和垫料等废弃垃圾处理完毕后，对鸡舍内外、料槽和饮水器等用具进行 1 次彻底的消毒，以杀灭由于饲养上一批鸡而可能存留下来的病原菌，保证下批鸡进入时，鸡舍是清洁无病原菌的。

（二）鸡场消毒对象

为了预防传染病的发生，凡是与鸡直接或间接接触的人员和物品都要消毒，消毒对象有以下 4 类。

①场区内通往鸡舍的路面要定期进行消毒，铲除鸡舍附近的杂草，并要喷洒杀虫药物以消灭有害昆虫，驱散在鸡舍附近活动的野鸟，杀灭出没于鸡舍的鼠类等野生动物。

②鸡舍内笼架、料槽、饮水器等用具，装运饲料的麻袋及车辆等工具。

③鸡舍内的粪便、垫料和病死鸡等垃圾物。

④往来于场区内和进入鸡舍内的工作人员。

（三）养鸡场消毒方法

根据消毒对象的不同须采用不同的消毒方法，日常所采用的方法主要有物理方法、化学方法和生物学方法 3 种。

1. 物理方法

（1）清扫洗刷法

①清除有机质。将栏舍内粪便、羽毛、垃圾、杂物、尘埃等清扫干净，不留任何污物。污物是消毒的障碍，干净是消毒的基础。因此，消毒前必须将栏舍空间、地面全部清理干净。要去除鸡舍内外的有机物，例如鸡笼、喂料车等设备上、墙壁上、地面上的粪污和血渍、垫料、泥污、饲料残渣和灰尘。

②使用洗涤剂。用冷水浸透所有表面（天花板、墙壁、地板以及任何固定设备的表面），并低压喷洒清洗剂，如洗衣粉、洗洁精、多酶洗液等，最好是鸡场专用的洗涤剂，至少浸泡 30 分钟（最好更长时间，例如过夜）。注意一定不要把这个步骤省掉，洗涤剂可提高冲洗、清洁的效率，减少高压冲洗所

需的时间，最主要的是因为有机质会使消毒剂失活，即便是彻底的热水高压冲洗都不足以打破保护细菌免遭消毒剂杀灭的油膜，只有洗涤剂可以做到这一点。

③清洗。使用高压清洗机将栏舍用清水按照从顶棚→墙壁→地板自上向下的顺序反复冲洗干净，特别要注意看不见的和够不到的角落，例如风扇和通风管、管道上方、灯座等，确保所有的表面和设备均达到目测清洁。最好用温度达到70℃以上的净水高压冲洗。注意不能使用高压冲洗的设备，例如采暖灯，必须通过手工清洗。要确保脏水可自由排出，而不会污染其他区域。

④消毒。采用消毒剂进行正式消毒。鸡舍地面、墙壁、笼具可用3%~5%的烧碱水洗刷消毒，待10~24小时再用水冲洗1遍。舍内空气可采用喷雾消毒法，气雾粒子越细越好。消毒剂选择强效碘、氯类均可。按标签推荐用量配制药剂，特殊时期、疫病流行期可适当加大浓度。墙面也可用生石灰水粉刷消毒。

⑤干燥。细菌和病毒在潮湿条件下会持续存在，所以在下一批鸡进舍之前舍内应彻底干燥。消毒完毕后，栏舍地面必须干燥3~5天，整个消毒过程不少于7天。7天的干燥可将细菌负载降低至1/10。

（2）阳光照射法　将洗刷干净的设备和用具移至阳光下暴晒，通过阳光中的紫外线和干燥作用，将附着其上的病原菌杀死。

（3）干热消毒法　一些用具可放在烘干箱内干热消毒。

（4）煮沸消毒法　一些用具可放在水中煮沸消毒。

（5）高温、高压或流动蒸汽消毒法　利用高热、高压或流动蒸汽的湿热而将鸡舍四壁和设备及用具上的病原菌杀死。

（6）火焰喷射法　利用火焰喷射器或喷灯所产生的高温而将鸡舍四壁和金属设备及用具上的病原菌杀死。

（7）焚烧消毒法　将垃圾或死鸡进行焚烧以消灭病原菌。

2. 化学方法

将消毒剂（药）按要求配制成一定浓度的溶液，按下述方法进行消毒。

（1）洗刷或浸泡消毒法　将需要消毒的物品进行洗刷或浸泡以杀死其上的病原菌，应注意消毒液经过多次反复使用后会降低其消毒效果，要及时更换消毒液。

（2）喷洒消毒法　利用喷雾器向路面、墙壁、设备及用具上进行喷洒消毒，喷出雾滴的直径应大一些，雾滴的直径最小应在200微米以上。

（3）气雾消毒法　此法常用于鸡舍内的带鸡消毒，气雾消毒的最适宜温度为 18~22℃，最适宜相对湿度为 70%~80%，最适宜的雾滴直径为 50~100微米，若雾滴过小（5~10微米）时，则雾滴易被鸡吸入呼吸道内而产生不良的作用。在气雾消毒时，鸡背的羽毛微湿即可，消毒液的用量为 15~30毫升/米³。

（4）熏蒸消毒法　适合空鸡舍的彻底消毒。利用甲醛与高锰酸钾发生反应快速释出甲醛气体杀死病原微生物。对杀灭墙缝、地板缝中残余的病原微生物和虫卵效果好。

在熏蒸消毒之前，先要对鸡舍的所有门窗、墙壁及其缝隙等进行密封，可将鸡笼、水槽、料槽等用具移进同时进行消毒。

按每立方米空间使用甲醛溶液 28毫升、高锰酸钾 14克的标准（刚发生过疫病的鸡舍，要用 3倍的消毒浓度，即每立方米空间用甲醛溶液 42毫升、高锰酸钾 21克）准备整个鸡舍所需要的高锰酸钾和甲醛溶液，然后将高锰酸钾放入消毒容器内置于鸡舍，如果鸡舍面积过大，可以分成若干个消毒容器，分别放置在鸡舍内不同的部位，并将与高锰酸钾放入量相当的甲醛溶液放在装有高锰酸钾的消毒容器旁边。

在操作时，将甲醛溶液全部倒入盛有高锰酸钾的消毒容器内，然后迅速撤离，把鸡舍门关严并进行密封，2~3天打开通风即可。

熏蒸消毒的注意事项如下。

①甲醛气体的穿透能力弱，只有表面的消毒作用。故进行熏蒸消毒之前，先要对鸡舍地面、墙壁和天花板等处的粪便、灰尘、蜘蛛网、鸡羽毛、饲料残渣等污渍和杂物进行彻底清扫，然后用高压喷雾式水枪对其进行冲洗，确保鸡舍内任何地方皆一尘不染，以便使甲醛气体能够与病毒、芽孢、细菌及细菌繁殖体等病原微生物充分接触。

②能够对鸡舍进行熏蒸消毒的有效药物是甲醛气体，它在鸡舍内的浓度越高、停留时间越长，消毒的效果就越好。因此，在熏蒸消毒之前，一定要用塑料薄膜或胶带将鸡舍的所有门窗、墙壁及其缝隙等密封好。

③盛消毒液的容器要比消毒液体积大 5~10倍，以免剧烈反应时溢出容器外，因为甲醛和高锰酸钾均有腐蚀性，持续时间达 10~30分钟，并释放出大量的热。最好用耐腐蚀和耐热的陶瓷或搪瓷容器。

④用于熏蒸消毒的甲醛与高锰酸钾的混合比例要求达到 2∶1。甲醛和高锰酸钾的混合比例是否合适，可根据其反应结束后的残渣颜色和干湿程度进行判断：若是一些微湿的褐色粉末，说明比例合适；若呈紫色，说明高锰酸钾用量过大；若太湿，说明甲醛用量过大。

⑤消毒容器应均匀地置于鸡舍内，且尽量离舍门口近一些，以便使甲醛气体能够更好地弥漫于整个鸡舍空间和有利于工作人员操作结束后迅速撤离。在操作时，工作人员应先将高锰酸钾放入消毒容器内，然后按比例倒入甲醛，禁止向甲醛中放入高锰酸钾。

⑥为防止甲醛聚合沉淀，舍温应保持18℃以上，温度越高，消毒效果越好，相对湿度也应在65%以上。为了达到上述要求，可通过在鸡舍内用火炉加热的方法使温度保持在18~26℃，用喷雾器喷洒清水或按每立方米空间用清水6~9毫升加入高锰酸钾6~9克的办法，使相对湿度上升至65%以上。

⑦在进行熏蒸消毒鸡舍之前，要打开所有门窗通风换气2天以上，排净其中的甲醛气体。如果急需使用，先按每立方米空间使用碳酸氢铵（或者氯化铵）5克、生石灰10克、75℃的热水10毫升的标准，将它们放入消毒容器内混合均匀，用其产生的氨气中和甲醛气体30分钟，最后打开鸡舍门窗通风换气30~60分钟。

⑧除空鸡舍、孵化室、种蛋库的消毒外，带鸡舍、饲喂器械、其他用品、人员、养殖环境以及鸡苗、青年鸡、产蛋鸡的日常消毒和不定期消毒，严禁使用甲醛、戊二醛、邻苯二甲醛等醛类消毒剂和酚类消毒剂。

3. 生物学方法

将鸡舍内的粪便、垫料和其他垃圾堆集于一处，其上覆盖一层泥浆或一层泥土，其中的微生物发酵产热，可将病菌杀死。

（四）常用消毒药物及应用

1. 过氧乙酸

过氧乙酸是强氧化剂，当遇到有机物释放出新生态氧具有强氧化性，高效、低毒、广谱，可带鸡消毒。0.3%~0.5%溶液可用于鸡舍、食槽、墙壁、通道和车辆喷雾消毒，0.1%可用于带鸡消毒。注意现用现配，不宜用于消毒金属用具。

2. 84消毒液

鸡舍内可使用84消毒液，84消毒液主要成分是次氯酸钠，属于强氧化剂消毒剂，几乎可灭杀所有常见的病原体，比如细菌、病毒以及真菌，对皮肤和口腔黏膜有较强的刺激，不建议带鸡使用，可在还未进鸡之前就进行消毒。

3. 生石灰

又称氧化钙，是较为便宜的消毒药，可杀灭病毒和细菌，可用来给鸡舍墙壁、粪池和污水沟等地进行消毒。一般加水配成10%~20%石灰乳液，粉刷鸡舍的墙壁，寒冷地区常撒在地面或鸡舍出入口作消毒用。

4. 氢氧化钠

也称火碱、烧碱，对细菌、病毒和寄生虫卵都有杀灭作用，常用2%浓度的热溶液消毒鸡舍、饲槽、运输用具及车辆等，鸡舍出入口可用2%～3%溶液消毒，注意对人的皮肤、铝制品、棉毛织品和油漆面有损害，对金属制品有腐蚀性。

5. 新洁尔灭

有效成分苯扎溴铵，用于鸡舍、地面、笼饲具、容器、器械、种蛋表面的消毒。市售的新洁尔灭浓度为5%，用时应稀释成0.1%的浓度。本品忌与肥皂、碘、高锰酸钾或碱配合。0.1%新洁尔灭用于浸泡种蛋，水温40～43℃，浸泡时间为3分钟。

6. 百毒杀

为季铵盐类消毒剂，有效成分葵甲溴铵，具有较好的消毒效果，对多种细菌、霉菌、病毒及藻类都有杀灭作用，且无刺激性，可用于鸡舍、器具表面消毒。常用浓度0.1%，带鸡消毒0.03%，饮水消毒可用0.01%。

7. 高锰酸钾

0.1%溶液用于饮水消毒；2%～5%水溶液用于浸泡、洗刷饮水器及饲料桶等；与甲醛配合，用于空鸡舍、孵化室、种蛋库的空气熏蒸消毒。

8. 漂白粉

有效氯量为25%，鸡场内常用于饮水、污水池和下水道等处的消毒。饮水消毒常用量为每立方米水加4～8克漂白粉，污水池每立方米水加8克以上漂白粉。

9. 威力碘

1∶（200～400）倍稀释后用于饮水及饮水工具的消毒；1∶100倍稀释后用于饲养用具、孵化器及出雏器的消毒；1∶（60～100）倍稀释后用于鸡舍带鸡喷雾消毒。

10. 聚维酮碘

主要作用成分是碘，杀菌能力强、毒性低、对鸡群刺激小，可作为带鸡消毒的消毒药。

11. 酒精、碘酒、碘伏、紫药水及红汞等

用于鸡局部创伤消毒。

二、杀虫

很多节肢动物，如蚊、蝇、虻、蜱等都是畜禽疫病和某些人兽共患病的重

要传播媒介，因此杀虫在预防和扑灭家禽疫病、人兽共患病方面具有重要意义。

（一）杀虫的种类

1. 预防性杀虫

是指在平时为了预防疫病的发生，而采取的经常性的杀虫措施。按照媒介昆虫的生物学和生态学特点，以消灭滋生地为重点。搞好禽舍内卫生和环境卫生，填平废弃沟塘，排出积水，堵塞树洞，改修或修建符合卫生要求的禽舍、禽圈和厕所，发动群众开展经常性扑灭，并有计划地使用药物杀虫等，以控制和消灭媒介昆虫。

2. 疫源地杀虫

是指在发生虫媒疫病时，在疫源地对有关媒介昆虫所采取的较严格的杀虫措施，以达到控制疫病传播的目的。

（二）杀虫的方法

1. 物理杀虫法

主要包括人工捕杀；用沸水或蒸汽浇烫车船、禽舍、用具、衣物上的昆虫或煮沸衣物杀死昆虫；用火烧昆虫聚居的废物以及墙壁、用具等的缝隙；用 $100 \sim 160^{\circ}C$ 的干热空气杀灭笼具和其他物品上的昆虫及虫卵；用紫外线灭蚊灯在夜间诱杀成蚊。

2. 化学杀虫法

杀虫剂的作用方式如下。

（1）胃毒剂　当节肢动物摄入混有敌百虫等的食物时，敌百虫在其肠道内分解而产生的毒性使之中毒死亡。

（2）触杀作用　通过直接接触虫体，经其体表穿透到体内而使之中毒死亡，或将其气门闭塞使之窒息而死。

（3）熏杀作用　通过吸入药物而死亡，但对发育阶段无呼吸系统的节肢动物不起作用。

（4）内吸作用　将药物喷于土壤或植物上，被植物根、茎、叶表面吸收，并分布于整个植物体，昆虫在吸食含药物的植物组织或汁液后，发生中毒死亡。

目前使用较广泛的杀虫药物见表6-1。

表 6-1　常用杀虫剂一览表

类别	化学名	商品名	使用浓度	使用
拟除虫菊酯类	溴氰菊酯	兽用倍特	25 毫克/升	残留喷洒
	氯氰菊酯	灭百可	2.5%	残留喷洒
	氰戊菊酯	速灭杀丁	10~40 毫克/升	残留喷洒
有机磷类	敌百虫		1%~3%	喷洒
	敌敌畏		0.1 毫升/米^2	喷洒
	二嗪农	新农、螨净	1:1 000	喷洒
	倍硫磷	百治屠	0.25%	喷洒
脒类和氨甲基酸酯类	双甲脒	特敌克	0.05%	喷洒
	甲奈威	西维因	2 克/米^2	滞留喷洒
	残杀威		2 克/米^2	滞留喷洒
新型杀虫剂		加强蝇必净	100 克/40 米^2	涂抹在 13 厘米×10 厘米大小的 10~30 个部位上溶解后浇灌于粪便表层
		蝇蛆净	20 克/20 米^2	

3. 生物杀虫法

这是今后发展的一个方向，是利用昆虫的病原体、雄虫绝育技术及昆虫的天敌等方法来杀灭昆虫。如利用某种病原体感染昆虫，使其降低寿命或死亡；应用辐射使雄性昆虫绝育，然后释放，以减少该种昆虫的繁殖数量；使用大量激素，抑制昆虫的变态或脱皮，造成昆虫死亡等。

三、灭鼠

鼠类是多种疫病的传播媒介和传染源，灭鼠对防止疫病的传播具有重要意义。

灭鼠的方法主要有以下几种。

（一）生态灭鼠（防鼠）法

是指破坏鼠的生活环境，从而降低鼠类数量的措施，是最常用的积极而重要的灭鼠方法。通常是采取捣毁隐蔽场所和搞好防鼠设备，如经常保持畜舍及周围环境的整洁，清除垃圾，及时清除舍内的饲料残渣，将饲料保存在鼠类不能进入的仓库内，这样使鼠类既无藏身之处，又难以得到食物，其繁殖和活动就受到了一定的限制，数量可能降低到最低水平。在建筑禽舍、仓库、房舍时，墙壁、地面、门窗等均应考虑防鼠。发现鼠洞要及时堵塞。在发生某些以鼠类为贮存宿主的疫病地区，为防止鼠类窜入，必要时可在房舍周围挖防鼠沟或筑防鼠墙。

（二）器械灭鼠法（物理灭鼠法）

是指利用捕鼠器械，以食物作诱饵，诱捕（杀）鼠类或用堵洞、灌洞、挖洞等捕杀鼠类的方法。

（三）药物灭鼠法

1. 化学药物灭鼠

化学药物灭鼠法在规模化猪场比较常用，优点是见效快、成本低，缺点是容易引起人畜中毒。因此要选择对人畜安全的低毒灭鼠药，并且设专人负责撒药布阵、捡鼠尸，撒药时要考虑鼠的生活习性，有针对性地选择鼠洞、鼠道。常用的灭鼠药有敌鼠钠、大隆、卫公灭鼠剂等（抗凝血灭鼠剂），主要机制是破坏血液中的凝血酶原使其失去活力，同时使毛细血变脆，使老鼠内脏出血而死亡。此类药物的共同特点是不产生急性中毒症状，鼠类易接受，不易产生拒食现象，对人畜比较安全。

2. 中药灭鼠

用来灭鼠的中药主要有马钱子、苦参、苍耳、曼陀罗、天南星、狼毒、山宫兰、白天翁等。

第三节　免疫接种

免疫接种是指给动物接种抗原（菌苗或疫苗），激发机体产生特异性免疫力，是使易感动物转变为非易感动物的一种手段。有计划、有组织地进行免疫接种，是预防和控制家禽传染病的重要措施之一。

一、免疫程序的制订

免疫程序是制订疫病预防和控制工作的重要部分之一。一个地区或一个养禽场，可能发生的传染病不止一种，用来预防这些传染病的疫苗也很多，疫苗的性质和免疫特性也不相同。因此，需要使用多种疫苗来预防多种传染病的发生，也需要根据疫苗的免疫特性制订出预防接种的次数和间隔时间，即免疫程序。

简单说来，免疫程序是指在一个家禽的生产周期中，为预防某些传染病的发生而制订的疫苗接种规程。其主要内容包括所用疫苗的品系、来源、用法、用量、免疫时间和免疫次数。免疫接种必须按照科学合理的免疫程序进行。

免疫程序制订的原则是注重效果、兼顾方便。应考虑如下因素。

1. 当地疫情和疾病性质

制订免疫程序必须了解本地区家禽某种疫病流行的情况和规律，原则上对本地区历年流行和受周边地区严重威胁的主要疫病都应安排预防接种，免疫接种应安排在易感年龄和常发季节前进行。

2. 家禽的种类和用途

禽类包括蛋禽、肉禽、种禽、观赏禽类等，应根据其种类和用途的不同，制订不同的免疫程序。例如，蛋用、种用鸡要接种产蛋下降综合征疫苗，肉用种鸡要接种病毒性关节炎疫苗，而肉仔鸡一般不接种马立克氏病疫苗（因为马立克氏病发病高峰是 2~7 月龄），种鸡要多次接种鸡新城疫、传染性法氏囊炎疫苗。

3. 家禽的日龄及体内的抗体，尤其是母源抗体

母源抗体含量的高低直接影响着活疫苗免疫的效果，尤其是首次免疫。具有高母源抗体的雏鸡既有一定的免疫力，又对活的疫苗接种产生中和作用，因此主张最好在母源抗体接近消失时做第一次活疫苗接种。如母鸡经过鸡新城疫疫苗接种后，可将抗体通过卵黄传递给雏鸡，雏鸡在 3 日龄抗体滴度最高，以后逐渐下降，因此主张最好在 7 日龄后做第一次疫苗接种。有条件的鸡场，一般根据鸡群 HI 抗体检测的结果确定雏鸡初次免疫和再次免疫的时间。从首次免疫到疫苗产生作用需要 1 周多的时间，这在免疫程序制订上是一个空白期（危险期），加强育雏室的卫生消毒和隔离管理是十分重要的。

4. 疫苗的品系、性质、免疫途径

一般弱毒苗受母源抗体的影响较大，故应在母源抗体消失后进行。疫苗的品系、性质不同，所适用的鸡的日龄和免疫途径也不一样。如鸡新城疫Ⅰ系苗是中等毒力疫苗，只适用于 2 个月龄以上的鸡，通常采用肌内注射的方法，我国家禽及禽产品出口基地禁用Ⅰ系苗。而Ⅳ系苗毒力较弱，大、小鸡均可使用，既可滴鼻、点眼，又可饮水免疫。

5. 免疫反应能力

早期免疫接种防止雏禽早期发病是每个饲养者所期待的，但家禽对于疫苗的反应能力随着日龄的增长而提高，只有在免疫器官成熟时才能达到最高反应能力，特别是灭活疫苗更明显。大部分疫苗初次接种产生免疫的能力都比较差，只有间隔一定的时间（1 周后）再次接种同样的疫苗才能产生强大的免疫

力，所以在商品肉仔鸡只接种 1 次灭活疫苗很难起到免疫保护作用。

实际上，没有一个免疫程序能适合所有地区的各个规模养鸡场，不同的规模鸡场应根据当地传染病流行特点来确定免疫接种的疫苗种类、先后次序及间隔时间，制订出适合本场的免疫接种程序，切忌根据其他鸡场胡乱照搬，导致该防的没防或没防好，不该防的反而防了，既增加了免疫成本，又人为把病原（疫苗毒）带进本场，给以后疫病的防控增加了困难。

二、禽用疫苗类型、保存和运送

目前，在市场上出售的疫苗主要分为 2 类：一是活疫苗，二是灭活疫苗。活疫苗免疫剂量少，一般在机体内繁殖而产生大量抗原，能刺激机体局部免疫器官产生良好的局部黏膜免疫。然而活疫苗易受母源抗体的影响，免疫剂量过大时会诱导免疫抑制，有毒力返强、排毒散毒的潜在危险。灭活疫苗在注射部位形成抗原库，通过缓慢释放抗原，诱导机体产生坚强持久的免疫力，并不受母源抗体干扰，灭活疫苗毒株在体内不繁殖，无排毒散毒、污染环境的弊端，使用安全，但是灭活疫苗诱导细胞免疫和局部黏膜免疫作用极弱或无作用。

（一）疫苗的分类

一般疫苗可分为两种，常规疫苗和生物技术疫苗。常规疫苗现在应用最为广泛，包括活疫苗、灭活疫苗、代谢产物和亚单位疫苗。生物技术疫苗包括基因重组工程亚单位疫苗、基因缺失疫苗和合成肽疫苗。

1. 活疫苗

包括弱毒疫苗、异源疫苗。弱毒疫苗，指通过人工致弱强毒株或自然筛选的弱毒株，经过培养后制备的疫苗，但仍保持原有的抗原性，并能在体内繁殖。异源疫苗，是指用具有共同保护性抗原的不同毒制成的疫苗。其特点是免疫效果好，接种活疫苗后，在一定时间内有一定的繁殖能力，所以活疫苗的用量较少，而机体获得的免疫力比较坚强而持久。接种途径可采用滴鼻、点眼、饮水、口服和气雾免疫，可刺激机体产生细胞免疫、体液免疫和局部黏膜免疫。

在一般情况下，致弱后的疫苗株毒力稳定、不返强，但由于反复接种传代，毒株可能发生突变、毒力返强现象，经接种途径人为传播疾病。免疫效果受母源抗体的干扰。弱毒疫苗在免疫家禽时，如果体内存在较高水平母源抗体，会严重影响疫苗的免疫效果。免疫受到用药的影响，活疫苗接种后，疫苗菌（毒）株在机体内有效增殖，才能刺激机体产生免疫力，如果免疫家禽在此期间使用某些药物，会影响免疫效果。

2. 灭活疫苗

指的是将病原微生物经理化方法将其灭活后，使其传染因子被破坏，但仍然保持免疫原性，接种后使家禽产生特异性抵抗力，这种疫苗称为灭活疫苗。根据所用佐剂可分为油佐剂灭活疫苗与氢氧化铝胶灭活疫苗。

灭活疫苗的特点是安全性能好，容易保存和运输，并可产生坚强而持久的免疫力，免疫效果受母体干扰小，也不受抗生素药物的干扰。

由于灭活疫苗接种后不能在家禽体内繁殖，因此接种剂量较大，诱导产生的免疫反应持续时间较短，这样就需要多次接种。免疫接种途径少，注射后10~20天才产生免疫力，所以一般不适于作紧急接种。灭活疫苗难以吸收，注射部位易形成结节，而影响商品的质量，有的用灭活疫苗接种后副反应比较大。

（二）疫苗的保存

1. 常温保存

一般要求在2~15℃贮存的疫苗，有鸡新城疫Ⅳ系油乳剂灭活苗、传染性法氏囊病油乳剂灭活苗、葡萄球菌氢氧化铝胶灭活苗和大肠杆菌蜂胶灭活苗等。要求在2~15℃保存的主要是灭活苗和抗病血清。

2. 冷冻保存

弱毒疫苗、冻干苗等，温度越低，贮存的时间越久。如鸡新城疫Ⅰ、Ⅱ和Ⅳ系弱毒冻干苗，鸡新城疫—传染性支气管炎二联弱毒冻干苗，鸡传染性法氏囊病弱毒冻干苗等。另外，一些单位生产的卵黄抗体也要求冷冻贮存。

3. 疫苗不能冻融

在疫苗的贮存过程中，温度千万不要忽高忽低，使疫苗反复冻融。随着科学技术的不断发展，疫苗制造工艺改进，已打破了上述一般原则，贮存时仍应加倍注意。

（三）疫苗的运输

兽用生物制品（疫苗），宜用冷藏车运输，如果是小批量的疫苗，可用带冰块的保温箱、保温瓶来运输。由于受运输条件限制，不能按要求去做，温度至少应保持在2~10℃，不得在日光下暴晒，防止碰撞破损，以最短的时间运到目的地。如果采用邮局邮寄疫苗，必须按照上述要求包装好疫苗，包装要牢靠。如果采用空运或火车快件托运，要注意提货单、提货短信或电话通知，接到提货通知后，应立即到指定地点提货，否则会使疫苗过期，影响免疫接种的效果。

三、免疫接种的方法

（一）滴鼻与点眼

最常用于雏鸡的首次免疫，如新城疫和传染性支气管炎疫苗的接种。

该法只能用于活的弱毒疫苗接种，并且容易产生局部黏膜的保护作用。接种时要测量好每滴疫苗的量，以推算疫苗的稀释浓度，保证每只禽得到的疫苗量与每瓶要求的羽份相符。

注意事项如下。

1. 稀释液的质量和数量要准确

按照说明书上的要求，对疫苗稀释液的质量和数量要准备好。可选择疫苗专用稀释液、蒸馏水、生理盐水或凉开水，按照疫苗瓶标签注明的羽份稀释疫苗，每羽份按 0.03~0.05 毫升计算稀释液用量。

2. 滴管的使用

使用的滴管应严格标定水滴的大小，不要盲目使用滴管，可使免疫剂量不准。滴管使用前应严格煮沸消毒或高压灭菌。鸡群中存在呼吸道系统疾病时，不能用滴鼻法进行免疫。

3. 操作要领

在操作时，待疫苗液完全被吸入眼睛或鼻腔后再放开鸡，一旦发现疫苗外溢，流出眼睛或鼻孔外，一定要补滴。捕捉鸡时，减轻对鸡的应激。在免疫前后的 1~2 天，可用药物预防应激，电解多维 227 克加水 150 升，或用 0.1%维生素 C 溶液等，让鸡自由饮用。在点眼、滴鼻免疫时，可在晚上进行，一般在 20:00 之后进行，可减少鸡的应激反应。

（二）注射免疫

注射免疫分为肌内注射和皮下注射，活疫苗、灭活疫苗都可采用。

注意事项如下。

1. 1 鸡 1 针头

在注射免疫时，使用的注射器、针头等器械必须煮沸消毒或高压灭菌，不可用消毒剂消毒，特别在注射活疫苗时，更不可用消毒药进行消毒。可 1 只鸡换 1 个经过消毒的针头，严禁使用 1 个针头一注到底。尤其是当鸡群中发生传染病，需要进行紧急接种时，必须 1 只鸡使用 1 个针头，以防互相传染。

2. 注射的部位

皮下注射多是颈后皮下，在此处自由活动区域大，注射疫苗后不影响头部的活动，而疫苗吸收均匀。大部分油苗注射和1日龄马立克氏疫苗接种多在此部位。

肌内注射部位在胸肌或大腿肌肉，尽量不要在腿部肌内注射，在操作不当时，会损伤腿部血管和神经，可造成腿部肿胀、瘸腿或终生残疾。

3. 疫苗吸取

在每个疫苗瓶上，应固定针头吸取疫苗液，不可用注射针头直接吸取疫苗液，以防疫苗被接种针头污染。在注射前和注射过程中，吸取疫苗液时，应经常摇晃疫苗瓶，使其混合均匀。

（三）刺种免疫

此法适合于鸡痘疫苗的接种。

注意事项如下。

1. 操作要领

一般按每500羽份疫苗加入疫苗稀释液8～10毫升，用鸡痘专用刺种针，或用钢笔尖蘸取稀释好的疫苗，在鸡翅膀内侧无血管三角区皮下刺种。6～30日龄雏鸡每羽刺1针，30日龄以上鸡每羽刺2针。每刺1次都要蘸取疫苗液。

2. 补种

刺种后5天左右，如发现刺种部位出现轻微红肿、水泡或结痂，表示接种成功，否则提示表明免疫失败，应及时补种1次。

（四）气雾免疫

此法是用压缩空气通过气雾发生器，使稀释疫苗形成直径1～10微米的雾化颗粒，均匀地浮游在空气中，随呼吸道进入禽体内，达到免疫的目的。气雾省时省力，适合于4周龄以上的鸡和大群禽的免疫接种。其特点是疫苗细小颗粒可直达呼吸道深部，产生免疫快。但需要特殊气雾接种设备，并有激发呼吸道支原体感染的危险。

注意事项如下。

1. 气雾免疫的效果与粒子直径大小有直接关系

喷雾粒子过大，停留在空气中的时间短，且易被黏膜阻止，不能进入呼吸道；粒子过小又容易被气管黏膜上的纤毛通过反向的摆动而摆出。一般雾滴直径以1～10微米为宜。气雾发生器的有效粒子应占粒子总数的70%以上，小鸡用大雾滴，大鸡用小雾滴。

2. 稀释液用量

在稀释疫苗时，在1 000羽份疫苗中，1周龄需要稀释液200～300毫升；

2~4 周龄的鸡需 400~500 毫升；5~10 周龄需 800~1 000 毫升；10 周龄以上的鸡需 1 500~2 000 毫升。同时，要考虑鸡群所占的面积大小。

3. 喷雾高度

在鸡背上方 1 米左右平行喷雾，气雾粒子在空气中缓慢降落，不宜直接喷向鸡身上。同时，要关闭门窗 20~30 分钟，以后再通风。喷雾前尽量减少鸡舍灰尘，并应减少应激。保持鸡舍适宜温湿度，一般以鸡舍的温度 18~24℃、湿度 65% 为宜。

4. 水质要求

选用高效价疫苗时，稀释用水一定要求水质要好、清洁和酸碱度适中，其中不含任何消毒剂。在鸡群发生呼吸道疾病时，不宜采用喷雾免疫。

（五）饮水免疫

适合于大群禽的免疫，应激少，省工省力。但掌握不好易造成免疫不均。注意事项如下。

1. 水质要好

水的酸碱度要接近中性，水中不含氯离子、金属离子和消毒药剂等，最好是凉开水，在水中可加入 0.1%~0.2% 脱脂奶粉作保护剂，其效果较好，可提高免疫效果。禁用金属饮水器，可选用塑料制品或陶瓷制品等器具作饮水器。

2. 饮水前要计算好疫苗和饮水量

稀释疫苗用水量要适当，每只鸡饮足水而又无剩余水，为最佳标准。一般按鸡的日龄对等水的毫升推算，如 10 日龄用水 10 毫升，25 日龄用水 25 毫升，但最高不能超过每只 40 毫升。成年鸡可按全天饮水量的 30% 计算饮水量。应控制在 1~2 小时能将含疫苗的水全部饮完。

3. 注意控水

为了保证饮水免疫效果，要注意控水时间，饮水免疫之前，让鸡停水 3~6 小时。一般夏天控水 2~3 小时，冬季控水 4~6 小时，使鸡处于口渴状态，可以使含有疫苗的饮水，以较短的时间被饮入鸡的体内。

四、使用疫苗注意事项

①在使用疫苗前应该检查疫苗瓶是否破损，封口是否封得严密，瓶签说明是否清楚，有无批号，生产、失效日期等，凡有问题者不能使用。

②一定要细致地检查瓶内疫苗的性状是否与说明书相符，凡不相符的不予使用。严格按说明书使用，需要稀释者，稀释液的质量和数量必须符合要求，疫苗稀释后在规定的时间内用完，用不完者废弃。

③以往没用过的疫苗，第1次在本地使用，以及一些生物制品厂的中试疫苗，必须先做小区试验，确认安全有效后方可大面积使用。在用活疫苗接种的前后3~5天，不得使用抗菌药物，否则易造成免疫失败。

④在进行注射疫苗接种前1~3天，应带鸡消毒1~2次。鸡群中存在鸡痘、葡萄球菌病或硒缺乏症等，应改用其他方法免疫。吸取疫苗要使用专用针头，不得用注射过的针头吸取疫苗，防止因针头污染疫苗。注射时，用75%的酒精或5%碘酊消毒注射部位。油乳剂灭活疫苗应于2~8℃环境贮存，避免冻结，使用前使之自然升至室温。不可用2种以上油乳剂灭活疫苗混在一起注射，也不可在油苗中加入抗菌药或其他药物。

⑤在用连续注射器注射疫苗时，应检查定量是否准确，防止定量不准造成免疫失败或严重的不良反应，一定要坚持注射部位消毒。凡是用过的疫苗瓶，不得随地乱扔，要集中起来销毁，防止传播疾病和污染环境。

⑥注意观察和做好记录，发现有的家禽过敏，如发绀、口吐白沫或呼吸困难等，立即用肾上腺素或地塞米松紧急抢救，也有的疫苗注射后，出现减食或体温升高，1~2天即可恢复。一般应记录免疫日期、动物种类、日龄、数量、疫苗名称、生产厂家、批号、用量及免疫方法等。

五、免疫监测

免疫监测有两个含义，一是接种后检验疫苗是否接种有效。由于受疫苗的质量、接种方法和操作过程、机体的健康状况等因素影响，接种了疫苗并不等于肯定有效。所以接种疫苗后2~3周要抽样进行监测。但注意的是，不是所有接种的疫苗都能进行监测，因还缺乏行之有效的便于操作的检验方法。现在能被广泛使用的有新城疫、禽流感、减蛋综合征、鸡痘等。二是对整个免疫期监测看是否有足够的免疫力。这在规模化养禽场受到高度重视，特别是对一些危害严重的传染病要经常进行抽样检查，确保有足够的免疫力。

第四节　家禽粪污与染疫家禽尸体无害化处理

家禽养殖在提供大量家禽产品的同时，也产生了大量家禽粪污、垫料等生产废弃物，粪污中含有多种病原体，染疫家禽粪污和染疫家禽尸体中病原体的含量更高，如果不进行无害化处理而任意排放和丢弃，将严重污染环境，影响人们的生活和身体健康，并可能传播疫病。因此，及时正确地做好粪污的无害化处理，对切断疫病传播途径、维护公共卫生安全及资源化利用具有重要意义。

一、家禽粪污的销毁

对烈性动物疫病（如高致病禽流感）病原体或能生成芽孢的病原体（如产气荚膜梭菌）污染的粪污，要做销毁处理，不能进行资源化利用。

（一）焚烧

粪便可直接与垃圾、垫草和柴草混合置入焚烧炉中进行焚烧。如没有焚烧炉，可在地上挖一个宽 75～100 厘米、深 75 厘米的坑（长度视粪便多少而定），在距坑底 40～50 厘米加一层铁篦子，篦子下放燃料，篦子上放将要焚烧的粪便。如粪便太湿，可混一些干草，以便烧毁。

（二）掩埋

选择远离生产区、生活区及水源的地方，可用漂白粉或生石灰与粪便按 1：5 混合，然后深埋于地下 2 米左右。

二、家禽粪污的资源化利用

（一）自然发酵

自然发酵一般为厌氧发酵，是传统的粪污处理方法，包括堆粪法和发酵池法。

1. 堆粪法

选择与人、禽居住地保持一定距离且避开水源处，在地面挖一深 20～25 厘米的长形沟或圆形坑，沟的宽窄长短、坑的大小视粪便量的多少自行设定。先在沟底或坑底铺上 25 厘米厚的麦草、谷草或稻草做垫底，上面开始堆放粪便，高 1～1.5 米，最外层抹上 10 厘米厚的草泥，或直接用塑料薄膜密封覆盖。应注意粪便的干湿度，含水量在 50%～70% 为宜。发酵时间冬季不短于 3 个月，夏季不短于 3 周，之后可直接用作肥料。此方法主要适用于各类中小型家禽养殖场和散养户固体粪便的处理。

2. 发酵池（氧化塘）法

选择发酵池的地点要求与堆粪法相同。坑池的数量和大小视粪便的多少而定，内壁防渗处理。粪污池内发酵 1～3 个月即可出池还田。主要适用于各类中小型家禽养殖场和散养户粪便的处理。

（二）垫料发酵床堆肥

垫料发酵床堆肥是将发酵菌种与秸秆、锯末、稻壳等混合制成有机垫料，将有机垫料置于特殊设计的圈舍内，动物生活在有机垫料上，其粪便能够与有机垫料充分混合，有机垫料中的微生物对粪便进行分解形成有机肥。主要适用于肉鸭养殖场等。

（三）有机肥生产

有机肥生产主要是采用好氧堆肥发酵。好氧堆肥发酵，是在有氧条件下，依靠好氧微生物的作用使粪便中的有机物质稳定化的过程。好氧堆肥有动态条垛式堆肥、静态通气条垛式堆肥、槽式堆肥、发酵仓堆肥4种堆肥形式。堆肥过程中可通过调节碳氮比、控制堆温、通风、添加沸石和采用生物过滤床等技术进行除臭。主要适用于各类大型养殖场、养殖小区和区域性有机肥生产中心对固体粪便的处理。

（四）沼气工程

沼气工程是指在厌氧条件下通过微生物作用将畜禽粪污中的有机物转化为沼气的技术。适用于大型家禽养殖场、区域性专业化集中处理中心。

养殖场家禽粪便及其冲洗污水经过预处理后进入厌氧反应器，经厌氧发酵产生沼气、沼渣和沼液。沼气经脱硫、脱水后可通过发电、直燃等方式实现利用，沼液、沼渣等可作为农用肥料回田。一般1吨鲜鸡粪可产生沼气50米^{3}左右，1米^{3}沼气相当于0.7千克标准煤，能够发电约2千瓦·时。

三、染疫家禽尸体无害化处理

处理染疫家禽尸体要严格按照《中华人民共和国动物防疫法》《病死及病害动物无害化处理技术规范》（农医发〔2017〕25号）等有关文件规定进行无害化处理。

（一）染疫动物的扑杀

扑杀就是将患有严重危害人畜健康的染疫动物（有时包括疑似染疫动物）、缺乏有效的治疗办法或者无治疗价值的患病动物，进行人为致死并无害化处理，以防止疫病扩散，把疫情控制在最小的范围内。扑杀是迅速、彻底消灭传染源的一种有效手段。

按照《中华人民共和国动物防疫法》和农业农村部相关重大动物疫病处置技术规范，必须采用不放血方法将染疫动物致死后才能进行无害化处理。实际工作中应选用简单易行、干净彻底、低成本的无血扑杀方法。

1. 窒息法（二氧化碳法）

先将待扑杀禽只装入袋中，置入密封车、密封袋或其他密封容器内，通入二氧化碳窒息致死。该方法安全、无二次污染、劳动量小、成本低廉，适合扑杀大量家禽时采用。

2. 扭颈法

根据禽只大小，一只手握住头部，另一只手握住体部，朝相反方向扭转拉伸，使颈部脱臼，阻断呼吸和大脑供血。适用于扑杀少量禽类使用。

（二）染疫家禽尸体的收集转运与人员防护

1. 包装

包装材料应符合密闭、防水、防渗、防破损、耐腐蚀等要求；包装材料的容积、尺寸和数量应与需处理病死及病害家禽和相关动物产品的体积、数量相匹配；包装后应进行密封；使用后，一次性包装材料应作销毁处理，可循环使用的包装材料应进行清洗消毒。

2. 暂存

采用冷冻或冷藏方式进行暂存，防止无害化处理前病死及病害家禽和相关家禽产品腐败；暂存场所应能防水、防渗、防鼠、防盗，易于清洗和消毒；暂存场所应设置明显警示标识；应定期对暂存场所及周边环境进行清洗消毒。

3. 转运

可选择符合 GB 19217 条件的车辆或专用封闭厢式运载车辆，车厢四壁及底部应使用耐腐蚀材料，并采取防渗措施；专用转运车辆应加施明显标识，并加装车载定位系统，记录转运时间和路径等信息；车辆驶离暂存、养殖等场所前，应对车轮及车厢外部进行消毒；转运车辆应尽量避免进入人口密集区；若转运途中发生渗漏，应重新包装、消毒后运输；卸载后，应对转运车辆及相关工具等进行彻底清洗、消毒。

4. 工作人员的防护

实施染疫家禽尸体的收集、暂存、装运、无害化处理操作的工作人员应经过专门培训，掌握相应的动物防疫知识。操作过程中应穿戴防护服、口罩、护目镜、胶鞋及手套等防护用具。在工作完毕后，应对一次性防护用品作销毁处理，对循环使用的防护用品消毒处理。

（三）染疫家禽尸体的无害化处理方法

染疫家禽尸体无害化处理，是指用物理、化学等方法处理染疫家禽尸体及相关产品，消灭其所携带的病原体，消除家禽尸体危害的过程。常用的方法有焚烧法、化制法、高温法、深埋法、化学处理法等。

1. 焚烧法

焚烧法是指在焚烧容器内，使动物尸体及相关产品在富氧或无氧条件下进行氧化反应或热解反应的方法。

（1）适用对象　国家规定的染疫动物及其产品、病死或者死因不明的动物尸体、屠宰前确认的病害动物、屠宰过程中经检疫或肉品品质检验确认为不可食用的动物产品，以及其他应当进行无害化处理的动物及动物产品。

（2）焚烧方法

①直接焚烧法。可视情况对病死及病害动物和相关动物产品进行破碎等预处理。

将病死及病害动物和相关动物产品或破碎产物，投至焚烧炉本体燃烧室，经充分氧化、热解，产生的高温烟气进入二次燃烧室继续燃烧，产生的炉渣经出渣机排出。

燃烧室温度应≥850℃。燃烧所产生的烟气从最后的助燃空气喷射口或燃烧器出口到换热面或烟道冷风引射口之间的停留时间应≥2秒。焚烧炉出口烟气中氧含量应为6%～10%（干气）。

二次燃烧室出口烟气经余热利用系统、烟气净化系统处理，达到 GB 16297 要求后排放。

焚烧炉渣与除尘设备收集的焚烧飞灰应分别收集、贮存和运输。焚烧炉渣按一般固体废物处理或作资源化利用；焚烧飞灰和其他尾气净化装置收集的固体废物需按 GB 5085.3 要求作危险废物鉴定，如属于危险废物，则按 GB 18484 和 GB 18597 要求处理。

在操作时，要严格控制焚烧进料频率和重量，使病死及病害动物和相关动物产品能够充分与空气接触，保证完全燃烧；燃烧室内应保持负压状态，避免焚烧过程中发生烟气泄漏；二次燃烧室顶部设紧急排放烟囱，应急时开启；烟气净化系统，包括急冷塔、引风机等设施。

②炭化焚烧法。病死及病害动物和相关动物产品投至热解炭化室，在无氧情况下经充分热解，产生的热解烟气进入二次燃烧室继续燃烧，产生的固体炭化物残渣经热解炭化室排出。

热解温度应≥600℃，二次燃烧室温度≥850℃，焚烧后烟气在850℃以上停留时间≥2秒。

烟气经过热解炭化室热能回收后，降至600℃左右，经烟气净化系统处理，达到 GB 16297 要求后排放。

在操作时，应检查热解炭化系统的炉门密封性，以保证热解炭化室的隔氧状态；定期检查和清理热解气输出管道，以免发生阻塞；热解炭化室顶部须设置与大气相连的防爆口，热解炭化室内压力过大时可自动开启泄压；应根据处理物种类、体积等严格控制热解的温度、升温速度及物料在热解炭化室中的停留时间。

2. 化制法

（1）适用对象　不得用于患有炭疽等芽孢杆菌类疫病，以及牛海绵状脑病、痒病的染疫动物及产品、组织的处理。其他适用对象同焚烧法。

（2）化制方法

①干化法。可视情况对病死及病害动物和相关动物产品进行破碎等预处理。

病死及病害动物和相关动物产品或破碎产物输送入高温高压灭菌容器。

处理物中心温度≥140℃，压力≥0.5兆帕（绝对压力），时间≥4小时（具体处理时间随处理物种类和体积大小而设定）。

加热烘干产生的热蒸气经废气处理系统后排出。

加热烘干产生的动物尸体残渣传输至压榨系统处理。

操作时需要注意，搅拌系统的工作时间应以烘干剩余物基本不含水分为宜，根据处理物量的多少，适当延长或缩短搅拌时间；应使用合理的污水处理系统，有效去除有机物、氨氮，达到 GB 8978 要求；应使用合理的废气处理系统，有效吸收处理过程中动物尸体腐败产生的恶臭气体，达到 GB 16297 要求后排放；高温高压灭菌容器操作人员应符合相关专业要求，持证上岗；处理结束后，须对墙面、地面及其相关工具进行彻底清洗消毒。

②湿化法。可视情况对病死及病害动物和相关动物产品进行破碎预处理。

将病死及病害动物和相关动物产品或破碎产物送入高温高压容器，总质量不得超过容器总承受力的4/5。

处理物中心温度≥135℃，压力≥0.3兆帕（绝对压力），处理时间≥30分钟（具体处理时间随处理物种类和体积大小而设定）。

在高温高压结束后，对处理产物进行初次固液分离。

固体物经破碎处理后，送入烘干系统；液体部分送入油水分离系统处理。

在操作时，高温高压容器操作人员应符合相关专业要求，持证上岗；处理结束后，须对墙面、地面及其相关工具进行彻底清洗消毒；冷凝排放水应冷却后排放，产生的废水应经污水处理系统处理，达到 GB 8978 要求；处理车间废气应通过安装自动喷淋消毒系统、排风系统和高效微粒空气过滤器（HEPA 过滤器）等进行处理，达到 GB 16297 要求后排放。

3. 高温法

（1）适用对象　同焚烧法。

（2）技术工艺　可视情况对病死及病害动物和相关动物产品进行破碎等预处理。处理物或破碎产物体积（长×宽×高）≤125厘米³（5厘米×5厘米×5厘米）。

向容器内输入油脂，容器夹层经导热油或其他介质加热。

将病死及病害动物和相关动物产品或破碎产物输送入容器内，与油脂混合。在常压状态下，维持容器内部温度≥180℃，持续时间≥2.5小时（具体处理时间随处理物种类和体积大小而设定）。

加热产生的热蒸气经废气处理系统后排出。

加热产生的动物尸体残渣传输至压榨系统处理。

操作时注意的问题同化制法的干化法。

4. 深埋法

（1）适用对象　发生动物疫情或自然灾害等突发事件时病死及病害动物的应急处理，以及边远和交通不便地区零星病死畜禽的处理。不得用于患有炭疽等芽孢杆菌类疫病，以及牛海绵状脑病、痒病的染疫动物及产品、组织的处理。

（2）深埋的方法　深埋地点应选择地势高燥，处于下风向的地方，并远离学校、公共场所、居民住宅区、村庄、动物饲养和屠宰场所、饮用水源地、河流等地区。

深埋坑体容积以实际处理动物尸体及相关动物产品数量确定；深埋坑底应高出地下水位1.5米以上，要防渗、防漏；坑底撒一层厚度为2~5厘米的生石灰或漂白粉等消毒药；将动物尸体及相关动物产品投入坑内，最上层距离地表1.5米以上；生石灰或漂白粉等消毒药消毒；覆盖距地表20~30厘米、厚度不少于1~1.2米的覆土。

在操作时，深埋覆土不要太实，以免腐败产气造成气泡冒出和液体渗漏；深埋后，在深埋处设置警示标识；深埋后，第1周内应每日巡查1次，第2周起应每周巡查1次，连续巡查3个月，深埋坑塌陷处应及时加盖覆土；深埋后，立即用氯制剂、漂白粉或生石灰等消毒药对深埋场所进行1次彻底消毒。第1周内应每日消毒1次，第2周起应每周消毒1次，连续消毒3周以上。

5. 化学处理法

（1）硫酸分解法

①适用对象。同化制法。

②技术工艺。可视情况对病死及病害动物和相关动物产品进行破碎等预处理。

将病死及病害动物和相关动物产品或破碎产物，投至耐酸的水解罐中，按每吨处理物加入水 150~300 千克，后加入 98%的浓硫酸 300~400 千克（具体加入水和浓硫酸量随处理物的含水量而设定）。

密闭水解罐，加热使水解罐内升至 100~108℃，维持压力≥0.15 兆帕，反应时间≥4 小时，至罐体内的病死及病害动物和相关动物产品完全分解为液态。

处理中使用的强酸应按国家危险化学品安全管理、易制毒化学品管理有关规定执行，操作人员应做好个人防护；水解过程中要先将水加入耐酸的水解罐中，然后加入浓硫酸；控制处理物总体积不得超过容器容量的 70%；酸解反应的容器及储存酸解液的容器均要求耐强酸。

（2）化学消毒法

①适用对象。适用于被病原微生物污染或可疑被污染的动物皮毛消毒。

②化学消毒的方法。主要方法有盐酸食盐溶液消毒法、过氧乙酸消毒法和碱盐液浸泡消毒法。

盐酸食盐溶液消毒法：用 2.5%盐酸溶液和 15%食盐水溶液等量混合，将皮张浸泡在此溶液中，并使溶液温度保持在 30℃左右，浸泡 40 小时，1 米²的皮张用 10 升消毒液（或按 100 毫升 25%食盐水溶液中加入盐酸 1 毫升配制消毒液，在室温 15℃条件下浸泡 48 小时，皮张与消毒液之比为 1：4）。浸泡后捞出沥干，放入 2%（或 1%）氢氧化钠溶液中，以中和皮张上的酸，再用水冲洗后晾干。

过氧乙酸消毒法：将皮毛放入新鲜配制的 2%过氧乙酸溶液中浸泡 30 分钟。将皮毛捞出，用水冲洗后晾干。

碱盐液浸泡消毒法：将皮毛浸入 5%碱盐液（饱和盐水内加 5%氢氧化钠）中，室温（18~25℃）浸泡 24 小时，并随时加以搅拌。取出皮毛挂起，待碱盐液流净，放入 5%盐酸液内浸泡，使皮上的酸碱中和。将皮毛捞出，用水冲洗后晾干。

（3）发酵法 是指将动物尸体及相关动物产品与稻糠、木屑等辅料按要求摆放，利用动物尸体及相关动物产品产生的生物热或加入特定生物制剂，发酵或分解动物尸体及相关动物产品的方法。主要分为条垛式和发酵池式。

该法具有投资少、动物尸体处理速度快、运行管理方便等优点，但发酵过程产生恶臭气体，因重大动物疫病及人畜共患病死亡的动物尸体和相关动物产品不得使用此种方式进行处理。且要有废气处理系统。

（四）记录要求

病死动物的收集、暂存、装运、无害化处理等环节应建有台账和记录。有条件的地方应保存运输车辆行车信息和相关环节视频记录。暂存环节的接收台账和记录应包括病死动物及相关动物产品来源场（户）、种类、数量、动物标识号、死亡原因、消毒方法、收集时间、经手人员等；运出台账和记录应包括运输人员、联系方式、运输时间、车牌号、病死动物及产品种类、数量、动物标识号、消毒方法、运输目的地以及经手人员等；处理环节的接收台账和记录应包括病死动物及相关动物产品来源、种类、数量、动物标识号、运输人员、联系方式、车牌号、接收时间及经手人员等；处理台账和记录应包括处理时间、处理方式、处理数量及操作人员等。涉及病死动物无害化处理的台账和记录至少要保存两年。

第五节　家禽疫情处置

一、动物疫病的分类

（一）动物疫病的分类

《中华人民共和国动物防疫法》规定，根据动物疫病对养殖业生产和人体健康的危害程度，将动物疫病分为三类。

对人与动物危害严重，需要采取紧急、严厉的强制预防、控制、扑灭等措施的为一类疫病，例如高致病性禽流感等。可能造成重大经济损失，需要采取严格控制、扑灭等措施，防止疫病扩散的为二类疫病，例如新城疫等。常见多发、可能造成重大经济损失，需要控制和净化的为三类疫病，例如大肠杆菌病、低致病性禽流感、鸭病毒性肝炎、鸭浆膜炎、鸡球虫病等。

一、二、三类动物疫病具体病种名录由国务院兽医主管部门制定并公布。

（二）一、二、三类动物疫病病种名录

根据《中华人民共和国动物防疫法》有关规定，农业农村部于2022年6月23日发布第573号公告，对原《一、二、三类动物疫病病种名录》进行了修订，新名录如下。

一类动物疫病（11种）：口蹄疫、猪水疱病、非洲猪瘟、尼帕病毒性脑炎、非洲马瘟、牛海绵状脑病、牛瘟、牛传染性胸膜肺炎、痒病、小反刍兽疫、高致病性禽流感。

二类动物疫病（37 种）。

多种动物共患病（7 种）：狂犬病、布鲁氏菌病、炭疽、蓝舌病、日本脑炎、棘球蚴病、日本血吸虫病。

牛病（3 种）：牛结节性皮肤病、牛传染性鼻气管炎（传染性脓疱外阴阴道炎）、牛结核病。

绵羊和山羊病（2 种）：绵羊痘和山羊痘、山羊传染性胸膜肺炎。

马病（2 种）：马传染性贫血、马鼻疽。

猪病（3 种）：猪瘟、猪繁殖与呼吸综合征、猪流行性腹泻。

禽病（3 种）：新城疫、鸭瘟、小鹅瘟。

兔病（1 种）：兔出血症。

蜜蜂病（2 种）：美洲蜜蜂幼虫腐臭病、欧洲蜜蜂幼虫腐臭病。

鱼类病（11 种）：鲤春病毒血症、草鱼出血病、传染性脾肾坏死病、锦鲤疱疹病毒病、刺激隐核虫病、淡水鱼细菌性败血症、病毒性神经坏死病、传染性造血器官坏死病、流行性溃疡综合征、鲫造血器官坏死病、鲤浮肿病。

甲壳类病（3 种）：白斑综合征、十足目虹彩病毒病、虾肝肠胞虫病。

三类动物疫病（126 种）。

多种动物共患病（25 种）：伪狂犬病、轮状病毒感染、产气荚膜梭菌病、大肠杆菌病、巴氏杆菌病、沙门氏菌病、李氏杆菌病、链球菌病、溶血性曼氏杆菌病、副结核病、类鼻疽、支原体病、衣原体病、附红细胞体病、Q 热、钩端螺旋体病、东毕吸虫病、华支睾吸虫病、囊尾蚴病、片形吸虫病、旋毛虫病、血矛线虫病、弓形虫病、伊氏锥虫病、隐孢子虫病。

牛病（10 种）：牛病毒性腹泻、牛恶性卡他热、地方流行性牛白血病、牛流行热、牛冠状病毒感染、牛赤羽病、牛生殖道弯曲杆菌病、毛滴虫病、牛梨形虫病、牛无浆体病。

绵羊和山羊病（7 种）：山羊关节炎/脑炎、梅迪-维斯纳病、绵羊肺腺瘤病、羊传染性脓疱皮炎、干酪性淋巴结炎、羊梨形虫病、羊无浆体病。

马病（8 种）：马流行性淋巴管炎、马流感、马腺疫、马鼻肺炎、马病毒性动脉炎、马传染性子宫炎、马媾疫、马梨形虫病。

猪病（13 种）：猪细小病毒感染、猪丹毒、猪传染性胸膜肺炎、猪波氏菌病、猪圆环病毒病、格拉瑟病、猪传染性胃肠炎、猪流感、猪丁型冠状病毒感染、猪塞内卡病毒感染、仔猪红痢、猪痢疾、猪增生性肠病。

禽病（21 种）：禽传染性喉气管炎、禽传染性支气管炎、禽白血病、传染性法氏囊病、马立克病、禽痘、鸭病毒性肝炎、鸭浆膜炎、鸡球虫病、低致病性禽流感、禽网状内皮组织增殖病、鸡病毒性关节炎、禽传染性脑脊髓炎、鸡传染性鼻炎、禽坦布苏病毒感染、禽腺病毒感染、鸡传染性贫血、禽偏肺病毒感染、鸡红螨病、鸡坏死性肠炎、鸭呼肠孤病毒感染。

兔病（2种）：兔波氏菌病、兔球虫病。

蚕、蜂病（8种）：蚕多角体病、蚕白僵病、蚕微粒子病、蜂螨病、瓦螨病、亮热厉螨病、蜜蜂孢子虫病、白垩病。

犬猫等动物病（10种）：水貂阿留申病、水貂病毒性肠炎、犬瘟热、犬细小病毒病、犬传染性肝炎、猫泛白细胞减少症、猫嵌杯病毒感染、猫传染性腹膜炎、犬巴贝斯虫病、利什曼原虫病。

鱼类病（11种）：真鲷虹彩病毒病、传染性胰脏坏死病、牙鲆弹状病毒病、鱼爱德华氏菌病、链球菌病、细菌性肾病、杀鲑气单胞菌病、小瓜虫病、粘孢子虫病、三代虫病、指环虫病。

甲壳类病（5种）：黄头病、桃拉综合征、传染性皮下和造血组织坏死病、急性肝胰腺坏死病、河蟹螺原体病。

贝类病（3种）：鲍疱疹病毒病、奥尔森派琴虫病、牡蛎疱疹病毒病。

两栖与爬行类病（3种）：两栖类蛙虹彩病毒病、鳖腮腺炎病、蛙脑膜炎败血症。

（三）重大动物疫情

《重大动物疫情应急条例》中规定，重大动物疫情是指高致病性禽流感等发病率或者死亡率高的动物疫病突然发生，迅速传播，给养殖业生产安全造成严重威胁、危害，以及可能对公众身体健康与生命安全造成危害的情形，包括特别重大动物疫情。

二、重大动物疫情的应急处理原则

重大动物疫情发生后，由国务院和有关地方人民政府设立的重大动物疫情应急指挥部统一领导、指挥重大动物疫情应急工作。

重大动物疫情发生后，县级以上地方人民政府兽医主管部门应当立即划定疫点、疫区和受威胁区，调查疫源，向本级人民政府提出启动重大动物疫情应急指挥系统、应急预案和对疫区实行封锁的建议，有关人民政府应当立即作出决定。

疫点、疫区和受威胁区的范围应当按照不同动物疫病病种及其流行特点和危害程度划定，具体划定标准由国务院兽医主管部门制定。

国家对重大动物疫情应急处理实行分级管理，按照应急预案确定的疫情等级，由有关人民政府采取相应的应急控制措施。

（一）对疫点应当采取的措施

扑杀并销毁染疫动物和易感染的动物及其产品；对病死的动物尸体、动物排泄物、被污染饲料、垫料、污水进行无害化处理；对被污染的物品、用具、动物圈舍、场地进行严格消毒。

（二）对疫区应当采取的措施

在疫区周围设置警示标志，在出入疫区的交通路口设置临时动物检疫消毒站，对出入的人员和车辆进行消毒；扑杀并销毁染疫和疑似染疫动物及其同群动物，销毁染疫和疑似染疫的动物产品，对其他易感染的动物实行圈养或者在指定地点放养，役用动物限制在疫区内使役；对易感染的动物进行监测，并按照国务院兽医主管部门的规定实施紧急免疫接种，必要时对易感染的动物进行扑杀；关闭动物及动物产品交易市场，禁止动物进出疫区和动物产品运出疫区；对动物圈舍、动物排泄物、垫料、污水和其他可能受污染的物品、场地，进行消毒或者无害化处理。

（三）对受威胁区应当采取的措施

对易感染的动物进行监测；对易感染的动物根据需要实施紧急免疫接种。

重大动物疫情应急处理中设置临时动物检疫消毒站以及采取隔离、扑杀、销毁、消毒、紧急免疫接种等控制、扑灭措施的，由有关重大动物疫情应急指挥部决定，有关单位和个人必须服从；拒不服从的，由公安机关协助执行。

国家对疫区、受威胁区内易感染的动物免费实施紧急免疫接种；对因采取扑杀、销毁等措施给当事人造成的已经证实的损失，给予合理补偿。紧急免疫接种和补偿所需费用，由中央财政和地方财政分担。

重大动物疫情应急指挥部根据应急处理需要，有权紧急调集人员、物资、运输工具以及相关设施、设备。

单位和个人的物资、运输工具以及相关设施、设备被征集使用的，有关人民政府应当及时归还并给予合理补偿。

重大动物疫情发生后，县级以上人民政府兽医主管部门应当及时提出疫点、疫区、受威胁区的处理方案，加强疫情监测、流行病学调查、疫源追踪工作，对染疫和疑似染疫动物及其同群动物和其他易感染动物的扑杀、销毁进行技术指导，并组织实施检验检疫、消毒、无害化处理和紧急免疫接种。

重大动物疫情应急处理中，县级以上人民政府有关部门应当在各自的职责范围内，做好重大动物疫情应急所需的物资紧急调度和运输、应急经费安排、疫区群众救济、人的疫病防治、肉食品供应、动物及其产品市场监管、出入境检验检疫和社会治安维护等工作。

中国人民解放军、中国人民武装警察部队应当支持配合驻地人民政府做好重大动物疫情的应急工作。

重大动物疫情应急处理中，乡镇人民政府、村民委员会、居民委员会应当组织力量，向村民、居民宣传动物疫病防治的相关知识，协助做好疫情信息的收集、报告和各项应急处理措施的落实工作。

重大动物疫情发生地的人民政府和毗邻地区的人民政府应当通力合作，相互配合，做好重大动物疫情的控制、扑灭工作。

有关人民政府及其有关部门对参加重大动物疫情应急处理的人员，应当采取必要的卫生防护和技术指导等措施。

自疫区内最后一头（只）发病动物及其同群动物处理完毕起，经过一个潜伏期以上的监测，未出现新的病例的，彻底消毒后，经上一级动物防疫监督机构验收合格，由原发布封锁令的人民政府宣布解除封锁，撤销疫区；由原批准机关撤销在该疫区设立的临时动物检疫消毒站。

县级以上人民政府应当将重大动物疫情确认、疫区封锁、扑杀及其补偿、消毒、无害化处理、疫源追踪、疫情监测以及应急物资储备等应急经费列入本级财政预算。

三、动物疫情的监测、报告和公布

（一）动物疫情监测

动物防疫监督机构负责重大动物疫情的监测，饲养、经营动物和生产、经营动物产品的单位和个人应当配合，不得拒绝和阻碍。

（二）动物疫情报告

1. 疫情报告的有关要求

从事动物隔离、疫情监测、疫病研究与诊疗、检验检疫以及动物饲养、屠宰加工、运输、经营等活动的有关单位和个人，发现动物出现群体发病或者死亡的，应当立即向所在地的县（市）动物防疫监督机构报告。

县（市）动物防疫监督机构接到报告后，应当立即赶赴现场调查核实。初步认为属于重大动物疫情的，应当在2小时内将情况逐级报省、自治区、直辖市动物防疫监督机构，并同时报所在地人民政府兽医主管部门；兽医主管部门应当及时通报同级卫生主管部门。

省、自治区、直辖市动物防疫监督机构应当在接到报告后 1 小时内，向省、自治区、直辖市人民政府兽医主管部门和国务院兽医主管部门所属的动物防疫监督机构报告。

省、自治区、直辖市人民政府兽医主管部门应当在接到报告后 1 小时内报本级人民政府和国务院兽医主管部门。

重大动物疫情发生后，省、自治区、直辖市人民政府和国务院兽医主管部门应当在 4 小时内向国务院报告。

重大动物疫情报告包括下列内容：疫情发生的时间、地点；染疫、疑似染疫动物种类和数量、同群动物数量、免疫情况、死亡数量、临床症状、病理变化、诊断情况；流行病学和疫源追踪情况；已采取的控制措施；疫情报告的单位、负责人、报告人及联系方式。

2. 疫情报告的时限

疫情报告时限分为快报、月报和年报 3 种。

（1）快报

快报是指以最快的速度将出现的重大动物疫情或疑似重大动物疫情上报有关部门，以便及时采取有效防控疫病的措施，从而最大限度地减少疫病造成的经济损失，保障人畜健康。

①快报对象　发生高致病性禽流感等一类动物疫病的；二、三类动物疫病呈暴发流行的；发生新发动物疫病或外来动物疫病的；动物疫病的寄主范围、致病性、毒株等流行病学发生变化的；无规定动物疫病区（生物安全隔离区）发生规定动物疫病的；在未发生极端气候变化、地震等自然灾害情况下，不明原因急性发病或大量动物死亡的；农业农村部规定需要快报的其他情形。

②快报时限　县级动物疫病预防控制机构接到报告后，应当立即组织进行现场调查核实。初步认为发生一类动物疫病的，发生新发动物疫病或外来动物疫病的，无规定动物疫病区（生物安全隔离区）发生规定动物疫病的，应当在 2 小时内将情况逐级报至省、自治区、直辖市动物疫病预防控制机构，并同时报所在地人民政府兽医主管部门。

省、自治区、直辖市动物疫病预防控制机构应当在接到报告后 1 小时内，向省、自治区、直辖市人民政府兽医主管部门和中国动物疫病预防控制中心报告。

发生其他需要快报的情形时，地方各级动物疫病预防控制机构报同级人民政府兽医主管部门的同时，应当在 12 小时内报至中国动物疫病预防控制中心。

③快报内容　快报应当包括基础信息、疫情概况、疫点情况、疫区及受威胁区情况、流行病学信息、控制措施，诊断方法及结果、疫点地图位置分布，疫情处置进展，其他需要说明的信息等内容。

（2）月报

县级以上地方动物疫病预防控制机构应当在次月 5 日前，将上月本行政区域内的动物疫情进行汇总和审核，经同级人民政府兽医主管部门审核后，通过动物疫情信息管理系统逐级上报至中国动物疫病预防控制中心。中国动物疫病预防控制中心，应当在每月 15 日前将上月汇总分析结果报农业农村部兽医局。

月报内容包括动物种类，疫病名称，疫情县数、疫点数，疫区内易感动物存栏数、发病数、病死数、扑杀数、急宰数、紧急免疫数，治疗数等。

（3）年报

县级以上地方动物疫病预防控制机构应当在翌年 1 月 10 日前，汇总和审核上年度本行政区域内动物疫情，报同级人民政府兽医主管部门。中国动物疫病预防控制中心应当于 2 月 15 日前将上年度汇总分析结果报农业农村部兽医局。

年报内容包括动物种类、疫病名称、疫情县数、疫点数、疫区内易感动物存栏数、发病数，病死数、扑杀数、急宰数、紧急免疫数、治疗数等。

快报、月报和年报要求做到迅速、全面、准确地进行疫情报告，能使防疫部门及时掌握疫情，做出判断，及时制订控制、消灭疫情的对策和措施。

四、隔离

隔离是指将传染源置于不能将疫病传染给其他易感动物的条件下，将疫情控制在最小范围内，便于管理消毒，中断流行过程，就地扑灭疫情，是控制扑灭疫情的重要措施之一。

在发生动物疫病时，首先对动物群进行疫病监测，查明动物群感染的程度。根据疫病监测的结果，一般将全群动物分为染疫动物、可疑感染动物和假定健康动物三类，分别采取不同的隔离措施。

（一）染疫动物的隔离

染疫动物包括有发病症状或其他方法检查呈阳性的动物。它们随时可将病原体排出体外，污染外界环境，包括地面、空气、饲料甚至水源等，是危险性最大的传染源，应选择不易散播病原体，消毒处理方便的场所进行隔离。

染疫动物需要专人饲养和管理，加强护理，严格对污染的环境和污染物消毒，搞好畜舍卫生，根据动物疫病情况和相关规定进行治疗或扑杀。同时在隔离场所内禁止闲杂人员出入，隔离场所内的用具、饲料、粪便等未经消毒的不能运出。隔离期依该病的传染期而定。

（二）可疑感染动物的隔离

可疑感染动物指在检查中未发现任何临诊症状，但与染疫动物或其污染的环境有过明显的接触，如同群、同圈，使用共同的水源、用具等的动物。这类动物有可能处于疫病的潜伏期，有向体外排出病原体的危险。

对可疑感染动物，应经消毒后另选地方隔离，限制活动，详细观察，及时再分类。出现症状者立即转为按染病动物处理。经过该病一个最长潜伏期仍无症状者，可取消隔离。隔离期间，在密切观察被检动物的同时，要做好防疫工作，对人员出入隔离场要严格控制，防止扩散疫情。

（三）假定健康动物的隔离

除上述两类外，疫区内其他易感动物都属于假定健康动物。对假定健康动物应限制其活动范围并采取保护措施，严格与上述两类动物分开饲养管理，并进行紧急免疫接种或药物预防。同时注意加强卫生消毒措施。经过该病一个最长潜伏期仍无症状者，可取消隔离。

采取隔离措施时应注意，仅靠隔离不能扑灭疫情，需要与其他防疫措施相配合。

五、封锁

当发生某些重要疫病时，在隔离的基础上，针对疫源地采取封闭措施，防止疫病由疫区向安全区扩散，这就是封锁。封锁是消灭疫情的重要措施之一。

由于封锁区内各项活动基本处于与外界隔绝的状态，不可避免地要对当地的生产和生活产生很大影响，故该措施必须严格依照《中华人民共和国动物防疫法》执行。

（一）封锁的对象和原则

1. 封锁的对象

国家规定的一类动物疫病、呈暴发性流行时的二类和三类动物疫病。

2. 封锁的原则

执行封锁时应掌握"早、快、严"的原则。"早"是指加强疫情监测，做到"早发现、早诊断、早报告、早确认"，确保疫情的早期预警预报；"快"是指健全应急反应机制，及时处置突发疫情；"严"是指规范疫情处置，全面彻底，确保疫情控制在最小范围，将疫情损失减到最小。

（二）封锁的程序

发生需要封锁的疫情时，当地县级以上地方人民政府兽医主管部门应当立即派人到现场，划定疫点、疫区、受威胁区，调查疫源，及时报请本级人民政府对疫区实行封锁。

县级或县级以上地方人民政府发布和解除封锁令，疫区范围涉及两个以上行政区域的，由有关行政区域共同的上一级人民政府对疫区实行封锁，或者由各有关行政区域的上一级人民政府共同对疫区实行封锁。

（三）封锁区域的划分

为扑灭疫病采取封锁措施而划出的一定区域，称为封锁区。兽医行政管理部门根据规定及扑灭疫情的实际，结合该病流行规律、当时流行特点、动物分布、地理环境、居民点以及交通条件等具体情况划定疫点、疫区和受威胁区。

1. 疫点

疫点指发病动物所在的地点，一般是指发病动物所在的养殖场（户）、养殖小区或其他有关的屠宰加工、经营单位。如为农村散养户，则应将发病动物所在的自然村划为疫点；放牧的动物以发病动物所在的牧场及其活动场所为疫点；动物在运输过程中发生疫情，以运载动物的车、船、飞行器等为疫点；在市场发生疫情，则以发病动物所在市场为疫点。

2. 疫区

疫区是疫病正在流行的地区，范围比疫点大，但不同的动物疫病，其划定的疫区范围也不尽相同。疫区划分时注意考虑当地的饲养环境和天然屏障，如河流、山脉。

3. 受威胁区

受威胁区指疫区周围疫病可能传播到的地区，不同的动物疫病，其划定的受威胁区范围也不相同。

（四）封锁措施

县级或县级以上地方人民政府发布封锁令后，应当启动相应的应急预案，立即组织有关部门和单位针对疫点、疫区和受威胁区采取强制性措施，并通报毗邻地区。

1. 疫点内措施

扑杀并销毁疫点内所有的染疫动物和易感动物及其产品，对动物的排泄物、被污染饲料、垫料、污水等进行无害化处理，对被污染的物品，交通工具，用具、饲养环境进行彻底消毒。

对发病期间及发病前一定时间内售出的动物进行追踪，并做扑杀和无害化处理。

2. 疫区边缘措施

在疫区周围设置警示标志，在出入疫区的交通路口设置动物检疫消防检查站，执行监督检查任务，对出入的人员和车辆进行消毒。

3. 疫区内措施

扑杀并销毁染疫动物和疑似染疫动物及其同群动物，销毁染疫动物和疑似染疫的动物产品，对其他易感染的动物实行圈养或者在指定地点放养；对动物圈舍、动物排泄物、垫料、污水和其他可能受污染的物品、场地，进行消毒或者无害化处理。

对易感动物进行监测，并实施紧急免疫接种，必要时对易感动物进行扑杀。

关闭动物及动物产品交易市场，禁止动物进出疫区和动物产品运出疫区。

4. 受威胁区内措施

对所有易感动物进行紧急免疫接种，建立"免疫带"，防止疫情扩散。加强疫情监测和免疫效果检测，掌握疫情动态。

（五）封锁的解除

自疫区内最后一头（只）发病动物及其同群动物处理完毕起，经过该病一个最长的潜伏期以上的监测，再无新病例出现，经终末消毒，报上一级动物防疫监督机构验收合格，由原发布封锁令的人民政府宣布解除封锁，撤销疫区。

疫区解除封锁后，要继续对该区域进行疫情监测，如高致病性禽流感疫区解除封锁后6个月内未发现新病例，方可宣布该次疫情被扑灭。

第七章　家禽常见疫病的防控

第一节　家禽一类动物疫病的防控

在 11 种动物一类疫病中，属于家禽的疫病只有高致病性禽流感。

高致病性禽流感

高致病性禽流感（HPAI）是由正黏病毒科流感病毒属 A 型流感病毒引起的以禽类为主的烈性传染病。世界动物卫生组织将其列为必须报告的动物传染病，我国将其列为一类动物疫病。

（一）诊断要点

1. 流行病学特点

鸡、火鸡、鸭、鹅、鹌鹑、雉鸡、鹧鸪、鸵鸟、孔雀等多种禽类易感，多种野鸟也可感染发病。病禽（野鸟）和带毒禽（野鸟）是主要的传染源。病毒可长期在污染的粪便、水等环境中存活。主要通过接触感染禽（野鸟）及其分泌物和排泄物、被污染的饲料、水、蛋托（箱）、垫草、种蛋、鸡胚和精液等媒介传播，经呼吸道、消化道感染，也可通过气源性媒介传播。

2. 临床症状和病理变化

急性发病死亡或不明原因死亡，潜伏期从几小时到数天，最长可达 21 天；脚鳞出血；鸡冠出血或发绀、头部和面部水肿；鸭、鹅等水禽可见神经和腹泻症状，有时可见角膜炎症，甚至失明；产蛋突然下降。

消化道、呼吸道黏膜广泛充血、出血；腺胃黏液增多，可见腺胃乳头出血，腺胃和肌胃之间交界处黏膜可见带状出血；心冠及腹部脂肪出血；输卵管的中部可见乳白色分泌物或凝块；卵泡充血、出血、萎缩、破裂，有的可见卵黄性腹膜炎；脑部出现坏死灶、血管周围淋巴细胞管套、神经胶质灶、血管增生等病变；胰腺和心肌组织局灶性坏死。

确诊，须进行实验室检查。

（二）疫情处置

按照农业农村部《高致病性禽流感疫情处置技术规范》要求，本着"早"（加强高致病性禽流感疫情监测，做到"早发现、早诊断、早报告、早确认"，确保禽流感疫情的早期预警预报）、"快"（健全应急反应机制，快速行动、及时处理，确保突发疫情处置的应急管理）、"严"（规范疫情处置，做到坚决果断，全面彻底，严格处置，确保疫情控制在最小范围，确保疫情损失减到最小）的原则，规范处置。

（三）防控措施

1. 细巡查

增加巡查频率，了解家禽状况，及时发现问题，快速处理解决。查看料槽和料桶的饲料剩余情况，判断家禽是否有采食量减少等异常情况。查看饮水器，判断家禽饮水是否正常。查看家禽粪便是否正常，有无腹泻、绿便、血便等。查看家禽状态，是否有呼吸频率和呼吸姿势异常，是否出现精神沉郁、嗜睡，眼结膜发红、扭脖、原地转圈等异常状态。查看禽群是否有死亡异常增加，产蛋禽群是否出现产蛋率突然下降。发现家禽有异常情况的，要立即采取隔离措施，进行采样检测，根据诊断结果采取相应的防控措施。

2. 严免疫

针对不同饲养周期家禽，制订科学合理的免疫程序，确保基础免疫完善、及时补免。要选择国家批准的疫苗厂生产的合格禽流感疫苗进行接种，确保免疫效果。疫苗应严格按说明书规定的方法保存和使用，注射时注意无菌操作，防止交叉感染。免疫后要进行抗体水平监测，根据抗体水平，及时补免，确保群体免疫合格。要关注周边疫情风险和候鸟迁徙状况，必要时进行全群加强免疫。

高致病性禽流感疫苗种类主要包括重组禽流感病毒（H5+H7）三价灭活疫苗（H5N1 Re-11 株+Re-12 株+H7N9 H7-Re-2 株）、重组禽流感病毒（H5+H7）三价灭活疫苗（细胞源，H5N1 Re-11 株+Re-12 株+H7N9 H7-Re-2 株）和重组禽流感病毒（H5+H7）三价灭活疫苗（H5N2 rSD57 株+rFJ56 株，H7N9 rGD76 株）。

3. 防野鸟

安装防鸟网或驱鸟设备，开放和半开放式在禽舍周围安装，密闭式禽舍在通风口、门窗处安装，防止野禽与家禽接触。水禽养殖户避免到候鸟栖息地等开放水域放养，减少家养水禽接触候鸟及其分泌物、排泄物、羽毛的机会，降低疫情传播风险。放养家禽，通过围网等方式控制放养范围，有条件的可在围网上方加盖防鸟网，避免在野生禽类栖息地放养。

4. 勤消毒

选用高效消毒剂，保证消毒药浓度，对禽舍、人、车、物、环境等重点环节进行全面清洗消毒。带禽消毒选择在白天温度高时进行，选用刺激性较小、无气味的消毒剂，不同成分的消毒剂要轮流使用，消毒频率每1~2天1次为宜。

5. 重保暖

秋冬季节，舍内外温差大，要保证禽舍的密闭性和保温性。禽舍墙壁间和屋顶间缝隙采取密封措施，可用塑料布或油毡纸在禽舍增设隔温层，拱棚高的可加吊保温层，有条件的可在舍内安装热风炉或暖气片。要注意垫料厚度，维持在5~10厘米，做好潮湿和结块垫料的清理工作。

6. 适通风

可根据气温上升、下降情况，逐渐增加或降低通风量。中午前后气温较高时段，进行适度通风，深夜至早晨太阳升起之前的寒冷阶段，以最小通风量为宜。秋季夜间和冬季温度较低时间段，可使用间歇式通风，保证禽舍的换气量和温度的稳定性。要循序渐进增加通风，防止风冷效应及湿度大幅下降使家禽受凉。

7. 精饲养

保证饲料充足供给，营养全面均衡，注意蛋白质的适当比例，可适当增加含淀粉和糖类较多的高能量饲料。确保所用的饲料原料无霉变、无杂质。

8. 强应急

关注料塔和饲料库等，防止因漏雨雪或者建筑物损坏导致饲料霉变。全面排查水电等基础设施，要特别加强对电路的检修和排查，防漏电或着火。

入冬前，对禽舍进行全面检查与维修，填堵墙壁裂缝，更换门窗玻璃，预备好过冬使用的薄膜、草帘子。半开放式禽舍应及时拆除凉棚，安好支架、封装塑料薄膜。存在隐患的老旧禽舍，应增加支撑柱等加固修补，防止坍塌。遇有暴雪、大风等极端天气后，要及时检查禽舍、仓库等区域的顶部、墙面和地面等是否有渗漏、倒塌等情况。

9. 严处置

发生高致病性禽流感疫情，要立即向所在地农业农村（畜牧兽医）部门或动物疫病预防控制机构报告，避免家禽及其产品、饲料及垫料、废弃物、运载工具、有关设施设备等移动。对所有病死禽、被扑杀禽及其产品、排泄物、被污染或可能被污染的饲料和垫料、污水等，进行无害化处理。对被污染或可能被污染的物品、交通工具、用具、禽舍、场地环境等进行彻底清洗消毒。

第二节 家禽二类动物疫病的防控

在37种二类动物疫病中，属于家禽的疫病有新城疫、鸭瘟和小鹅瘟。

一、新城疫

新城疫是由新城疫病毒（副黏病毒NDV）强毒株引起的一种高度接触性禽类烈性传染病。世界动物卫生组织将其列为必须报告的动物疫病，我国将其列为二类动物疫病。

（一）诊断要点

依据该病流行病学特点、临床症状、病理变化、实验室检验等可做出诊断，必要时由国家指定实验室进行毒力鉴定。

1. 流行特点

鸡、火鸡、鹌鹑、鸽子、鸭、鹅等多种家禽及野禽均易感，各种日龄的禽类均可感染。非免疫易感禽群感染时，发病率、死亡率可高达90%以上；免疫效果不好的禽群感染时症状不典型，发病率、死亡率较低。该病传播途径主要是消化道和呼吸道。传染源主要为感染禽及其粪便和口、鼻、眼的分泌物。被污染的水、饲料、器械、器具和带毒的野生飞禽、昆虫及有关人员等均可成为主要的传播媒介。

2. 临床症状

该病的潜伏期为21天。临床症状差异较大，严重程度主要取决于感染毒株的毒力、免疫状态、感染途径、品种、日龄、其他病原混合感染情况及环境因素等。根据病毒感染禽所表现临床症状的不同，可将新城疫病毒分为5种致病型：嗜内脏速发型以消化道出血性病变为主要特征，死亡率高；嗜神经速发型以呼吸道和神经症状为主要特征，死亡率高；中发型以呼吸道和神经症状为主要特征，死亡率低；缓发型以轻度或亚临床性呼吸道感染为主要特征；无症状肠道型以亚临床性肠道感染为主要特征。

（1）典型症状 发病急、死亡率高；体温升高、极度精神沉郁、呼吸困难、食欲下降；粪便稀薄，呈黄绿色或黄白色；发病后期可出现各种神经症状，多表现为扭颈、翅膀麻痹等。在免疫禽群表现为产蛋下降。

（2）病理变化 剖检，全身黏膜和浆膜出血，以呼吸道和消化道最为严重；腺胃黏膜水肿，乳头和乳头间有出血点；盲肠扁桃体肿大、出血、坏死；十二指肠和直肠黏膜出血，有的可见纤维素性坏死病变；脑膜充血和出血；鼻道、喉、气管黏膜充血，偶有出血，肺可见淤血和水肿。

多种脏器的血管充血、出血，消化道黏膜血管充血、出血，喉气管、支气管黏膜纤毛脱落，血管充血、出血，有大量淋巴细胞浸润；中枢神经系统可见非化脓性脑炎，神经元变性，血管周围有淋巴细胞和胶质细胞浸润形成的血管套。

《国家新城疫防治指导意见（2017—2020年）》发布实施以来，各地各部门坚持以预防为主，切实落实免疫、监测、扑杀、消毒、无害化处理等各项综合防治措施，加大防控工作力度，新城疫疫情发生概率明显下降，感染率总体维持在较低水平，全国防控工作取得显著成效，农业农村部在2022年6月23日发布公告第573号中，将新城疫从一类动物疫病调整为二类动物疫病。但是，我国局部地区新城疫病毒污染仍较严重，疫情呈持续性地方流行。由于免疫密度和剂量的增加，典型的新城疫发病虽得到有效控制，而非典型新城疫的发病则随时可见。

一般地，在下列情况下要首先考虑有非典型性新城疫发生：所有的以咳嗽为主的呼吸声音异常，几乎所有新城疫引起的呼吸道异常，鸡群内咳嗽声最明显，并且是湿性咳嗽；顽固性呼吸道病，长时间治疗无效或轻微有效的呼吸道病；鸡群内陆续出现运动失调的鸡，尤其是青年鸡，无其他症状；出现扭头、角弓反张，翅膀不停扇动，异常兴奋的前跑后退等现象的鸡群；遇到有怪叫鸡只的鸡群，有口流乳白色液体的鸡只出现的鸡群；粪便内有明显的黄白色的稀便，堆型有一元硬币大小的，粪便内有黄色稀便加带草绿色的，像乳猪料样的疙瘩粪，或加带有草绿的黏液脓状物质，顽固性腹泻的鸡群；蛋壳质量明显变差，最近60天左右没用过新城疫疫苗的鸡群；刚开产，可产蛋率徘徊不升的鸡群（多是因为慢性球虫病，但新城疫病也会），无其他异常症状；刚用过新城疫疫苗，出现呼吸困难，呼吸异常的鸡群。

确诊须进行实验室诊断。实验室病原学诊断必须在相应级别的生物安全实验室进行。

（二）防控措施

1. 预防

（1）免疫预防　各地要继续对鸡实施全面免疫，根据当地实际和监测情况对其他家禽开展免疫。及时制订实施新城疫免疫方案，做好免疫效果评价。

（2）监测净化　各地要持续开展疫情监测工作，加大病原学监测力度，及时准确掌握病原遗传演化规律、病原分布和疫情动态，科学评估新城疫发生风险和疫苗免疫效果，及时发布预警信息。要选择一定数量的养殖场户、屠宰场和交易市场作为固定监测点，开展监测工作。

及时扑杀野毒感染种禽，培育健康种禽群和后备禽群，逐步实现净化目标。

养殖场要按照"一病一案、一场一策"要求，根据本场实际，制订切实可行的净化方案，有计划地实施监测净化。

（3）检疫监管　各地动物卫生监督机构要加强家禽产地检疫和屠宰检疫，逐步建立以实验室检测和动物卫生风险评估为依托的产地检疫机制，提升检疫科学化水平。加强活禽移动监管，做好跨省调运种禽产地检疫和监管工作。要规范跨省调运电子出证，实现检疫数据互联互通。

2. 治疗

发病后，将病禽隔离或淘汰，死禽进行无害化处理。禽群中尚未出现症状的禽采用新城疫油乳剂灭活苗进行紧急接种，适当应用抗菌药物，以防止继发感染细菌性传染病，也可促进肠道病变的恢复。

对病禽可采用新城疫高免血清或高免卵黄抗体进行紧急注射，具有一定的治疗效果。

二、鸭瘟

鸭瘟又名鸭病毒性肠炎，是由鸭瘟病毒引起的鸭、鹅、天鹅的一种急性败血性传染病。鹅也能被鸭瘟病毒感染，引起发病，且感染以后传播更快，往往造成大批死亡。目前，该病已遍布世界绝大多数养鸭、养鹅地区及野生水禽的主要迁徙地，给鸭鹅业造成非常严重的经济损失。

（一）诊断要点

1. 流行特点

自然条件下，鹅在与发病鸭群密切接触的情况下，可感染发病，并引起流行。其他家禽如鸡、鸽和火鸡都不会感染。不同品种、年龄、性别的鹅对鸭瘟病毒都有很高的易感性，但它们之间的发病率、病程以及病死率是有差别的。鹅感染鸭瘟病毒的发病日龄最小为 8 日龄；15~50 日龄的鹅易感性较强，死亡率高达 80%。成年鹅的发病率和死亡率随外界环境的不同而不同，一般为 10%左右，但在疫区可高达 90%~100%。人工感染时，可引起鹅和多种游禽类的水禽发生感染。雏鹅尤其敏感，致死率很高。鸭瘟活疫苗通过雏鹅连续传代后，对雏鹅的致病力逐渐增强，可引起发病和死亡。成年鹅也能感染发病。

鸭瘟的传染来源主要是病鸭、病鹅或潜伏期及病愈康复不久的带毒鸭、带毒鹅。健康鹅群与病鸭群一起放牧，或是水中相遇，或是放鹅时经过鸭瘟流行地区时均能发生感染。被病鸭、病鹅、带毒鸭和带毒鹅的分泌物和排泄物污染的饲料、饮水、用具和运输工具等，都是造成鸭瘟传播的重要因素。某些野生水禽和飞鸟可能感染或携带病毒，因此有可能成为传播该病的自然疫源和媒介。在购销和运输鸭群时，也会使该病从一个地区传至另一个地区。此外，某些吸血昆虫也可能传播该病。

鸭瘟的主要传播途径是通过消化道传染，也可以通过交配、眼结膜和呼吸道传播，吸血昆虫也能成为该病的传播媒介。人工感染时，病毒经点眼、滴鼻、肌内注射、皮下注射、泄殖腔接种、皮肤刺种等途径都能使健康鸭鹅致病。

该病一年四季均可发生，但该病的流行与气温、湿度、鹅群和鸭群的繁殖季节及农作物的收获季节等因素有一定关系。通常在春夏之际和秋季流行最严重，因为这个时期饲养最多，鹅、鸭群大，密度高，各处放牧流动频繁，接触的机会多，因而发病率也高。当鸭瘟病毒传入易感性强的鹅群后，一般在3~7天开始出现零星病鹅，再过3~5天就有大批病鹅出现，疫病进入发展期和流行期。根据鹅群的大小和饲养管理的方法不同，每天的发病数从10多只至数十只不等、发病持续的时间也有数天至1个月左右，整个流行过程一般为2~6周。

2. 临床症状和病理变化

自然感染的潜伏期一般为3~4天，病毒毒力不同，潜伏期长短可能有差异。人工感染的潜伏期为2~4天。病初体温升高达42~43℃，甚至达44℃，呈稽留热型。

病鸭鹅表现精神萎靡，低头缩颈，常离群呆立，头颈蜷缩，食欲降低，渴欲增加，两脚发软，步态蹒跚，走路困难，行动迟缓，严重者伏卧在地上不愿走动，驱赶时，两翅扑地走动，走几步后又蹲伏于地上，最后完全不能站立；病鸭鹅不愿下水，强迫赶它下水后不能游水，漂浮水面并挣扎回岸；眼周围湿润，羞明流泪，有的附有黏液性或脓性分泌物，导致两眼粘合；呼吸困难，鼻孔内常流出浆液性或黏液性分泌物，部分病鸭头颈部肿胀，故又称"大头瘟"；下痢，排出绿色或灰白色稀便。病的后期，体温下降，体质衰竭，不久死亡。

剖检，泄殖腔黏膜充血、水肿，有出血点，严重的黏膜表面覆盖一层黄绿色伪膜，难以剥离。部分病鹅的头和颈部几乎变成一样粗，拨开颈部腹侧面羽毛，可见皮肤浮肿，呈紫红色，触之有波动感。

确诊，须进行实验室检查。

（二）防控措施

1. 预防

应采取严格的饲养管理、消毒及疫苗免疫相结合的综合性措施来预防该病。在没有发生鸭瘟的地区或鸭鹅场要着重做好预防工作。

（1）加强饲养管理和卫生消毒制度，坚持自繁自养 引进种鸭鹅或鸭鹅苗时必须严格检疫，运回后需要隔离饲养，至少隔离饲养 2 周才能合群；不从疫区引进种鸭鹅或鸭鹅苗。对鸭鹅舍、鸭鹅场、运动场和饲养用具等严格消毒，加强饲养管理，不到疫区放牧，防止疫病传入鸭鹅群等。

（2）定期接种鸭瘟疫苗 目前常用的疫苗有鸭瘟鸭胚化弱毒苗和鸭瘟鸡胚化弱毒苗。注意，鹅群在免疫鸭瘟疫苗时，剂量应是鸭免疫剂量的 5～10 倍，种鹅按照 15~20 倍剂量免疫。初生鹅免疫期为 1 个月，2 月龄以上的鹅免疫期为 9 个月。种鹅产蛋前接种疫苗，可提高雏鹅的母源抗体水平，雏鹅首次免疫日龄可适当推迟。

2. 治疗

目前尚没有特效药物来治疗鸭瘟。一旦发生鸭瘟时，应立即采取隔离、消毒和紧急接种等措施。

紧急接种越早进行越好，对可疑感染和受威胁的鸭鹅群立即注射鸭瘟鸭胚化弱毒苗，一般在接种后 1 周内死亡率显著降低，能迅速控制住疫情。可采用肌内注射途径进行免疫，鹅的免疫剂量可采用：15 日龄以下鹅群用 15 羽份剂量的鸭瘟疫苗，15~30 日龄鹅群用 20 羽份剂量的鸭瘟疫苗，31 日龄至成年鹅用 25~30 羽份剂量的鸭瘟疫苗。病鹅可采用抗鸭瘟血清进行治疗，每只鹅每次肌内注射 1 毫升，同时在饮水中添加电解多维或口服补液盐，让鹅自由饮用。为了防止继发细菌感染，饮水中可添加抗菌药物。严禁病鸭鹅出售或外调，对病死鸭鹅进行无害化处理，并对鸭鹅舍、用具、鸭鹅群进行彻底大消毒，以防止疫情的进一步扩散。

三、小鹅瘟

小鹅瘟又称鹅细小病毒感染，小鹅瘟是由小鹅瘟病毒引起雏鹅或雏番鸭的一种急性或亚急性传染病。目前该病已遍布于世界上许多养鹅和养番鸭的国家和地区。该病传播快、发病率和死亡率高，给养鹅业带来了巨大的危害。

（一）诊断要点

1. 流行特点

该病主要发生于 20 日龄以内的雏鹅和雏番鸭，不同品种的雏鹅具有相同的易感性。易感雏鹅自然感染的最早发病日龄为 4~5 日龄，发病后，2~3 天内迅速蔓延至全群，7~10 日龄发病率和死亡率达最高峰，以后逐渐下降。小鹅瘟的发病率和死亡率与感染雏鹅的日龄密切相关，日龄越小，发病率死亡率越高，反之越低，5 日龄以内雏鹅感染，死亡率高达 95%以上，1 月龄以上的雏鹅感染，死亡率为 10%左右。

带毒鹅、番鸭、病鹅和病番鸭是该病的主要传染源，主要是通过它们的分泌物和排泄物传播。该病的传播途径主要是呼吸道和消化道，如病鹅通过粪便大量排毒，污染饲料、饮水，其他易感雏鹅通过饮水、采食可感染病毒，引起该病在雏鹅群内的流行。该病能通过孵坊进行传播，如带毒种鹅产的种蛋带毒，带毒的种蛋孵化时，无论是孵化中出现死胚，还是孵化出外表正常的带毒雏鹅，都能散播病毒，将孵房污染，造成刚出壳的其他健康雏鹅被感染，1 周内大批发病、死亡。该病最严重的暴发便是病毒垂直传播引起的易感雏鹅群发病。

通常经过该病的大流行之后，当年留剩下来的鹅群都会获得主动免疫，使次年的雏鹅具有天然的被动免疫力，能抵抗小鹅瘟病毒的感染。所以，该病不会在同一地区连续 2 年发生大流行。该病的发生和流行常有一定的周期性，即在大流行之后的 1 年或数年内往往不见发病，或仅零星发病。在每年更换部分种鹅群饲养方式的区域，一般不可能发生大流行，但每年会有不同程度的流行发生。

2. 临床症状与病理变化

小鹅瘟为败血性病毒性传染病。15 日龄以内的易感雏鹅，无论是自然感染还是人工感染，其潜伏期为 2~3 天；15 日龄以上的易感雏鹅无论是自然感染还是人工感染，潜伏期比前者长 1~2 天。小鹅瘟的症状以消化道和中枢神经系统紊乱为特征，其症状表现与感染发病雏鹅的日龄密切相关。根据病程的长短，该病可分为最急性型、急性型和亚急性型。

（1）最急性型　多发生于 1 周龄以内的雏鹅。雏鹅往往突然发病、死亡，传播速度快，发病率可达 100%，病亡率高达 95%以上。发病雏鹅精神沉郁后数小时内便出现衰弱，或倒地后两腿乱划，不久死亡，或在昏睡中衰竭死亡。患病雏鹅鼻孔有少量浆液性分泌物，死亡雏鹅喙端发绀、蹼色泽发暗。数日内，疫情扩散至全群。

病理变化主要表现为肠道的急性卡他性炎症，其他组织器官的病变不明显。病鹅日龄小，多为1周龄以内的雏鹅，病程短，病变不明显，仅见小肠前段黏膜肿胀、出血，覆盖有大量淡黄色黏液。有些病例小肠黏膜有少量出血点或出血斑，表现为急性卡他性炎症，胆囊肿大，充满稀薄的胆汁。

（2）急性型　多发生于1~2周龄内的雏鹅，主要表现为精神委顿，食欲减退或废绝；病雏虽能随群采食，但采食后不吞咽，随即甩去；不愿走动，行动迟缓，无力，站立不稳，喜蹲卧，落后于群体，打瞌睡；下痢，排黄白色或黄绿色稀粪便，粪便中常带有气泡、纤维素碎片或未消化的饲料，泄殖腔周围的绒毛湿润，有稀粪黏着，泄殖腔扩张，挤压时流出黄白色或黄绿色的稀粪。张口呼吸，口鼻有棕色或绿褐色浆液性分泌物流出，鼻孔周围污秽不洁，喙端发绀，蹼色泽变暗；食道膨大部松软，含有气体和液体；眼结膜干燥，全身有脱水现象；临死前两腿麻痹或抽搐，头多触地，有些病鹅临死前出现神经症状，病程一般为2天左右，死亡鹅多角弓反张。

剖检病死鹅，肠管中有条状脱落的伪膜或有灰白色或灰黄色纤维素性栓子。

（3）亚急性型　2周龄以上的患病雏鹅，病程较长，一部分转成亚急性型，尤其是3~4周龄雏鹅发病后均表现亚急性型。常见于流行后期和低母源抗体的雏鸭。症状一般较轻，以食欲不振、下痢、消瘦为主要症状。患病鹅表现为精神委顿、消瘦，少食或拒食，行动迟缓，站立不稳，腹泻，粪便中混有多量未消化的饲料、纤维碎片和气泡。少数病鹅排出的粪便表面有纤维素性伪膜覆盖，泄殖腔周围绒毛污秽严重，鼻孔周围污染许多分泌物和饲料碎片。病程一般5~7天或更长，少数病鹅可以自愈。

成年鹅感染小鹅瘟病毒后不表现明显的临床症状，但带毒排毒，是重要的传染源。

青年鹅人工接种大剂量强毒，4~6天部分鹅发病。病鹅食欲减退，体重减轻，精神委顿，排出黏性稀粪，两腿麻痹，站立不稳，头颈部有不自主动作，3~4天后死亡，部分鹅可以自愈。

确诊须进行病毒的分离培养和鉴定。

（二）防控措施

1. 预防

（1）加强饲养管理，注重消毒工作，尤其是孵化室的消毒　小鹅瘟主要是通过孵化室进行传播的，孵化室中的一切用具设备，在每次使用前后必须清洗消毒，以消灭外界环境中的小鹅瘟病毒及其他病原微生物，切断传播途径，防止小鹅瘟病毒的传入。孵化器、出雏器、蛋箱蛋盘、出雏箱等设备用具，先清除污物，再擦洗干净，晾干，然后采用 0.1% 的新洁尔灭浸泡或喷洒消毒，晾干。孵化室及用具在使用前数天再用甲醛熏蒸消毒，每立方米体积用 14 毫升甲醛和 7 克高锰酸钾熏蒸消毒。

种蛋应用 0.1% 新洁尔灭液进行洗涤、消毒、晾干。若蛋壳表面有污物时，应先清洗污物，再进行以上消毒。种蛋入孵当天用甲醛熏蒸消毒。

如发现出壳后的雏鹅在 3~5 天发病，则表示孵化室已被污染，应立即停止孵化，房舍及孵化、育雏等全部用具应彻底消毒。雏鹅出壳后 21 日龄内必须隔离饲养，严禁与非免疫种鹅、青年鹅接触，避免与新进的种蛋接触，以防止感染。不从疫区购进种蛋及种苗，新购进的雏鹅应隔离饲养 20 天以上，确认无小鹅瘟发生时，才能与其他雏鹅合群。有小鹅瘟发生的地区，隔离饲养期应延长至 30 日龄。

（2）免疫预防　利用弱毒苗免疫种鹅是预防该病最经济有效的方法。种鹅在开产前 1 个月用小鹅瘟鸭胚化弱毒疫苗进行第 1 次接种，2 羽份/只，肌内注射；15 天后进行第 2 次接种，2~4 羽份/只。免疫后的种鹅所产后代获得了对小鹅瘟病毒特异性的抵抗力，对雏鹅的免疫效果可延至免疫后 5 个月之久。

若种鹅未进行免疫，可对出壳后 2~5 日龄的雏鹅注射小鹅瘟高免血清或小鹅瘟高免卵黄抗体，每只皮下注射 0.5~1 毫升，该方法也有很好的保护效果。或者对出壳后 2 日龄雏鹅采用雏鹅弱毒疫苗进行免疫，每只雏鹅皮下注射 0.1 毫升，免疫后 7 天内严格隔离饲养，防止强毒感染，保护率可达 95% 左右。

2. 治疗

雏鹅发病后，及早注射小鹅瘟高免血清，能制止 80%~90% 已感染病毒的雏鹅发病。但对于症状严重的病雏，小鹅瘟高免血清的治疗效果不太理想；对发病初期的病雏，高免血清的治愈率也只有 40%~50%。处于潜伏期的雏鹅每只注射 0.5 毫升；出现初期症状的注射 2~3 毫升，10 日龄以上者可适当增加，均采用皮下注射。

病死雏鹅应焚烧深埋，做无害化处理，发病鹅舍应进行彻底消毒，严禁病鹅出售。

第三节 常见家禽三类动物疫病的防控

一、大肠杆菌病

大肠杆菌病是由某些具有致病性血清型的大肠杆菌引起家禽不同类型病变的疾病总称，由一定血清型的致病性大肠杆菌及其毒素引起的一种传染病。其特征性病变主要表现为心包炎、肝周炎、气囊炎、腹膜炎、输卵管炎、滑膜炎、脐炎以及大肠杆菌性肉芽肿和败血症等。

（一）诊断要点

1. 流行特点

禽致病性大肠杆菌是条件性致病菌，当饲养管理差、饲养密度大、饲料营养缺乏、鸡舍空气污浊、饲养器具卫生条件恶劣、环境温度突变或环境过于干燥、疫苗免疫应激和感染一些病毒性（尤其是一些免疫抑制性疾病）、细菌性或寄生虫性疾病条件下，致病性大肠杆菌就会迅速繁殖，导致雏禽、青年禽甚至成年禽的大肠杆菌病的发生。

禽致病性大肠杆菌可以通过种蛋、空气粉尘、被污染的饲料或饮水进行传播；种禽还可以通过交配或人工授精而传播。该病的传播无季节性，但由于饲养环境的问题在冬春气温较低的季节，以及气候比较闷热潮湿的季节较容易发生。冬春季节多见，但雏鸡、肉用仔鸡可见于各个季节。

2. 临床症状与病理变化

（1）大肠杆菌败血症 是最常见的一种病型，雏禽、青年禽和成年禽均可发生，尤其多见于肉仔鸡。雏禽和青年禽感染表现为精神委顿，头、颈、翅下垂，不吃不喝，鼻炎呆立，呼吸困难，排白色或黄白色粪便。死后多表现全身淤血，颜色发暗、发紫。成年蛋鸡感染表现精神沉郁，排黄白色粪便，腹部羽毛脏乱，腹部胀满；重症发生卵巢炎、输卵管炎的表现腹部下坠，直立时似企鹅状，所产带菌的种蛋或由粪便污染的种蛋，往往会导致孵化后期或出壳前死亡，不死者多发生脐炎。病雏表现为腹部胀满、无力，排白色或者黄绿色泥土样粪便，多在1周之内死亡。

因病原感染的途径不同，病理变化的进程也有所不同。但其典型病变均表现为心包膜增厚，心包内乳白色或黄白色积水，进一步形成纤维素性的心包炎，使心包膜与心外膜粘连；气囊混浊增厚，肝脏肿大、肝周炎，肝脏表面有坏死灶；脾脏肿胀、腹膜炎，腹腔内有黄白色渗出物，青年禽病程较为持久的慢性病例，往往会出现输卵管干酪样物栓塞。

（2）脐炎型 病雏腹部膨大，脐孔愈合不良，表现为脐环发炎，脐孔周围羽毛稀疏，皮肤发红、肿胀，局部皮下胶冻样浸润。或脐孔闭合不全、脐带不脱落；卵黄吸收不良，剖检卵黄与腹壁粘连，卵黄囊内容物呈黄褐色糊状或者青绿色水样。

（3）卵黄腹膜炎型 腹腔充满淡黄色液体或破碎凝固的卵黄，有恶臭。肠管、输卵管相互粘连；卵泡变形呈灰色、褐色或酱色，输卵管扩张变薄，内有黄色或黄白色轮层状干酪样物。

（4）慢性肉芽肿型 多于十二指肠、盲肠和后段回肠出现典型的大小不等的、灰白色或黄白色肿瘤样小结节，此外还出现于肝脏、肠系膜。切开肉芽肿，切面光滑湿润，有弹性。

（5）关节炎型 多发于跗、膝、髋、翅关节等处，表现为关节肿胀，跛行。关节囊内有黄白色黏性、脓性分泌物，甚至形成干酪样物。但往往可能有多种细菌并发感染。

（6）肠炎型 表现为腹泻。小肠黏膜有多量规则而大小不一的出血斑点，肠腔有黏性、血性分泌物。

（二）防控措施

1. 预防

（1）加强饲养管理 大肠杆菌是条件性致病菌，该病的发生与外界环境息息相关。防控该病的关键是搞好饲养管理。如通过加强禽舍的环境卫生管理，提供安全全价的饲料，减少各种可能给禽群带来应激的不利因素发生，可大大降低禽群通过饲料、饮水和空气环境感染疾病的概率。孵化场严格控制种蛋来源，并做好种蛋的消毒工作，防止蛋源性大肠杆菌通过雏鸡传播。

（2）疫苗免疫 对于大肠杆菌十分严重，且大肠杆菌耐药谱太广的禽场，可通过制备自家灭活疫苗、多价氢氧化铝苗、蜂胶苗和多价油佐剂苗进行免疫，具有一定的防治效果。

2. 治疗

通过药物敏感试验，选择敏感药物，正确合理使用药物治疗有效。

二、禽巴氏杆菌病

禽巴氏杆菌病，又称禽霍乱，是由多杀性巴氏杆菌引起的败血性传染病。

（一）诊断要点

1. 流行特点

该病对多种禽类均具有感染性。相对野禽而言，家禽有更高感染率，尤其是鸡、火鸡和鸭等家禽最易感染，鹅易感性不高；雏鸡对巴氏杆菌的抵抗力较强，极少感染；较容易感染的是 3~4 月龄的鸡和成年鸡。

巴氏杆菌可存在于鸡只呼吸道中，是一种条件病原菌；该病的发生可由内、外源性感染所致，其感染途径较为广泛，可经呼吸道、消化道和损伤皮肤等感染；该病的主要传染媒介有感染鸡群的排泄物、使用的器械及皮肤组织脱落物等。

饲养管理不当、气候剧变、体温失调、营养不良和机体抵抗力下降是该病的主要发病因素，而饲料突变、长途运输和某些疾病的存在也可诱发该病；该病一年四季均可发生，无显著季节性，常见于天气骤然变化、高温高湿时节发病，多呈地方流行或散发。

2. 临床症状与病理变化

该病自然感染潜伏期通常为 2~9 天，人工感染发病一般为 24~28 小时。临床症状分为 3 种：最急性型、急性型和慢性型。

（1）最急性型　鸡只患病几乎未表现症状即快速死亡。部分鸡只精神沉郁，继而突然发病，大批死亡；病程长则几小时，短则几分钟，鸡只死亡多伴有拍打翅膀和抽搐等症状。剖检无明显病变，个别病鸡可见心脏外膜和心冠状沟有出血点。

（2）急性型　在临床上最为常见，多发生于成年鸡。病鸡精神不振、体温升高达 42~43 ℃、食欲减退或废绝、闭目缩颈、呼吸困难、饮水增加、口鼻分泌物增多，伴有腹泻，排黄绿色恶臭稀粪；鸡冠和肉髯呈青紫色，个别病鸡肉髯肿胀；产蛋鸡产蛋量下降或停止，最终衰竭昏迷而亡。病程长则 1~3 天，短则半天。急性型病例存活下来将康复或转为慢性型。

病死鸡全身性出血、充血明显，腹部皮下组织、脂肪沉积部位及肠道黏膜有点状出血，心冠脂肪和心外膜出血明显，肌胃出血明显，肠道特别是十二指肠呈卡他性和出血性肠炎，肺脏水肿、充血，脾脏肿大，肝脏肿大呈黄棕色，表面弥漫灰白色坏死点，质脆。

（3）慢性型　常见于该病流行后期，病鸡消瘦、呼吸困难，频繁腹泻，鸡冠和肉髯苍白，关节肿大，出现跛行；部分病鸡鼻腔发炎部位显著，有大量恶臭分泌物排出；鸡群产蛋量下降；多呈慢性胃肠炎、慢性呼吸道炎及慢性肺炎症状；病程长达数周。

各器官组织慢性病变，当临床表现为呼吸道症状时，支气管、气管和鼻腔呈卡他性炎症，有大量黏性分泌物存于鼻窦和鼻腔中。

实验室采集病死鸡心血或肝脏制成涂片，通过瑞氏或吉姆萨染色，镜检，可见卵圆形、两极染色的短小杆菌，即可确诊。

（二）防控措施

1. 预防

（1）加强日常饲喂管理　实行全进全出的饲养制度，引进种禽时应加强检疫，严格鸡场卫生消毒；鉴于多杀性巴氏杆菌为条件致病菌，为此要最大限度消除诸如长途运输、营养缺乏、鸡舍潮湿和鸡群拥挤等各种发病诱因，避免各种不良因素的存在致使鸡机体抵抗力降低而引发该病。

（2）免疫接种　选用禽霍乱蜂胶苗、禽霍乱氢氧化铝苗等灭活菌苗肌注，通常于 10~12 周龄首免，16~18 周龄进行二次免疫，免疫期是 3~6 个月；选用禽霍乱 G190E 40 弱毒菌苗饮水免疫，通常于 6~8 周龄首免，10~12 周龄再次免疫，免疫期为 3~3.5 个月。

对鸡舍、饲喂管理用具和周围环境进行彻底消毒，及时清除粪便并做好堆积发酵处理工作；病死鸡应进行深埋或烧毁。

2. 治疗

通过药敏试验选择有效抗菌药物并正确使用，治疗有效。

三、沙门氏菌病

禽沙门氏菌病是由不同血清型沙门氏菌属种的一种沙门氏菌所引起的禽类的急性或慢性疾病的总称。由鸡白痢沙门氏菌所引起的称为鸡白痢，由鸡伤寒沙门氏菌引起的称为禽伤寒，由其他有鞭毛能运动的沙门氏菌所引起的禽类疾病则统称为禽副伤寒。

（一）诊断要点

1. 流行特点

鸡白痢沙门氏菌、鸡伤寒沙门氏菌为革兰氏阴性菌，无芽孢、无荚膜、无鞭毛，禽副伤寒不产生芽孢，正常带有周鞭毛，能运动。在麦康凯培养基上形成无色菌落，在 SS 琼脂上形成无色透明菌落，在伊红亚甲蓝琼脂上形成淡蓝色菌落，不产生金属光泽。

易感动物非常广泛，包括各种年龄畜禽及人。但幼禽较易感。禽白痢主要感染 2~3 周龄的雏禽，发病率和死亡率都很高。禽伤寒主要感染成年鸡和青年鸡。禽副伤寒常在 10 日龄内严重暴发，1 月龄以上幼禽很少死亡。

传染源是病禽、带菌者。通过粪、尿排菌，被污染饲料、水及其环境。通过多种传播途径，如消化道、呼吸道和眼结膜。但最主要的是经卵垂直传播。

鸡白痢感染的母鸡所产的蛋有 33% 是带菌的（垂直传播），此类带菌蛋在进行孵化时，可出现死胚和雏鸡出壳后发病死亡。

雏禽在孵化器中或出雏后感染时，则 2~3 日龄开始发病，10 日龄达高峰。

2. 临床症状和病理变化

（1）鸡白痢　雏鸡精神委顿，怕冷寒战、翅下垂、羽毛松乱、排白色糊糊样粪便，糊肛。成年鸡慢性经过，垂腹。心肌、肺、肝、肌胃等有大小不等的灰白色结节，盲肠芯等。

（2）禽伤寒　体温升高、排黄绿色稀粪、个别鸡迅速死亡。肝肿大呈青铜色，青铜肝。

（3）禽副伤寒　雏鸭颤抖、喘息及眼睑水肿，猝倒。肝、脾充血，有针尖状出血和坏死灶，出血性肠炎等。

实验室诊断须进行细菌分离与鉴定、全血平板凝集反应等。

（二）防控措施

1. 预防

严格的卫生检疫和检验措施，淘汰阳性和可疑鸡，建立健康种鸡群（净化）。

2. 治疗

发病后可选择敏感药物治疗，降低死亡率，但治疗好转后大群带菌。

四、支原体病（鸡败血支原体与滑液囊支原体）

禽支原体病是由禽支原体引起的家禽的一种传染病，主要包括鸡毒支原体、滑液囊支原体和火鸡支原体病 3 种。

（一）诊断要点

1. 流行特点

鸡支原体易感日龄 1 周龄、3~6 周龄、7~12 周龄、21~30 周龄检出高峰。鸡毒支原体 1~2 月龄易感，冬春易发，引起鸡呼吸道病、鼻窦炎、气囊炎，发病率高，降低生产率、出雏率。滑液囊支原体 3~9 周龄易发，引起鸡和火鸡关节滑膜炎、气囊炎，造成呼吸道疾病，发病率高，死亡率低。

2. 临床症状与病理变化

禽支原体病主要发生在 1~2 月龄的幼雏，症状也较成鸡严重。病初见鼻液增多，流出浆性和黏性鼻液，初为透明水样，后变黄较浓稠，常见一侧或两侧鼻孔堵塞，病鸡呼吸困难，频频摇头，打喷嚏。鸡冠、肉髯发紫，呼吸啰音，夜间更明显。初期精神和食欲尚可，后期食欲减少或不食，幼鸡生长受阻。患鸡头部苍白，跗关节或爪垫肿胀。急性病鸡粪便常呈绿色。有的病鸡流泪，眼睑肿胀，因眶下窦积有干酪样渗出物导致上下眼睑黏合，眼球突出呈"凸眼金鱼"样，重者可导致一侧或两侧眼球萎缩或失明。

成鸡的症状与幼鸡基本相似，但较缓和。病鸡食欲不振，不活泼，多呆立一隅，有气管啰音，流鼻液和咳嗽。公鸡症状较母鸡明显，但母鸡产蛋量、蛋孵化率和孵出雏鸡的成活率均降低。

火鸡发生窦炎，窦有脓性肿胀，眼球受到压迫发生萎缩，甚至失明。该病主要是慢性经过，病程可长达 1 个月以上，甚至 3～4 个月。死亡率一般在 5%～10%，若并发感染或饲养管理不良，可达 30%～50%或更高。

鼻腔、气管、气囊、窦及肺等呼吸系统的黏膜水肿、充血、增厚和腔内贮积黏液，或干酪样渗出液。肺充血、水肿，有不同程度的肺炎变化：胸部和腹部气囊膜增厚、混浊，囊腔或囊膜上有淡黄白色干酪样渗出物或增生的结节性病灶，外观呈念珠状，大小由芝麻至黄豆大不等，少数可达鸡蛋大，且以胸、腹气囊为多。严重的慢性病鸡，眼下窦黏膜发炎，窦腔中积有混浊的黏液或脓性干酪样渗出物。眼结膜充血，眼睑水肿或上下眼睑互相粘连，一侧或两侧眼内有脓样或干酪样渗出物，有的病鸡可发生纤维蛋白性或化脓性心包炎、肝被膜炎。产蛋鸡还可见到输卵管炎。

发生支原体性关节炎时，关节肿大，呈关节滑膜炎，患部切开后流出混浊的液体，有时含有干酪样物。

患部黏膜组织由于单核细胞浸润和黏液腺增生而呈现明显增厚，而在患部黏膜下层组织，则常发现淋巴组织增生的局灶区。支气管周围形成淋巴组织增生的小结节，并间有肉芽肿样病变。当胚胎受感染时，可于孵化期间任何时候死亡，但多数死于"啄壳"时期，死胎生长迟滞，关节化脓肿大，全身水肿，肝、脾肿大，肝坏死，心包炎和呼吸道有豆腐样物质。

确诊须进行血清平板凝集试验。用 7 号针头在洁净检测板上滴加鸡滑液支原体血清平板凝集试验抗原 2 滴（约 0.025 毫升），然后滴加等量被检血清，充分混合，涂成直径约 2 厘米大小的液面，摇动检测板。在 2 分钟终了时判定结果。出现明显凝集颗粒或凝集块，为阳性；不出现凝集，为阴性；介于二者之间，为可疑。

（二）防控措施

1. 预防

强化饲养管理，切断支原体的传播途径，加强带鸡消毒、环境消毒、种蛋消毒，有效控制支原体的水平传播和垂直传播。清洗消毒后，空舍时间超过1周；污染的鸡舍，经过清洁和消毒后再空舍1周，然后将1日龄的雏鸡放进去，没有引起感染。

2. 治疗

预防鸡毒支原体引起的慢性呼吸道疾病常用的疫苗有鸡毒支原体活疫苗（F-36株）、鸡毒支原体灭活疫苗（CR株）等。制订合适的免疫程序，正确免疫。

鸡毒支原体活疫苗（F-36株），用于1日龄鸡，以8~60日龄时使用为佳，按瓶签注明羽份，用灭菌生理盐水或注射用水稀释成20~30羽份/毫升后进行点眼接种。接种前2~4天、接种后至少20天内停用治疗鸡毒支原体病的药物；不要与鸡新城疫、传染性支气管炎活疫苗同时使用，两者使用间隔应在5天左右。免疫期为9个月。

鸡毒支原体灭活疫苗（CR株），用于颈背部皮下或大腿部肌内注射，40日龄以内的鸡，每只0.25毫升；40日龄以上鸡，每只0.5毫升；蛋鸡在产蛋前再接种1次，每只0.5毫升。注射部位不得离头部太近，在颈部的中下部为宜。免疫期为6个月。

五、鸡传染性喉气管炎

传染性喉气管炎是由传染性喉气管炎病毒引起鸡的一种急性高度接触性呼吸道传染病。

（一）诊断要点

1. 流行特点

该病主要侵害鸡，各种年龄及品种的鸡均可感染，但以4~10月龄的成年鸡症状最为特征。褐羽褐壳蛋鸡品种发病较为严重，来航白、京白等白壳蛋鸡有一定的抵抗力。病鸡及康复后带毒鸡是主要传染源，病毒存在于喉头、气管和上呼吸道分泌物中。约有2%耐过鸡带毒并排毒，带毒时间长达2年。该病经呼吸道及眼结膜传播，亦可经消化道传播。种蛋蛋内及蛋壳上的病毒不能经鸡胚传播。被病鸡呼吸器官及鼻腔分泌物污染的垫草、饲料、饮水及用具可成为该病的传播媒介，人和野生动物的活动也可机械传播病毒。易感鸡和接种活疫苗的鸡长时间接触，也可感染该病。

该病在易感鸡群内传播速度很快，2~3天内可波及全群，感染率可达90%以上，病死率5%~70%。平均为10%~20%。高产的成年鸡病死率较高。急性感染的鸡比康复带毒鸡传播更为迅速。

该病一年四季都能发生，但以冬春季节多见。

2. 临床症状与病理变化

该病自然感染的潜伏期为6~12天，人工气管内接种为2~4天。

急性型（喉气管炎型）：在流行初期，常有个别最急性型病鸡突然死亡。继之出现精神沉郁，食欲减少。随后表现特征性症状，鼻孔有黏液，呼吸时发出湿性啰音，继而出现咳嗽、喘气和甩头。严重病例出现高度呼吸困难，每次呼吸时突然向上向前伸头张口并伴有喘鸣音，咳嗽多呈痉挛性，并咳出带血的黏液或血凝块，血痰常附着于墙壁、水槽、食槽或鸡笼上。检查喉部，可见喉头部黏膜有泡沫状液体或淡黄色凝固物附着，不易擦去，喉头出血。病鸡迅速消瘦，鸡冠发绀，多为窒息死亡，病程一般为10~14天，产蛋鸡产蛋量下降。有的鸡逐渐康复可获得较坚强的保护力，但康复后的鸡可能成为带毒者。

急性型典型病变为喉头和气管的前半部黏膜肿胀、充血、出血，甚至坏死，喉和气管内可见带血的黏液性分泌物或条状血凝块，中后期死亡鸡只喉头气管黏膜附有黄白色纤维素性伪膜，并在该处形成栓塞，患鸡多因窒息而死亡。严重时，炎症可扩散到支气管、肺和气囊或眶下窦，甚至上行至鼻腔和眶下窦。内脏器官无特征性病变。产蛋鸡卵巢异常，卵泡变软、变形、出血等。

温和型（眼结膜型）：有些弱毒株感染时，流行比较缓和，发病率低，症状不明显，因而该型也呈地方流行型。其症状为雏鸡生长迟缓，产蛋鸡产蛋减少、畸形蛋增多，常伴有结膜炎、窦炎、黏液性气管炎。严重病例见眶下窦肿胀，持续性鼻液增多和出血性结膜炎。一般发病率为2%~5%，病鸡多死于窒息，呈间歇性死亡。病程短的1周，最长可达4周，多数病例可在10~14天恢复。

温和型有的病例单独侵害眼结膜，有的则与喉、气管病变合并发生。主要病变是浆液性结膜炎，结膜充血、水肿，有时有点状出血。有些病鸡眼睑特别是下眼睑发生严重水肿。有的病鸡则发生纤维素性结膜炎，角膜溃疡。

根据流行特点、典型症状和病变可做出诊断。在病鸡表现不典型时须进行实验室检查。

（二）防控措施

1. 预防

严格坚持隔离消毒制度，加强饲养管理，提高鸡群抵抗力是防止该病发生和流行的有效方法。病愈鸡不可与易感鸡混群饲养，耐过的康复鸡在一定时间内带毒、排毒，所以要严格控制易感鸡与康复鸡接触，最好将病愈鸡淘汰。来历不明的鸡要隔离观察，可放数只易感鸡与其同养，观察 2 周，不发病，证明不带毒，这时方可混群饲养。

在一般情况下，在从未发生过该病的鸡场不主张接种疫苗。在该病的疫区和受威胁地区，应考虑进行免疫接种。注意避免将接种疫苗的鸡与易感鸡混群饲养尤为重要。目前使用的疫苗有弱毒疫苗、强毒疫苗和灭活疫苗等，可根据情况灵活选用。

2. 治疗

发病后，对患病鸡进行隔离，防止未感染鸡接触感染。鸡舍内外环境用过氧乙酸等消毒，每天 1~2 次，连用 10 天，对尚未发病的鸡用传染性喉气管炎弱毒疫苗滴眼接种。

发病鸡群可投服清热解毒、镇咳、祛痰、消炎的中药。如用板蓝根 1 000 克、金银花 1 000 克、射干 600 克、连翘 600 克、山豆根 800 克、地丁 800 克、杏仁 800 克、蒲公英 800 克、白芷 800 克、菊花 600 克、桔梗 600 克、贝母 600 克、麻黄 350 克、甘草 600 克。将上述中药加工成细粉，每只鸡每天 2 克，均匀拌入饲料，分早、晚喂服，连用 3 天。可同时使用抗菌药物预防继发感染，并给鸡群投喂黄芪多糖、电解多维等。

六、鸡传染性支气管炎

传染性支气管炎是由传染性支气管炎病毒引起鸡的一种急性高度接触性呼吸道和泌尿生殖道疾病。

（一）诊断要点

1. 流行特点

该病仅发生于鸡，其他家禽均不感染。各种年龄的鸡都可发病，但雏鸡和产蛋鸡最为易感。如在 20 日龄以内发生感染，输卵管则发育不全，甚至造成生殖器官持久性损伤，而失去产蛋能力。病鸡和康复后的带毒鸡主要通过呼吸道和泄殖腔排毒，病鸡恢复后仍可带毒。该病主要通过呼吸道传播，也可通过被污染的饲料、饮水及饲养用具经消化道感染。该病传播迅速，常在 1~2 天内波及全群。

该病一年四季均能发生，但以冬春季节多发。鸡群拥挤、过热、过冷、通风不良、维生素和矿物质缺乏，特别是强烈的应激作用，如疫苗接种、转群等都可诱发该病发生。

2. 临床症状与病理变化

由于传染性支气管炎病毒血清型多，该病病型复杂，通常可分为呼吸型、腺胃型、肾型、生殖道型和肠型等多种，其中还有一些变异的中间型。

（1）呼吸型　自然感染的潜伏期为 36 小时或更长一些。病鸡常看不到前驱症状，突然出现呼吸症状，并迅速波及全群。4 周龄以下鸡常表现伸颈张口呼吸、咳嗽、喷嚏、甩头、气管啰音，病鸡精神不振，食欲减少，昏睡，扎堆，2 周龄以内的病雏还常见鼻窦肿胀，流黏性鼻液、流泪等症状。康复鸡发育不良。

5 周龄以上的鸡突出症状是气管啰音、气喘和微咳，尤以夜间最清楚。同时伴有减食、沉郁和下痢，但常无鼻涕。产蛋鸡感染后呼吸道症状温和，但产蛋量下降，并持续 4~8 周，同时产软壳蛋、畸形蛋、沙壳蛋，蛋白稀薄如水，蛋黄和蛋白分离以及蛋白黏着于壳膜表面等。产蛋鸡幼龄时感染可形成永久性损伤，鸡只外观正常但终生不产蛋。

剖检可见气管、支气管、鼻腔和窦内有浆液性、黏液性或干酪状渗出物，气管下部黏膜充血、肿胀，有出血点，管腔内有透明黏稠液体；肺淤血，气囊混浊；雏鸡在支气管下段可能有干酪样栓子，在大的支气管周围可见到小灶性肺炎。幼雏感染，有的见输卵管发育受阻，变细、变短或成囊状。产蛋母鸡腹腔可见液状的卵黄物质，卵泡充血、出血、变形，甚至破裂。

（2）肾型　多见于 20~40 日龄以内发病，10 日龄以下、70 日龄以上比较少见。呼吸道症状轻微或不出现，或呼吸道症状消失后，病鸡持续排白色水样稀粪，粪便中几乎全是尿酸盐，病鸡沉郁、厌食、挤堆、迅速消瘦，饮水量明显增加。

主要为肾肿大、苍白，肾小管和输尿管因尿酸盐沉积而扩张，外形呈白线网状，俗称"花斑肾"。严重病例在心包和腹腔脏器表面均可见白色尿酸盐沉着。

（3）腺胃型　多发于 20~80 日龄的鸡。主要表现精神沉郁，生长缓慢，排黄绿色稀粪，有呼吸道症状，消瘦，最后衰竭死亡。出现死亡时呼吸道症状相对减轻。病程为 10~25 天。

主要表现腺胃明显肿大，为正常的 2~3 倍，腺胃乳头平整融合，轮廓不清，可挤出脓性分泌物，腺胃壁增厚，黏膜有出血和溃疡。十二指肠有不同程度炎症及出血，盲肠扁桃体肿大。还可见肾肿大，法氏囊、胸腺萎缩等。

（4）生殖道型和肠型　外观症状与呼吸型、肾型、腺胃型类似，大部分为混合型。生殖道型发生于产蛋鸡群，主要表现产蛋下降，出现软壳蛋、畸形蛋，同时蛋品质下降。肠型主要表现剧烈腹泻，还可出现呼吸道症状。

生殖道型传染性支气管炎病鸡，初期气管有黏液。卵泡充血、出血、变形，输卵管萎缩、变形。肠道有卡他性炎症。肠型病鸡主要为肠道出血明显。也可出现呼吸道病变和肾肿大，尿酸盐沉积，输卵管发育不全等。

根据流行特点、症状和病理变化，可做出初步诊断。确诊须进行实验室检查。

（二）防控措施

1. 预防

加强饲养管理，搞好环境卫生，防止鸡群拥挤、过冷、过热，定期消毒。合理配合饲料，防止维生素，尤其是维生素 A 缺乏。加强通风，以防有害气体刺激呼吸道。

适时接种疫苗。目前国内常用的传染性支气管炎疫苗有弱毒苗和灭活苗。弱毒疫苗有 H_{120}、H_{52} 和 Ma_5 等。H_{120} 毒力较弱，对雏鸡安全，主要用于雏鸡的首次免疫。H_{52} 毒力较强，多用于 4 周龄以上鸡的免疫。Ma_5 用于肾型传染性支气管炎。灭活油苗可用于各种日龄的鸡。

传染性支气管炎病毒血清型多且交叉保护力弱，单一疫苗只能对同型传染性支气管炎病毒感染产生免疫，而对异型传染性支气管炎病毒只能提供部分保护或无保护作用。因此在生产中注意应用同型传染性支气管炎预防。

2. 治疗

该病尚无特异性治疗方法。根据鸡群发病情况采取综合性措施，及时隔离患病鸡群，鸡舍带鸡消毒。

饮水中加入黄芪多糖，肌内注射家禽基因工程干扰素、聚肌胞。对肾型传染性支气管炎，降低饲料中蛋白质含量，并加入肾肿解毒药和电解多维（特别是维生素 A）；呼吸型传染性支气管炎，可在饮水中加入止咳平喘药。同时对假定健康鸡群用传染性支气管炎油佐剂灭活疫苗进行紧急预防接种。同时合理应用抗菌药物以控制细菌感染。

七、禽白血病

禽白血病是由禽白血病/肉瘤病毒群中的病毒引起禽类的多种肿瘤性疾病

的总称。在临床上有多种表现形式，包括淋巴细胞性白血病、成红细胞性白血病、成红细胞性白血病、血管瘤、骨髓细胞瘤、内皮瘤、肾瘤、纤维肉瘤、结缔组织瘤和骨化石病等，其中以淋巴细胞性白血病最常见。

（一）诊断要点

1. 流行特点

该病在自然条件下，只有鸡能感染。人工接种野鸡、珠鸡、鸭、鸽、火鸡等，可以引起肿瘤的发生。不同品种鸡的易感性有差异，产褐壳蛋的母鸡易感性高。传染源为病鸡和带毒鸡。经卵由母鸡传给后代是造成该病扩散的主要原因，先天性感染的雏鸡出现免疫耐受，并将终生带毒，其血液和组织中含有大量病毒，病毒随粪便和唾液大量排出，通过鸡与鸡之间的直接或间接接触造成水平感染。由免疫母鸡的蛋孵出的雏鸡不带病毒，母源抗体可维持4~7周。失去母源抗体的雏鸡，可能被感染产生一过性病毒血症，并出现抗体。该病常见于4~19月龄的鸡，出生后最初几周接触感染的雏鸡，发病率很高，随感染时间的后移，发病率迅速下降。公鸡是病毒的携带者，通过接触及交配传播。

该病的感染虽很广泛，但临床病例的发生率相当低，一般多为散发。

2. 临床症状和病理变化

自然感染潜伏期很长，发病常见于14周龄后的任何时间，但通常在性成熟时发病率最高。由于感染的毒株不同，禽白血病有多种病型。常见以下几种。

（1）淋巴细胞性白血病　此型最常见。14周龄以下的鸡极为少见，至14周龄以后开始发病，在性成熟期发病率最高。病鸡衰弱，进行性消瘦和贫血，冠髯苍白、皱缩，偶见发绀。腹部常明显膨大，触诊时常可触摸到肝、法氏囊和肾肿大。羽毛有时有尿酸盐和胆色素玷污的斑。最后病鸡衰竭死亡。

剖检可见肿瘤主要发生于肝、脾、肾、法氏囊，也可侵害心肌、性腺、骨髓、肠系膜和肺。肿瘤呈结节状、粟粒状或弥漫性，灰白色到淡黄白色。结节性肿瘤大小不一，单个或大量出现，切面均匀一致，很少有坏死灶。粟粒状肿瘤多见于肝，肿瘤均匀分布于肝实质中，肝发生弥散性肿瘤时，呈均匀肿大，且颜色为灰白色，俗称"大肝病"。

（2）成红细胞性白血病　此型比较少见。多发于6周龄以上的高产鸡。病鸡虚弱、消瘦和腹泻，毛囊出血，鸡冠稍苍白或发绀。该病分增生型（胚型）和贫血型两种类型。剖检时见两种病型都表现全身性贫血，皮下、肌肉和内脏有点状出血。增生型相对较常见，主要是以血流中成红细胞大量增加为特点。特征病变是肝、脾、肾弥散性肿大，呈樱桃红色或暗红色，且质软易脆。贫血型以血流中成红细胞减少，血液淡红色，显著贫血为特点。剖检可见内脏器官（尤其是脾）萎缩，骨髓色淡呈胶冻样。

（3）成髓细胞性白血病 此型很少自然发生。病鸡嗜睡、腹泻、贫血和消瘦。血液不良，羽毛囊出血。病程比成红细胞性白血病长。外周血液中白细胞增加，其中成髓细胞占3/4。剖检可见骨髓质地坚硬，呈灰红或灰白色。实质器官增大而脆，偶然在肝有灰色弥漫性肿瘤结节。晚期病例，肝、肾、脾出现弥漫性灰色浸润，使器官外观呈斑驳状或颗粒状。

（4）血管瘤 见于皮肤或内脏表面。血管腔高度扩大形成"血疱"，通常单个发生。"血疱"破裂可引起病禽严重失血而死亡。内脏血管瘤剖检时可见肝、脾等器官有暗红色血瘤，并有出血，内脏附近有大块凝血块。

（5）骨髓细胞瘤 此型自然病例极少见。特征病变是骨骼上长有暗黄白色、柔软、脆弱或呈干酪状的骨髓细胞瘤，通常发生于肋骨与肋软骨连接处、胸骨后部、下颌骨和鼻腔软骨处，也见于头部扁骨，常见多个肿瘤，一般两侧对称。

实验室诊断方法有病毒分离与鉴定、琼脂扩散试验、补体结合试验和酶联免疫吸附试验等。

（二）防控措施

1. 预防

（1）生物安全措施 加强饲养管理和环境卫生消毒，给鸡群提供良好的外部环境条件，减少应激。特别是育雏期（最少1个月）封闭隔离饲养，并实行全进全出饲养管理制度。病毒抵抗力不强，重视日常消毒，及时处理粪便。发现病鸡、可疑鸡应坚决淘汰，以消灭传染源。

（2）种群净化 该病主要为垂直传播，病毒型间交叉免疫力很低，雏鸡免疫耐受，对疫苗不产生免疫应答，所以对该病的控制尚无切实可行的方法。减少种鸡群的感染率和建立无白血病的种鸡群是控制该病的最有效措施。种鸡在8周龄和18~22周龄时，用阴道拭子采集原料检查抗原，在22~24周龄时，检查是否有病毒血症，同时检测蛋清、雏鸡胎粪中的抗原，阳性种鸡、种蛋和种雏全部淘汰，选择试验阴性母鸡的受精蛋进行孵化，要求在隔离条件下出雏饲养，连续进行4代，建立无病鸡群。但此法由于费时长、成本高、技术复杂，一般种鸡场难以实行。

（3）提高非特异性免疫 使用免疫增强剂，如黄芪多糖、人参多糖、党参多糖、干扰素、鸡转移因子、肿瘤坏死因子、白细胞介素等，以增强禽对白血病病毒的抵抗力。另外也可用抗病毒中药，如板蓝根、穿心莲、大青叶、金银花、鱼腥草、黄连、龙胆草等，作为鸡的日常保健，也能提高鸡抵抗白血病的能力。

2. 治疗

该病没有治疗价值。

八、传染性法氏囊病

传染性法氏囊病是由传染性法氏囊病病毒引起鸡的一种急性高度接触性传染病。

（一）诊断要点

1. 流行特点

自然感染仅发生于鸡，各品种的鸡都能感染，主要发生于2~15周龄的鸡，以3~6周龄的鸡最易感。近年报道成年鸡和1周龄雏鸡也发生该病。成年鸡多为隐性感染，10日龄以内雏鸡感染后很少发病。病鸡和隐性感染鸡是主要传染源，病毒通过粪便排出，被污染饲料、饮水、用具等主要经消化道感染，亦可经呼吸道、眼结膜感染。

该病往往突然发生，传播迅速，通常在感染后第3天开始死亡，5~7天达到高峰，以后很快停息，表现为高峰式死亡和迅速康复的曲线。死亡率差异很大，严重发病鸡群死亡率可达60%以上。

由于该病造成免疫抑制，使鸡群对新城疫、大肠杆菌病、支原体更易感，常出现混合感染。这种现象常使发病率和死亡率急剧上升。全年均可发生，无明显季节性。

2. 临床症状与病理变化

潜伏期为2~3天，最初发现有些鸡啄自己的泄殖腔。随即病鸡出现采食减少或不食，羽毛蓬松，畏寒，挤堆，腹泻，粪便呈灰白色石灰浆样，偶带血液。严重者颈和全身震颤，精神委顿，步态不稳，卧地不动。后期体温低于正常，严重脱水，极度虚弱，最后死亡。整个鸡场的死亡高峰在发病后3~5天，以后2~3天逐渐平息。

病死鸡明显脱水，胸肌、腿肌和翅肌等肌肉发生条纹状或斑块状出血。法氏囊病变具有特征性，法氏囊水肿和出血，比正常大2~3倍，囊壁增厚，外形变圆，浆膜水肿，外包裹有淡黄色胶冻样渗出物，严重时法氏囊广泛出血，如紫葡萄状。切开囊腔后，常见黏膜皱褶有出血点或出血斑，囊腔内有灰白色糊状物，或灰黄色干酪样。5天后法氏囊萎缩。

病死鸡胸腺有出血点，脾可能轻度肿大，表面有弥漫性的灰白色病灶。发病中后期肾明显肿胀，由于输尿管和肾小管内尿酸盐沉积而使肾呈红白相间的花斑状外观。急性死亡者，腺胃和肌胃交界处见有条状出血点。肝肿胀、出血、黄染。盲肠扁桃体出血。

根据临床诊断可做出初步判断。进一步确诊须进行实验室诊断。

（二）防控措施

1. 预防

（1）严格执行卫生消毒及管理措施　实行全进全出的饲养制度，及时处理病死鸡、鸡粪等排泄物。加强日常消毒，所用消毒药以次氯酸钠和含碘制剂效果较好。做好日常饲养管理，尽量减少应激，同时要提供优质的全价饲料。

（2）搞好免疫接种　目前使用的疫苗主要有活苗和灭活苗两类。活苗有弱毒苗、中等毒力苗和中等偏强毒力苗，灭活苗有油乳剂灭活苗和组织灭活苗，可灵活选用。

免疫程序的制订应根据琼脂扩散试验等对鸡群的母源抗体、免疫后抗体水平进行监测，选择合适的免疫时间。如果未做抗体水平检测，可参照下述方法进行。

一般种鸡采用2周龄较大剂量中毒型弱毒疫苗首免，4~5周龄加强免疫1次，产蛋前（18~20周龄）和40~42周龄时各注射油佐剂灭活苗1次，这种免疫程序可使雏鸡在2~3周龄获得较好的免疫保护。雏鸡在低或无母源抗体时，1~3日龄用1.5~2倍剂量的弱毒疫苗滴鼻、点眼首次免疫，2~3周龄用中等毒力苗进行二免。有母源抗体的雏鸡，14~21日龄用中等毒力疫苗进行免疫，必要时3周后再加强免疫1次。肉用雏鸡和蛋鸡，视抗体水平，多在2周龄和4~5周龄时进行两次弱毒苗免疫。

2. 治疗

发病时立即清除患病鸡、病死鸡，并深埋或焚烧。鸡舍用0.3%过氧乙酸或次氯酸钠，按每立方米30~50毫升带鸡消毒，每天上下午各1次，同时对鸡舍周围以及被病死鸡污染的场所和所有用具，用2%烧碱水和10%石灰乳剂彻底消毒。发病早期用高免血清或高免卵黄抗体皮下或肌内注射可获得较好疗效。同时降低饲料中的蛋白含量（降低至15%以下），在饮水中加入复方口服补液盐、多种维生素、5%的葡萄糖或1%~2%奶粉，以保持鸡体水、电解质、营养平衡，促进康复。用预防性药物饮水以防继发感染，对假定健康鸡用中等毒力活疫苗双倍量紧急免疫接种。

九、马立克氏病

马立克氏病是由马立克氏病病毒引起的一种高度接触传染病。

(一) 诊断要点

1. 流行特点

鸡是最重要的自然宿主，其他禽类如火鸡、野鸡、鹌鹑也可感染，但相当少见，其他动物不感染。不同品种、年龄、性别的鸡均可感染。来杭鸡抵抗力较强，母鸡感染性略高于公鸡，年龄越小越易感，特别是出雏和育雏室的早期感染导致发病率和死亡率都很高。年龄大的鸡感染但大多不发病。病鸡和带毒鸡的排泄物、分泌物及鸡舍内垫草均具有很强的传染性。该病主要通过带毒尘埃经呼吸道传播，也可经消化道和吸血昆虫叮咬感染，经种蛋垂直传播的可能性很小。发病鸡只有极少数能康复。各种应激因素都可促进该病的发生。

2. 临床症状与病理变化

自然感染潜伏期 3~4 周至几个月不等。一般在 50 日龄以后出现症状，70 日龄后陆续出现死亡，90 日龄以后达到高峰，很少晚至 30 周龄才出现症状，偶见 3~4 周龄的幼龄鸡和 60 周龄的老龄鸡发病。

根据临床表现和病变发生的部位，该病可分为神经型、内脏型、眼型和皮肤型等 4 种类型。

（1）神经型　常侵害周围神经，以坐骨神经和臂神经最易受侵害。当坐骨神经受损时病鸡一侧腿或两侧腿发生不全或完全麻痹，站立不稳，两腿前后伸展，呈"劈叉"姿势，此为该病典型特征，病侧肌肉萎缩，有凉感，爪子多弯曲；当臂神经受损时，翅膀下垂；支配颈部肌肉的神经受损时病鸡低头或斜颈；迷走神经受损，鸡嗉囊麻痹或膨大，食物不能下行。一般病鸡精神尚好，并有食欲，但往往由于饮不到水、吃不到料而衰竭，或被其他鸡只践踏，最后均以死亡而告终。

剖检，多见坐骨神经、臂神经、腰荐神经和颈部迷走神经等肿大，神经粗细不匀，病变神经可比正常神经粗 2~3 倍，神经横纹消失，呈灰白色或淡黄色，有时水肿，多侵害一侧神经，有时双侧神经均受侵害。有时还可见性腺、肝、脾、肾等内脏器官形成肿瘤。

（2）内脏型　常见于 50~70 日龄的鸡，病鸡精神委顿，食欲减退，鸡冠苍白、皱缩，有的鸡冠呈黑紫色，腹泻，渐进性消瘦，胸骨似刀锋，触诊腹部能摸到硬块。病鸡脱水、昏迷，最后死亡。

内脏型主要病变为内脏多器官出现肿瘤，肿瘤多呈结节性，为圆形或近似圆形，数量不一，大小不等，略突出于脏器表面，灰白色，切面呈脂肪样。常侵害的脏器有肝、脾、性腺、肾、心脏、肺、腺胃、肌胃等。有的病例肝上不具有结节性肿瘤，但肝异常肿大，表面粗糙或呈颗粒性外观。脾肿大，表面可见呈针尖大小或米粒大的肿瘤结节。卵巢肿瘤比较常见，呈花菜样肿大，甚至整个卵巢被肿瘤组织代替。腺胃外观有的变长，有的变圆，胃壁明显增厚或薄厚不均，切开后可见黏膜出血或溃疡。心脏肿瘤常突出于心肌表面，米粒大至黄豆大。肌肉肿瘤多发生于胸肌，呈白色条纹状。一般情况下法氏囊不见肉眼可见变化或见萎缩。

（3）眼型　很少见到。病鸡瞳孔缩小，严重时仅有针尖大小，虹膜边缘不整齐，呈环状或斑点状，颜色由正常的橘红色变为弥漫性的灰白色，呈"鱼眼状"。轻者表现对光线强度的反应迟钝，重者对光线失去调节能力，最终失明。

（4）皮肤型　较少见。主要表现为羽毛囊出现小结节或瘤状物，病变可融合成片。以大腿外侧、翅膀、腹部尤为明显。

以神经型和内脏型多见，有的鸡群发病以神经型为主，内脏型较少，一般死亡率在5%以下，且当鸡群开产前该病流行基本平息。有的鸡群发病以内脏型为主，兼有神经型。

根据临床症状、典型病理变化可进行初步诊断，对于临床上较难判断的可送实验室进行病毒分离鉴定、血清学检查、病理组织学检查等方法进行确诊。

（二）防控措施

1. 预防

（1）卫生防疫措施　加强养鸡环境卫生与消毒工作，尤其是孵化室卫生与育雏舍的消毒，防止雏鸡的早期感染。及时清除舍内外脱落的羽毛、皮屑及尘土等，坚持严格消毒，消毒药最好为碘制剂。防止应激因素和预防能引起免疫抑制疾病的发生。同时应用黄芪多糖等免疫增强剂提高抵抗力。

（2）疫苗接种　目前国内使用的疫苗有多种，这些疫苗均不能抗感染，但可防止发病。出壳后24小时内2倍量注射单价苗或双价苗或多价苗。也可采用1日龄和3~4周龄进行两次免疫。通常父母代用血清Ⅰ型或Ⅱ型疫苗，商品代则用血清Ⅲ型疫苗，以免血清Ⅰ或Ⅱ型对母源抗体的影响，父母代和子代均可使用SB-I或301B/I + HVT等二价疫苗。对可能存在超强毒株的高发鸡群使用814+SB-1二价苗或814+SB-1+FC126三价苗。

2. 治疗

该病尚无特效药物治疗。在感染的场地清除所有的鸡，将鸡舍清洁消毒后，空置数周再引进新雏鸡。一旦开始育雏，中途不得补充新鸡。

十、禽痘

禽痘是由禽痘病毒引起禽类的一种急性高度接触传染性疫病。

（一）诊断要点

1. 流行特点

家禽中以鸡的易感性最高，不同年龄、性别和品种的鸡都可感染，火鸡、鸭、鹅等家禽虽也能发生，但并不严重。鸟类、鸽子也常发生，但病毒类型不同，一般不交叉感染。该病以雏鸡和青年鸡最常发病，雏鸡易引起死亡。

该病通过接触传播，病鸡脱落和破散的痘痂，是散布病毒的主要形式。病毒亦可通过唾液、鼻液和泪液排出。禽痘一般须经过皮肤或黏膜的伤口感染。蚊子和体表寄生虫亦可传播该病。鸡群过分拥挤、体表有寄生虫、维生素缺乏等营养不良及饲养管理太差等，均可促使该病发生或加剧病情。如有葡萄球菌病、慢性呼吸道病等并发感染，可造成大批死亡。一年四季都能发生，皮肤型夏秋季多发，黏膜型冬季多发。

2. 临床症状与病理变化

潜伏期4~6天。按病毒侵犯部位的不同，可分为皮肤型、黏膜型和混合型3种病型，偶有败血型。

（1）皮肤型　以头部皮肤，有时见于腿部、泄殖腔周围和翅内侧的皮肤上形成一种特殊的痘疹为特征。常见于鸡冠、肉髯、喙角、眼睑、耳叶等头部皮肤，起初出现灰白色麸皮状覆盖物，随即长出灰白色的小结节，后变为灰黄色，然后逐渐增大如黄豆大的痘疹，表面凹凸不平，呈干硬结节，内含有黄脂状糊块。痘疹互相连接融合，形成大块厚痂。痂皮可以存留3~4周之久，以后逐渐脱落，留下平滑的灰白色疤痕。轻症可能没有疤痕。眼部痘疹可使眼睑闭合、眼睛失明。一般无明显的全身性症状。但病重的幼雏表现精神萎靡、食欲废绝等症状，甚至引起死亡。产蛋鸡产蛋量减少或停产。

（2）黏膜型（白喉型）　多发于小鸡和青年鸡。病死率高，小鸡可达50%。病初表现鼻炎症状，流黏液至脓性鼻液。2~3天后在口腔和咽喉等处黏膜出现痘症，开始为黄色圆形斑点，逐渐扩大融合成一层黄白色伪膜。随着病情发展，伪膜扩大增厚成凹凸不平的棕色痂块，并有裂缝。痂块不易剥离，若强行剥离，则露出易出血的溃疡面。病鸡出现呼吸和吞咽障碍，喙无法闭合，张口呼吸，发出"嘎嘎"的声音，严重时窒息死亡。有些病鸡在眶下窦和眼结膜亦可发生痘疹，结膜充满脓性或纤维蛋白性渗出物，甚至引起角膜炎而失明。

（3）混合型　即皮肤和黏膜同时受害，病情严重，死亡率高。

（4）败血型　很少见。病鸡无明显的痘疹，以严重的全身症状开始，精神沉郁，下痢，逐渐衰竭而死。病禽有时也表现为急性死亡。

该病的病理变化和临床所见相似。口腔黏膜的病变有时可延伸到气管、食道和肠道。肠黏膜可能有点状出血。肝、脾、肾常肿大。心肌有时呈实质变性。

皮肤型和混合型禽痘根据临床症状和病变可做出判断。单纯的黏膜型鸡痘不易诊断，可通过采用病料接种鸡胚或人工感染健康雏鸡进行鉴别。

（二）防控措施

1. 预防

（1）注意鸡舍内外环境卫生，定期实施消毒　鸡舍要钉好纱窗、纱门，并在蚊蝇滋生季节，用杀虫剂杀死鸡舍内外的蚊蝇等。及时修理笼具，防止尖锐物刺伤皮肤。出现外伤及时用5%碘酊涂擦伤部。

（2）预防接种　目前国内应用的疫苗有鸡痘鹌鹑化弱毒苗和鸡痘鹌鹑化细胞苗。国内用鸡痘鹌鹑化弱毒疫苗，一般6日龄以上的雏鸡用200倍稀释于鸡翅内侧无血管处皮下刺种1针；20日龄以上鸡用10倍稀释疫苗刺种1针；1月龄以上鸡可用100倍稀释液刺针1针。刺种后3~4天，刺种部位出现红肿、水疱及结痂，2~3周痂块脱落，表明接种有效。免疫期成年鸡5个月，雏鸡2个月。首次免疫多在10~20日龄，二次免疫在开产前进行。

2. 治疗

发病后，要及时隔离病鸡，对鸡舍、运动场和一切用具进行严格消毒，对死亡和淘汰的病鸡及时进行深埋或焚烧等无害化处理，同时对易感鸡群进行紧急免疫接种。

轻症鸡痘进行治疗。大群鸡可在饲料中添加清瘟解毒中药（鸡痘散：柴胡、葛根、甘草、石膏、白芷等）连用7天。在饲料中添加维生素A有利于禽体的恢复。在饲料或饮水中加入预防性药物连用5~7天，以防继发感染。

经治疗转归的鸡群应在完全康复后2个月方可合群。

十一、鸭病毒性肝炎

鸭病毒性肝炎是由不同型鸭肝炎病毒引起雏鸭的一种高度致死性传染病。以发病急，传播快，死亡率高及肝炎、出血和坏死为特征。

（一）诊断要点

1. 流行特点

在自然条件下该病主要感染 3~20 日龄的雏鸭，尤其以 5~10 日龄最易感，不感染鸡、火鸡和鹅。病鸭和带毒鸭是主要传染源，病愈鸭仍可排毒 1~2 个月。野生水禽可能成为带毒者，成年鸭感染不发病，但可成为传染源。

该病主要通过消化道和呼吸道感染，但不经种蛋传播，在野外和舍饲条件下，该病可迅速传播给鸭群中的全部易感小鸭，雏鸭的发病率与病死率均很高，1 周龄内的雏鸭病死率可达 95%，1~3 周龄的雏鸭病死率为 50% 或更低，4 周龄以上的小鸭发病率与病死率较低。

该病一年四季均可发生，但主要流行于孵化季节。饲养管理不当、鸭舍内湿度过高、密度过大、卫生条件差、缺乏维生素和矿物质等都能促使该病的发生。

2. 临床症状与病理变化

该病的潜伏期 1~4 天。发病急，传播迅速，死亡一般多发生在 3~4 天。病鸭表现为精神萎靡、食欲废绝，缩颈、翅下垂、不爱活动、行动呆滞或跟不上群，常蹲下，眼半闭呈昏迷状态。不久即出现神经症状，全身性抽搐，病鸭多侧卧，头向后背，两爪痉挛性地反复踢蹬，有时在地上旋转。出现抽搐后，十几分钟即死亡。喙端和爪尖淤血呈暗紫色。死前多数病鸭头向后弯，呈角弓反张姿势，俗称"背脖病"，这是死前的典型症状。少数病鸭死前排黄白色和绿色稀粪。

该病的特征性病变在肝，表现为肝肿大，质脆易碎，色暗或发黄，肝表面有大小不等的出血斑点；胆囊肿胀，呈长卵圆形，充满胆汁，胆汁呈褐色、淡茶色或淡绿色；脾有时见有肿大呈斑驳状；许多病例肾肿胀、充血。心肌苍白、柔软、无光泽、如煮肉样，其他脏器常无明显肉眼可见病变。

确诊须进行实验室诊断。

（二）防控措施

1. 预防

（1）做好引种工作，强化养殖场生物安全，加强饲养管理，坚持自繁自养和全进全出的饲养制度。对 4 周龄内雏鸭采取严格隔离饲养。从鸭病毒性肝炎阴性场引种；做好生物安全工作，降低养殖场病原载量，减少疫病发生。提供全价营养和饲料，加强日常饲养管理，避免各种不良应激。病毒性肝炎在鸭舍内带毒期较长，适当延长空栏期（建议 40 天以上）。

（2）免疫接种　疫苗接种仍是有效的预防措施。可用鸡胚化鸭肝炎弱毒疫苗给临产蛋种鸭皮下接种，在种鸭产蛋前4周进行皮下或肌内注射免疫，共2次，间隔2周。母鸭的抗体至少可维持4个月，其后代雏鸭的母源抗体可保持2周左右。但在一些卫生条件差、常发肝炎的疫场，则雏鸭在10~14日龄时仍须进行1次主动免疫。未经免疫的种鸭群，其后代1日龄时经皮下或腿肌注射0.5~1毫升弱毒疫苗，即可受到保护。

对商品蛋鸭群的免疫，无母源抗体鸭群，1日龄免疫鸭病毒性肝炎活疫苗；母源抗体较高的鸭群，7日龄免疫鸭病毒性肝炎活疫苗；产蛋之前免疫2次鸭病毒性肝炎灭活疫苗，可达到良好的免疫效果。商品蛋鸭鸭病毒性肝炎免疫程序可参考表7-1。

表7-1　商品蛋鸭鸭病毒性肝炎参考免疫程序

免疫日龄 （天）	免疫剂量 （毫升或羽份）	疫苗 （活/灭活）	免疫方式	备注
1	1羽份	活疫苗	颈部皮下	无母源抗体
7	1羽份	活疫苗	颈部皮下	有母源抗体
70~80	0.3毫升	灭活疫苗	胸部肌内	
100~110	0.5毫升	灭活疫苗	胸部肌内	

2. 治疗

该病目前尚无有效的治疗措施。已发病或受威胁的雏鸭群，可尝试经皮下注射康复鸭血清或高免血清或免疫母鸭蛋黄匀浆0.5~1毫升，同时投服抗病毒中药，防止继发感染，降低死亡率。

十二、鸡球虫病

鸡球虫病是由一种或多种艾美耳球虫寄生于鸡肠道上皮细胞引起的原虫病，主要表现出血性肠炎。

（一）诊断要点

1. 流行特点

（1）球虫的繁殖力和抵抗力　鸡感染1个孢子化的卵囊，7小时后可排出100万个卵囊。温暖潮湿的场所有利于卵囊发育，卵囊在土壤中可以保持生活力达4~9个月，在有树阴的运动场上，可达15~18个月。当气温在22~30℃

时，一般只需要 18~36 小时就可发育成感染性卵囊。卵囊对高温、低温和干燥的抵抗力较弱，一般消毒液不易将其杀死。

（2）感染特点　所有日龄和品种的鸡对球虫都有易感性。球虫病多发于 3 月龄以内的幼鸡，其中以 15~50 日龄的鸡最易感，很少见于 11 日龄以内的雏鸡，成鸡多为带虫者。禽球虫为细胞内寄生虫，对宿主和寄生部位有严格的选择性，即侵袭鸡的球虫不会侵袭火鸡等其他家禽，感染其他家禽的球虫也不会感染鸡。

（3）流行季节和诱因　发病时间与气温和雨量关系密切。通常在温暖潮湿的季节流行。北方以 4—9 月多发，7—8 月为高峰期，南方及北方密闭式现代化鸡场，一年四季均可发病。鸡舍潮湿、拥挤、饲料品质差以及维生素 A 和维生素 K 缺乏可促使该病的发生与流行。

2. 临床症状与病理变化

病雏羽毛松乱，翅下垂，眼半闭，缩颈呆立或挤成一堆，不食，嗉囊充满液体，粪极稀、带血。后排血液，明显贫血，自血便后 1~2 天内大批死亡。毒害艾美耳球虫引起小肠球虫病，多见于大雏到仔鸡阶段，成年产蛋鸡往往也可成群发病，症状与柔嫩艾美耳球虫相似。但排泄的血便混有黏液，色泽稍黑。

剖检是确诊的重要依据。柔嫩艾美耳球虫急性死亡病例可见盲肠肿胀、充满血液。发病 2~3 天，盲肠硬化变脆充满凝血和干酪状物质，发病 4~6 天，盲肠显著萎缩，内容物极少，全部呈暗红色。毒害艾美耳球虫急性死亡病例，小肠中段气胀，粗细达 2 倍以上，肠道内含有大量血液黏液，黏膜上有无数粟粒大的出血点和灰白色病灶。虽然盲肠中往往也充满血液，但这是小肠出血流入盲肠的结果。

镜检粪便或肠管病变部刮屑物，在急性血便症状时镜检粪便往往找不到卵囊，而取病变部刮屑物涂片，吉姆萨染色，常可发现大量裂殖体、裂殖子和宿主的脱落上皮细胞等，待血便停止后即可检出无数卵囊。不能单纯根据粪检发现卵囊就确诊为球虫病，因为鸡群中无症状有卵囊的隐性感染极为普遍，因此必须结合症状和病变进行综合判断。

（二）防治措施

1. 预防

（1）加强饲养管理和环境卫生消毒　雏鸡与成年鸡分开饲养，以免带虫的成年鸡散播病原导致雏鸡暴发球虫病。保持鸡舍干燥、通风，及时清除粪便，堆积发酵以杀灭卵囊。用 0.5% 的次氯酸钠溶液消毒。补充足够的维生素 K 和维生素 A 可加速鸡患球虫病后的康复。发现病鸡立即隔离，轻者治疗，重者淘汰。

（2）免疫预防 目前已经在生产上应用的疫苗有以下几种。

①柔嫩艾美耳球虫弱毒疫苗。虫苗在 4~8℃冰箱中保存半年仍有很高的免疫效果。该疫苗具有安全、高效、价廉、使用方便等优点，适用于肉鸡。

②Cocci-Vac 虫苗。这种虫苗包含多种毒力球虫的活卵囊，经饮水免疫，使鸡轻度感染而产生免疫力。

③遗传工程苗。与药物治疗和活虫苗免疫相比，用遗传工程生产的死疫苗既没有毒力致病之忧，又易于掌握，使用方便。

④藻酸盐包裹致病系球虫卵囊疫苗。将致羽系球虫卵囊用藻酸盐包裹起来，混在饲料中分多日投服。

2. 治疗

使用的药物有化学合成药和抗生素两大类。常用的有以下几种。

（1）氯羟吡啶（克球多、克球粉、可爱丹、灭球清） 预防，125~150 毫克/千克饲料混饲。治疗量加倍。育雏期连续给药。

（2）氯苯胍 预防 33 毫克/千克饲料混饲，连用 1~2 个月，治疗量加倍，连用 3~7 天，后改预防量予以控制。

（3）氨丙啉 治疗 120~240 毫克/千克饲料混饲，或每升水加 60~240 毫克，连服 7 天，以后按半量饲喂。应用本药期间，饲料中维生素 B_1 的含量应不超过 10 毫克/千克饲料为宜。

（4）盐霉素（球虫粉，优素精） 预防按 50~70 毫克/千克饲料混饲。

（5）莫能菌素 预防按 80~120 毫克/千克饲料混饲，与盐霉素合用有累加作用。

此外，磺胺类药物也有较好的治疗效果。但要注意休药期，并遵守轮换用药、穿梭用药和联合用药的原则。

发病时尽早用药物治疗。抗球虫药对球虫生活史早期作用明显，而一旦出现症状和造成组织损伤，再用药物往往收效甚微。

参考文献

陈建勇，2018. 禽腺病毒感染的诊断与防控 ［J］. 家禽科学（12）：33-36.

陈理盾，李新正，陈合强，2009. 禽病彩色图谱 ［M］. 沈阳：辽宁科学技术出版社.

崔现兰，辛桂香，吴东来，1992. 鸡传染性贫血病毒的鉴定 ［J］. 中国畜禽传染病（6）：3-5.

甘孟侯，2003. 中国禽病学 ［M］. 北京：中国农业出版社.

孔燕华，陈合强，2018. 肉种鸡管理的几个重点（上）［J］. 家禽科学（11）：17-20.

李和国，马进勇，2016. 畜禽生产技术 ［M］. 北京：中国农业大学出版社.

李宏全，2016. 门诊兽医手册 ［M］. 北京：中国农业出版社.

李连任，张永平，2021. 土鸡生态放养实用技术 ［M］. 北京：化学工业出版社.

李岳，闫娜娜，刘爱晶，等，2020. 中国部分地区鸡传染性贫血流行病学调查及病原分离鉴定 ［J］. 中国预防兽医学报，42（8）：761-765.

林建坤，郭欣怡，2014. 养禽与禽病防治 ［M］. 2 版. 北京：中国农业出版社.